WWER-1000 压水堆核电厂热工水力及工程热力学基础

主　编　骆纯珊

中国原子能出版社

图书在版编目(CIP)数据

WWER-1000压水堆核电厂热工水力及工程热力学基础/骆纯珊主编．—北京：中国原子能出版社，2011.11

ISBN 978-7-5022-5364-6

Ⅰ.①W… Ⅱ.①骆… Ⅲ.①压水型堆—核电厂—热工水力学 Ⅳ.①TM623.91

中国版本图书馆CIP数据核字(2011)第229132号

内容简介

《WWER-1000压水堆核电厂热工水力及工程热力学基础》主要介绍工程热力学、流体力学、传热学基本知识，WWER-1000型压水反应堆稳态热工分析、稳态水力分析，压水堆稳态热工设计原理以及瞬态热工分析等。本教材是按照《核电厂操纵人员执照考核》(中华人民共和国核行业标准EJ/T 1043-2004)附录A1的要求编写，内容具有通用性，不仅适用于WWER-1000型压水反应堆操纵人员培训，而且适用于其他压水反应堆操纵人员培训。在作适当的简化后亦可用于核电站其他工程技术人员基础理论培训。

WWER-1000压水堆核电厂热工水力及工程热力学基础

出版发行	中国原子能出版社(北京市海淀区阜成路43号 100048)
责任编辑	王 青
技术编辑	丁怀兰 王亚翠
责任印制	潘玉玲
印 刷	保定市中画美凯印刷有限公司
经 销	全国新华书店
开 本	787 mm×1092 mm 1/16
印 张	11.75 **字 数** 292千字
版 次	2012年3月第1版 2012年3月第1次印刷
书 号	ISBN 978-7-5022-5364-6 **定 价** **58.00元**

网址:http://www.aep.com.cn **E-mail:atomep123@126.com**

发行电话:010-68452845

中国核工业集团公司
核电培训教材编审委员会

《WWER-1000 压水堆核电厂热工水力及工程热力学基础》

编　辑　部

主　　编　骆纯珊

审　　核　姚进国

统　　审　陶少平　毛正宥

总　序

核工业作为国家高科技战略性产业，是国家安全的重要基石、重要的清洁能源供应，以及综合国力和大国地位的重要标志。

1978年以来，我国核工业第二次创业。中国核工业集团公司走出了一条以我为主发展民族核电的成功道路。在长期的核电设计、建造、运行和管理过程中，积累了丰富的实践和理论经验，在与国际同行合作过程中，实现了技术和管理与国际先进水平相接轨，取得了骄人的业绩。

中国核工业集团公司在三十多年的核电建设中，经历了起步、小批量建设、快速发展三个阶段。我国先后建成了秦山、大亚湾、田湾三大核电基地，实现了我国大陆核电"零"的突破、国产化的重大跨越、核电管理与国际接轨，走出了一条以我为主，发展民族核电的成功之路。在最近几年中，发展尤为迅猛。截至2008年底，核电运行机组11台，装机容量907.82万千瓦，全部稳定运行，态势良好。

进入新世纪，党中央、国务院和中央军委对核工业发展高度重视、极为关怀，对核工业做出了新的战略决策。胡锦涛总书记指出："无论从促进经济社会发展看，还是从保障国家安全看，我们都必须切实把我国核事业发展好。"发展核电是优化能源结构、保障能源安全、满足经济社会发展需求的重要途径。2007年10月，国务院正式颁布了《核电中长期发展规划(2005—2020年)》。核电进入了快速、规模化、跨越式发展的新阶段。

在中国核电大发展之际，中国核工业集团公司继续以"核安全是核工业的生命线"的核安全文化理念和"透明、坦诚和开放"的企业管理心态，以推动核电又好又快又安全发展为己任，为加速培养核电发展所需的各类人才，组织核电领域专家，全面系统地对核电设计、工程建造、电站调试、生产准备和生产运营等各阶段的知识进行了梳理，构造了有逻辑性、系统性的核电知识体系，形成了覆盖核电各阶段的核电工程培训系列教材。

这套教材作为培养核电人才的重要工具，是国内目前第一套专业化、体系化、公开出版的核电人才培养系列教材，有助于开展培训工作，提高培训质量、节约培训成本，夯实核电发展基础。它集中了全集团的优势，突出高起点、实用性强，是集团化、专业化运作的又一次实践，是中国核工业50余年知识管理的积淀，是中国核工业10万人多年总结和实践经验的结晶。

21世纪是“以人为本”的知识经济时代，拥有足够的优秀人才是企业持续发展的重要基础。中国核工业集团公司愿以这套教材为核电发展开路，为业界理论探讨、实践交流提供参考。

我们要继续以科学发展观为指导，认真贯彻落实党中央、国务院的指示精神，积极推进核电产业发展。特别是要把总结核电建设经验作为一项长期的工作来抓，不断更新和完善人才教育培训体系。

核电培训系列教材可广泛用于核电厂人员培训，也可用于核电管理者的学习工具书，对于有针对性地解决核电厂生产实践和管理问题具有重要的参考价值。

中国核工业集团公司总经理 孙勤

2009年9月9日

前言

本教材是按照《核电厂操纵人员执照考核》(中华人民共和国核行业标准EJ/T1043-2004)附录A1的要求编写而成的。

本教材原为田湾核电站(压水反应堆核电站)的操纵人员而编写。本教材在作适当的简化后用于核电站其他工程技术人员的基础理论培训。

本教材包括七章内容,主要介绍工程热力学、流体力学、传热学基本知识,压水反应堆稳态热工分析、稳态水力分析,压水堆稳态热工设计原理以及瞬态热工分析简介等。

本教材的培训目标是:使操纵人员获得与压水反应堆有关的热工水力学基础理论知识,能够描述目录所列的基本概念,并能够进行相关的计算。在此基础上,对核电站反应堆运行过程中出现的各种热工水力现象有较清楚的了解,对可能出现的热工水力相关问题能通过观察,运用所学知识初步分析其原因,预见其发展和后果,并能适时地提出对策和措施,从而避免盲目性,确保反应堆运行的安全。

在学习完成本教材第一章内容后,学员能够:1. 列举工程热力学基本状态参数;2. 说明水和水蒸气热力学特性;3. 说明并应用计算能量守恒方程式的一般表达式;4. 说明热力循环及热效率的影响因素。

在学习完成本教材第二章内容后,学员能够:1. 说明流体的基本性质;2. 列举单相流体一维流动基本方程并应用计算;3. 说明流体运动的两种状态。

在学习完成本教材第三章内容后,学员能够:1. 说明热传递的三种机理和相应规律,并应用计算。2. 说明传热过程和传热系数,并应用计算。

在学习完成本教材第四章内容后,学员能够:1. 说明反应堆热源的来源和估算;2. 说明反应堆内热量传递过程和传热计算;3. 说明大容积沸腾和流动沸腾流型和流动沸腾特性,两种沸腾临界类型及其特点和危害;4. 说明压水反应堆内传热分布和温度分布特性。

在学习完成本教材第五章内容后,学员能够:1. 列举并说明单相流体一维流动的压降规律和计算,两相流压降规律;2. 说明自然循环形成的机理,影响因素;3. 说明临界流的产生条件,影响因素;4. 说明流动不稳定性的危害,类型以及产生机理。

在学习完成本教材第六章内容后,学员能够:1. 说明压水反应堆热工设计准则;2. 说明热管因子和热点因子的定义,田湾核电站热管因子和热点因子的限值;3. 说明田湾核电站临界热流密度的计算式,并列举影响临界热流密度的因素,DNBR 的定义和影响因素。

在学习完成本教材第七章内容后,学员能够:1. 分析停堆后反应堆功率和释热率的变化特性;2. 分析稳压器内压力变化的动态特性;3. 分析失流事故发生时,燃料元件内热量传递和温度分布变化的特点;4. 说明失水事故的变化阶段以及各阶段产生的危害。

由于核电站操纵人员所从事的是核电站的运行活动,而不是进行反应堆热工水力设计,因而在书中有关公式推导和数学建模的部分,往往略去了复杂的公式推导和建模过程,尽量简单明了地描述概念和结论。在确实有需要通过推导过程来阐述的部分,在书中也有说明,只作为了解章节。

培训中心基础培训科负责本教材相关事宜的协调与组织,包括教材的解释、更正和升版等。

编　者

2009 年 6 月

目　　录

第一章　工程热力学基本知识

第二章 流体力学基本知识

第三章 传热学基本知识

第四章 反应堆稳态工况下的传热计算

第五章 反应堆稳态工况下的水力计算

第六章　反应堆稳态热工设计原理

第七章　反应堆瞬态热工分析简介

第一章　工程热力学基本知识

热力学是研究伴有热效应的自然界中一切物理及化学过程的能量关系和能量转换的科学。而工程热力学是热力学在热能工程及石油、化工、冶金等其他工程中的具体应用，它主要研究热能与机械能及其他形式的能之间的互相转换、转换工作过程中遵循的基本规律以及与转换有关的物质的热物理性质，研究如何提高热能的利用效率，减少热能利用中的损失，以提高热能利用中的经济性。

工程热力学部分的课程目标包括：

(1) 掌握热力学状态参数的定义、特性、单位；

(2) 掌握水和水蒸气的热力学特性，水和水蒸气图、表的解释和应用；

(3) 掌握热力学第一定律，热力学第二定律的实质及其描述方法；

(4) 了解基本热力学过程及其特点；

(5) 掌握热力循环的组成过程及循环的热效率。

1.1　工质及其状态参数

1.1.1　工质、热源、热力系统

(1) 工质

任何热能动力装置，总是用某种媒介物质从能源获取热能，使它具有高的能量对机器做功，最后剩余的热能排向大气或冷却水，我们把实现热能和机械能相互转化的媒介物质称为工质。

(2) 热源、冷源

把工质从中吸取热能的物体叫做热源；把接收工质排出热能的物体叫做冷源。热动力装置的工作可以概括为工质从热源吸取热能，将其中一部分转化为机械能而做功，并把余下的另一部分热能传给冷源的过程。

(3) 热力系统

为了分析问题方便，和力学中取分离体一样，热力学中常把分析的对象从周围物体中分割出来，研究它通过分界面和周围物体之间的热能和机械能的传递，这种被人为地分割出来以作为热力学分析的对象叫做热力系统，简称热力系。热力系统周围的物体统称外界，热力系统与外界之间的分界面叫做边界。

一个热力系统如果和外界只有热或功的能量交换而无物质的交换，则该系统称为闭口系统。如果热力系统和外界既有能量交换又有物质交换时，则叫做开口系统。而当一个热力系统和外界既无能量交换又无热量交换时，该系统就称为孤立系统。孤立系统的一切相互作用都发生在系统内部。当热力系统和外界间的作用仅限于无热量的交换时，则该系统称为绝热系统。

1.1.2 状态及状态参数

（1）状态

工质在热力设备中要完成将热能转化为机械能的工作，必须经过吸热、膨胀、排热等过程。在这些过程中工质的物理特性随时在变化，或者说工质的宏观物理状况随时在变化，把工质在热力变化过程中某一瞬间所呈现的宏观物理状况称为工质的热力学状态，简称状态。

（2）状态参数

在热力学研究中，我们常常要分析工质所处的状态。所谓热力系或工质的状态是指在某一瞬间里热力系或工质所呈现的宏观物理状况。热力系的状态可以用状态参数来描述。凡是能从任何一个方面来说明物体或系统所处的状态的物理量都是状态参数。在工程热力学中常见的状态参数有：

1）压力，常以 p 表示压力，以符号 P 来表示总压力；

2）比体积，常以符号 v 来表示比体积，以符号 V 表示总容积；

3）温度，常以符号 t 来表示摄氏温度，以符号 T 来表示热力学温度；

4）内能，常以符号 u 表示比内能，以符号 U 表示总内能；

5）焓，常以符号 h 表示比焓，以符号 H 表示总焓；

6）熵，常以符号 s 表示比熵，以符号 S 表示总熵。

压力、比体积和温度是可以直接测量出来的，叫做基本状态参数。内能不能直接测量出来，但可以计算出来。焓是包括内能、压力和比体积的参数，叫做复合状态参数。而熵是通过分析和推导得出的参数，叫做导出状态参数。

① 压力

压力的微观解释是大量流体的分子在紊乱的分子运动中对容器的器壁频繁撞击的总效应。在工程中，我们把单位面积上所承受的垂直作用力叫做压力（即压强），而把容器器壁上承受的总力叫做总压。

压力的表达式为：

$$p = \frac{P}{F} \tag{1-1-1}$$

式中，P——垂直作用于器壁上的总力；

F——容器壁的总面积。

式(1-1-1)所表示的压力为绝对压力，实际测量的压力与绝对压力的数值不同。压力的测量一般用弹簧管式压力计及测量微小压力的U形管压力计。因压力计本身处在大气压力作用下，因此所测得的压力是工质的真实压力 p 与大气压 p_b 之差。当所测对象的压力高于大气压力时，表计指示的是超出大气压力的部分，叫做表压力，以 p_g 表示。当所测对象的压力低于大气压力时，表计的指示走向反向，在工程单位制中，我们称低于大气压力的指示值为“真空度”，以 p_v 表示。绝对压力，大气压力和表压，真空度之间的关系可用图1-1-1说明，关系式如下：

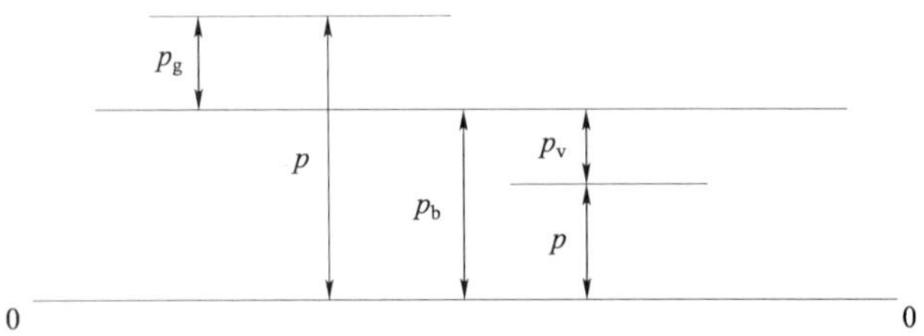

图1-1-1 表压力和真空度

$$p > p_b \qquad p = p_b + p_g \tag{1-1-2}$$

$$p < p_b \qquad p = p_b - p_v \tag{1-1-3}$$

国际单位制中压力单位为“帕斯卡”，简称“帕”，以 Pa 表示。1 Pa=1 N/m^2。

由于以 Pa 做压力单位，其数值很小，我国的法定压力单位采用“兆帕”，记做 MPa，1 MPa=10^6 Pa。

欧美一些国家还用大气压(atm)、工程大气压(at)、巴(bar)、毫米汞柱(mmHg)做压力单位，各种压力单位之间的关系如下：

$$1\ \text{atm}=760\ \text{mmHg}=1.033\ 23\ \text{at}=1.013\ 25\ \text{bar}=0.101\ 325\ \text{MPa}$$

$$1\ \text{at}=735.55\ \text{mmHg}=0.967\ 841\ \text{atm}=0.980\ 665\ \text{MPa}$$

$$1\ \text{bar}=0.1\ \text{MPa}$$

② 温度

温度是物体冷热程度的标志。从微观上看，温度标志了物质分子热运动的激烈程度。对于气体，它是大量分子平移动能平均值的度量，其关系式为：$mw^2/2=BT$，式中 T 是热力学温度，B 是比例常数，w 是分子移动的均方根速度。

为了进行温度的测量，需要有温度的数值表示法，即需要建立温度的标尺。我们把温度的标尺叫做温标。温度的单位有摄氏度温标和热力学温标。摄氏度温标用 t 表示，其单位为“摄氏度”，记作℃；国际单位制中采用热力学温标，用 T 表示，其单位为 K。两种温标的刻度相同，仅计量起点不同。摄氏温度规定在标准大气压下纯水的冰点为 0 ℃，沸点为 100 ℃。而热力学温标的起点定为绝对零度。

欧美国家常用英制温度计量单位，以华氏温度为其温度单位，记作℉。它与摄氏温标不仅起点不同，刻度大小也不一样。

热力学温标、华氏温标与摄氏温标的关系用下式表示：

$$T(\text{K}) = t(℃) + 273.15(℃) \tag{1-1-4}$$

$$t(℉) = \frac{9}{5}t(℃) + 32(℃) \tag{1-1-5}$$

③ 比容及密度

单位质量物质所占的容积，称为比容。国际制中用米^3/千克(m^3/kg)作单位。如 m 千克的物体，占有 V 立方米的容积，若比容以 v 表示，则 $v=V/m$；反之，单位容积内物质的质量，称为密度。其单位为千克/米^3(kg/m^3)，若用符号 ρ 表示，则 $\rho=m/V$。比容和密度互为倒数，即 $v=1/\rho$。

例题 1-1-1　判断题：液体的比重是液体的重量和它所占的体积之比。

解　错误。液体的比重是指某液体的密度与标准大气压下 4 ℃纯水密度的比值。

④ 内能

内能是热力系内部自身所具有的能量。它包括分子运动的动能和由于分子之间的吸引力和排斥力所形成的位能。分子运动动能又可分成移动动能、转动动能和振动动能三种。热力系本身宏观运动的能量和外场作用的能量都不能计入内能之中。

对于理想气体，由于我们假定其分子之间没有引力，故不存在位能，其内能仅仅是分子运动的动能。温度反映分子运动的强弱程度，因此理想气体的内能仅取决于温度，即只是温度的函数，即 $u=u(T)$。

我们这里说的内能是指单位质量的物质所含能量，应该叫“比内能”。如果要知道均匀系统的总内能 U，就需乘以系统的总质量，即 $U=mu$。国际单位制中内能的单位为焦耳，记做 J，比内能的单位为 J/kg。在工程单位制中内能单位为千卡，记做 kcal，比内能的单位为 kcal/kg。1 kcal=4 186.8 J=4.186 8 kJ。

⑤ 焓

焓是一个复合状态参数，它的基本数学表达式为：

$$h = u + pv \tag{1-1-6}$$

式中，h——比焓，J/kg；

u——比内能，J/kg；

p——压力，Pa；

v——比体积，m^3/kg。

式中的焓是指单位质量的焓，又叫“比焓”。和内能一样，如果要计算物体或系统的总焓，需乘以总质量 m，即：

$$H = mh = m(u + pv) = U + pV \tag{1-1-7}$$

焓与内能一样，单位为 J，比焓的单位为 J/kg。在工程单位制中它们分别为 kcal 和 kcal/kg。

式(1-1-6)表示 1 kg 工质通过一定界面流入热力系时，把储存在它内部的内能(u)带进了系统，同时还把从后面获得的推动功(pv)带进了系统，因此系统中因为引进 1 kg 工质而获得的总能量是内能和推动功之和($u+pv$)，所以，焓的物理意义是：工质的内能加上对它的推动功。

例题 1-1-2 填空题：焓是一个热力学的特征参数，它的物理含义是__________，表达式为__________，其单位是__________。1 kg 的流体从一个状态到另一个状态其焓的变化量为__________。

解 工质内能与增容作用所相应的热量(推动功)之和 $H=U+PV(h=u+pv)$J/kg

$\Delta(U+PV)$或$(U+PV)_2-(U+PV)_1$

例题 1-1-3 蒸汽在汽轮机中膨胀做功是蒸汽热焓的绝对值还是其他的值？

解 蒸汽在汽轮机中做功是用焓降，而不是焓的绝对值；因为焓的绝对值没有意义，具有相同热焓的蒸汽并不具有相同的做功品质。例如节流前后工质做功能力的比较。节流前后工质的焓值不发生变化，均为 H_0；压力降低 $p_2<p_1$。如果相同质量的工质都绝热膨胀到压力 p_3，膨胀后的终态分别为(p_3，H_3)和(p_3，H'_3)，由于绝热膨胀过程中工质做功即为工质的焓降，因而节流前后工质做功分别为(H_0-H_3)和($H_0-H'_3$)，如图1-1-2所示，ΔH 即为二者做功的差值。所以说焓的绝对值的多少不代表做功的多少。

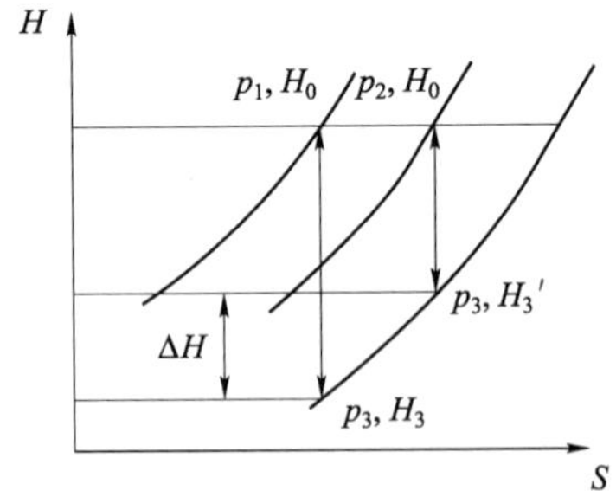

图 1-1-2 节流时可用焓降的减少

⑥ 熵

熵是一个导出参数。它不能直接测量，而是由基本状态参数推导出来的，其表达式为：

$$dS = \frac{dQ}{T} \tag{1-1-8}$$

式中，dQ——可逆过程中工质吸收的热量。

式(1-1-8)的积分形式是

$$S = \int \frac{dQ}{T} + S_0 \tag{1-1-9}$$

对于单位质量的工质有

$$ds = \frac{dq}{T} \tag{1-1-10}$$

和

$$s = \int \frac{dq}{T} + s_0 \tag{1-1-11}$$

上述四式中，S、s 分别为熵和比熵，S_0、s_0 是常数。熵和比熵的单位为 J/K 和 J/(kg·K)。在工程热力学范围内，有意义的是熵的相对值。对于孤立系统，熵只可能朝着增加的方向发展，并且其熵增表示系统机械能的损失。

以上我们初步介绍了工程热力学中最常用的六个状态参数。其中焓和熵在热力学分析和计算中是非常有用的。

例题 1-1-4 什么是熵？其单位是什么？为什么说熵是一个表示物体做功品质的热力学特性参数？

解 熵是描述热力过程可逆性的物理量，它的改变标志着工质与外界有无传热。也就是说熵是一个不可用能的度量。在可逆过程中，熵的定义关系式见式(1-1-10)和式(1-1-11)；

熵的单位是 J/K 和 J/(kg·K)；

一切实际热力学过程都是不可逆的，其不可逆性表现为熵的增大。而熵的增大就意味着蒸汽在汽轮机中膨胀做功焓降的减小。即使蒸汽的初始焓不变，熵的增加使焓降减小，做功能力也就降低(参见图 1-1-2)。

1.1.3 平衡状态，状态方程式，工质的状态变化过程，容积变化功

(1) 平衡状态

一个热力系统，如果在不受外界影响的条件下，系统的状态始终能够保持不变，则系统的这种状态称为热力平衡状态，简称平衡状态。

对于处于热力平衡状态下的气体(或液体)，如果略去重力的影响，那么气体内部各处的性质是均匀一致的，各处的温度、压力、密度等状态参数相同，如果考虑到重力的影响，那么气体中的压力和密度将沿高度而有所差别，但如果上下高度差别不大，则这种差别可以略去不计。对于汽液两相并存的热力平衡系统，汽相的密度和液相的密度不同，所以整个系统内就是不均匀的。

工程热力学只研究平衡状态。

(2) 状态方程式

在平衡状态下，描述热力系只要用两个互相独立的状态参数便可，不必要全部的状态参数。而这些参数之间都可以通过一定的函数关系式计算出来。比如，已知压力和比体积两个状态参数，就可以依照一定的函数关系，计算出温度、内能、焓和熵等状态参数。

$$\left.\begin{aligned} T &= T(p,v) \\ u &= u(p,v) \\ h &= h(p,v) \\ s &= s(p,v) \end{aligned}\right\} \tag{1-1-12}$$

对于理想气体，各状态参数之间满足的关系式为：

$$pV = RT \tag{1-1-13}$$

式中，R——通用气体常数，值为 8.314 J/(mol·K)。

例题 1-1-5 选择题：令 P 为压力，V 为体积，T 为绝对温度，t 为摄氏温度，U 为内能，R 为常数，若某气体是理想气体，则成立的关系式是(　　)。

A. $Rt=PV$　　B. $RT=PV$　　C. $UT=PV$　　D. $RV=PT$

解 选 B。理想气体状态方程式中的温度是热力学温度，不是摄氏温度。

(3) 准平衡过程

热能和机械能的相互转化必须通过工质的状态变化过程才能完成。工质在热力设备中不断进行吸热、膨胀、压缩等过程，使热能不断地转化为机械能做功。在实际设备中进行的这些过程都很复杂。首先，一切过程都是平衡被破坏的结果，工质和外界有了热和力的不平衡才促使工质向新的状态变化，故实际过程都是不平衡的。若工质在平衡被破坏后能自动恢复平衡，且恢复所需的时间，即弛豫时间又很短，又假定过程进行得缓慢，经历的时间和弛豫时间相比甚大时，则在过程中工质有足够的时间来恢复平衡，随时都不致远离平衡状态，这样的过程叫做准平衡过程。由于相对于弛豫时间来说，准平衡过程是进行得无限缓慢的过程，所以准平衡过程又叫做准静态过程。

例如，气体工质在压差作用下实现准平衡过程的条件是：气体工质与外界之间的压差为无限小，即

$$\Delta p = (p - p_{\text{ext}}) \to 0 \quad 或者 \quad p \to p_{\text{ext}}$$

气体工质在温差作用下实现准平衡过程的条件是：气体工质和外界的温差为无限小，即

$$\Delta T = (T - T_{\text{ext}}) \to 0 \quad 或者 \quad T \to T_{\text{ext}}$$

热的平衡和力的平衡是互相关联的，只有工质与外界的压差和温差均为无限小的过程才是准平衡过程。如果在过程中还有其他作用存在，实现准平衡过程还必须加上其他相应条件。只有准平衡过程在坐标图上可用连续曲线表示，也只有准平衡过程才能用热力学的分析方法。准平衡过程是实际过程的理想化。

(4) 可逆过程

当工质完成了某一过程之后，如果有可能使工质沿相同的路径逆行而恢复到原来状态，并使相互作用中所涉及的外界亦恢复到原来状态，而不留下任何改变，则这一过程就叫做可逆过程。相反，不满足上述条件的过程为不可逆过程。

不平衡过程一定是不可逆过程。另外，当存在任何种类的摩擦，如机械摩擦或工质内摩擦时，所进行的过程也是不可逆的。因为无论在正向过程和逆向过程中，都因摩擦而消耗机械功，这部分功转变为热量，而这部分热量是不可能自发地转变为功的。这就留下了不可逆复的效果。所以，有摩擦的过程肯定是不可逆的。

一个可逆过程，首先应是准平衡过程，应满足热和力的平衡条件，同时在过程中不应有任何耗散效应。这也是可逆过程的基本特征。准平衡过程和可逆过程的区别在于，准

平衡过程只着眼于工质内部的平衡，至于有无摩擦对工质内部的平衡并无关系，准平衡过程进行时可能发生能量的消耗；可逆过程则是分析工质与外界作用所产生的总效果，不仅要求工质内部是平衡的，而且要求工质与外界作用可以无条件的逆复，过程进行时不存在任何能量的不可逆消耗。可见，可逆过程必然是准平衡过程，而准平衡过程只是可逆过程的条件之一。

(5) 容积变化功

在力学中把力和力方向位移的乘积定义为力所做的功。若在力 F 作用下物体发生微小位移 $\mathrm{d}x$，则力 F 所做的功为

$$\mathrm{d}W = F\mathrm{d}x$$

现设物体在力 F 作用下由空间某点 1 移动到 2，则力所作的总功为

$$W_{1-2} = \int_1^2 F\mathrm{d}x$$

以气体工质在可逆过程中所做的功为例。设有 m kg 气体工质在气缸中作可逆膨胀，其变化过程由图 1-1-3 中连续曲线 1—2 表示。由于过程的可逆性，工质的压力与外界压力随时相等，即 $p=p_{\text{ext}}$。按照功的力学定义，工质推动活塞移动距离 $\mathrm{d}x$ 时，反抗外力所做的膨胀功为

$$\mathrm{d}W = F\mathrm{d}x = pA\mathrm{d}x = p\mathrm{d}V \qquad (1\text{-}1\text{-}14)$$

式中，A——活塞面积；

$\mathrm{d}V$——工质容积变化量。

在工质从状态 1 到状态 2 的膨胀过程中，所做的膨胀功为

$$W_{1-2} = \int_1^2 p\mathrm{d}V \qquad (1\text{-}1\text{-}15)$$

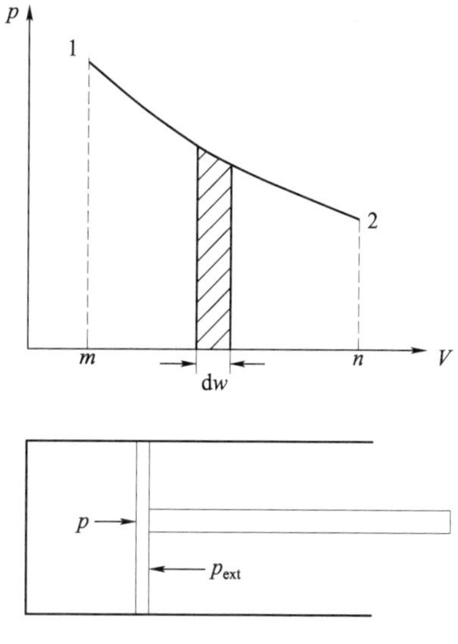

图 1-1-3　工质膨胀示功图

由上式可见，可逆过程中工质所做的功只决定于工质的状态参数及其变化规律，而无需考虑外界情况。如已知过程 1—2 的方程式 $p=f(V)$，即可由积分求得膨胀功的数值。膨胀功 W_{1-2} 在 p—V 图上用过程线下方的面积 1－2－n－m－1 来表示。因此 p—V 图也叫示功图。

如果工质是 1 kg，容积可用比体积 v 代替，则 1 kg 工质所做的功为

$$\mathrm{d}w = \frac{1}{m}p\,\mathrm{d}V = p\mathrm{d}v \qquad (1\text{-}1\text{-}16)$$

$$w_{1-2} = \int_1^2 p\mathrm{d}v \qquad (1\text{-}1\text{-}17)$$

如果过程依反向 2－1 进行时，同样可得

$$w_{2-1} = \int_2^1 p\mathrm{d}v$$

此时 $\mathrm{d}v$ 为负值，故所得的功也是负值。因此正值代表气体膨胀对外所做的功，而负值

代表外力压缩气体所消耗的功。

从上可见，功的数值不仅决定于工质的初态和终态，而且还和过程中间经过的途径有关。从相同的状态 1 膨胀到状态 2，可以经过不同的途径，所做的功也是不同的。因此，功不是状态参数，它不能表示为状态参数的函数[即 $w \neq f(p,v)$]。功是过程的函数。

膨胀功和压缩功都是通过工质容积的变化而与外界交换的功，因此统称为容积变化功。容积变化功只与气体容积的变化量有关，而同容积的形状无关。从功的计算式可以看出，p—v图过程线与横轴所包围的面积即为该热力过程容积变化功的数值。

1.2 水和水蒸气

水蒸气是人类在热力发动机中应用最早的工质，由于它具有容易获得、价廉、有适宜的热力参数和不污染环境的优点，至今仍是工业上广泛应用的主要工质。在热力发动机中用作工质的水蒸气距液相不远，而且在工作过程中有物质集态变化，因此不能按理想气体看待。它的物理性质较理想气体复杂得多，不能用简单的数学式表达水蒸气的物性参数，而是从水蒸气热力性质图表直接查取。

1.2.1 饱和温度

各种物质由液态转变为气态的过程称为汽化。汽化的过程可以通过液体表面的蒸发，也可以通过液体内产生汽泡的沸腾来形成，其结果都是由液态变成气态。当把液体放置在一个能承受压力的密闭容器内，液体表面附近动能较大的液体分子克服表面张力飞到上面空间，同时空间蒸汽分子碰撞损失部分能量后回到液面凝结成液体。液体汽化速率取决于液体温度，如容器空间没有其他气体，随着蒸汽分子增多，其压力将升高，返回液面的蒸汽分子因蒸汽空间压力增加而增多。可见液化的速率取决于空间蒸汽压力，到一定状态时两种相反的过程就达到动态平衡。这种液体和蒸汽处于动态平衡的状态称为饱和状态。液面上面的蒸汽称为饱和蒸汽，液体称为饱和液体。此时汽、液的温度相同，称为饱和温度 T_s，蒸汽压力称为饱和压力 p_s，当饱和温度一定时，饱和压力也一定；反之，饱和压力一定时，饱和温度也一定，任何物质某一饱和温度必然对应于某一饱和压力。

液体沸腾产生蒸汽的过程，不仅可在一定压力下通过对液体加热来实现，也可以对一定温度下的液体降低压力来实现沸腾，产生蒸汽。

1.2.2 液体、蒸汽和气体

当液体在某一定压力下加热，只要达到某一相应的温度，液体内部就开始发生汽化，这种现象叫做沸腾。液体所处的压力愈高，则其相应的沸腾温度也愈高，人们也发现1 kg液体在很高的压力下沸腾时其比容只略大于它在低压力下沸腾时的比容，因此，在 p-v 图上可以画出由一系列沸腾状态点形成的一条斜率很大的线，如图 1-2-1 所示。图中 1′、2′、3′分别代表液体在压力 p_1、p_2 和 p_3 下的饱和状态点。汽液物质的等温线如图 1-2-2 所示。

当液体被加热到沸点后再进一步在定压下加热，加进去的热量只改变流体的相态，使之由液体变成蒸汽，而其温度不再继续变化。从汽化开始沸腾至汽化完成为止，把单位质量饱和水全部转化成干饱和蒸汽所需要的热量叫做汽化潜热。实验已经确定，压力越高则此汽化潜热越小。对应着每一个压力都有一个确定的比体积，对应于汽化已经完成的状态，在图1-2-1所示的 p-v 图上的点为1″、2″和3″，就代表这些汽化完成了的状态。把这些点连成一条曲线，称为干饱和汽线。随着压力提高，两条曲线渐渐延伸汇交在一点 c，此时汽化潜热等于零，称为临界点。临界点上的温度叫做临界温度，记作 T_c；临界点上的压力叫做临界压力，记作 p_c。不同的物质具有自己确定的临界点，从而有自己确定的临界温度和临界压力。物质的状态点在这两条汇交曲线之内，则表示是液体和饱和蒸汽的混合物，即湿蒸汽。这个区域叫做饱和区。在饱和区内继续定压加热，物体的温度不再升高，而只发生汽化，因而比容还在继续增大。这一过程在 p-v 图上是一些与 v 轴平行的直线。开始沸腾的点(1′、2′和3′)为饱和状态，但尚处于液态，因此这些点所构成的曲线叫做饱和液线。

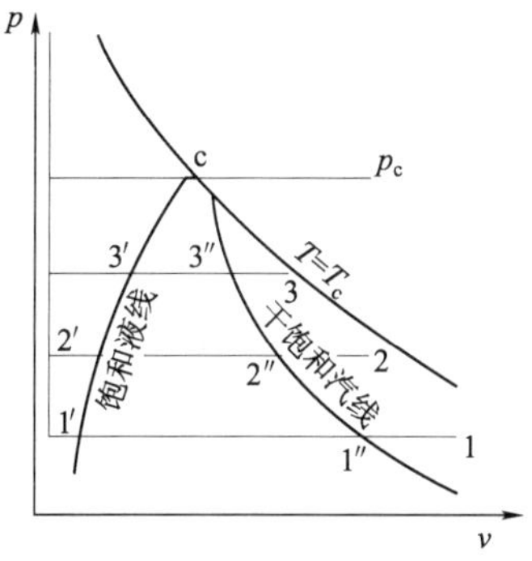

图1-2-1 水蒸气的 p-v 图

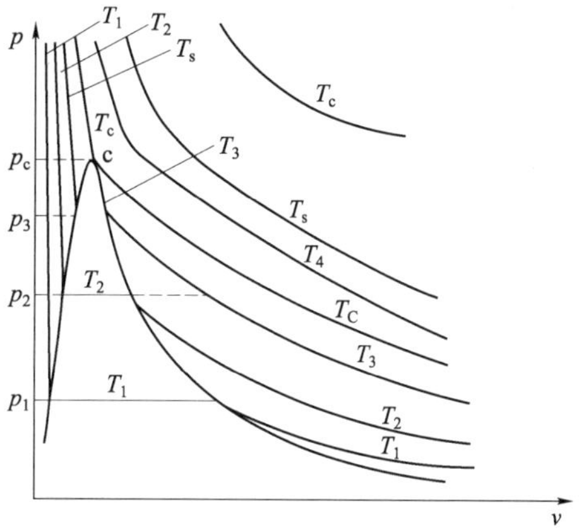

图1-2-2 汽液物质的等温线

向饱和液加热就会出现蒸汽，成为湿蒸汽。同样，当物质状态刚好在干饱和汽线上，加以冷却也会再出现液滴而变成湿蒸汽。在1″、2″、3″点连成的曲线上的饱和汽通常叫干饱和汽，在此状态下就没有液体存在了。已知湿蒸汽的干度、温度或压力，湿蒸汽的状态则完全可以确定。干度用 x 表示，它是干蒸汽的质量占湿蒸汽总质量的份额。对于干饱和汽 $x=1$，饱和液 $x=0$，而湿饱和汽的 x 在0～1之间，对同一蒸汽，其湿度与干度的关系为：$x+y=1$。当过热度很高时，在 p-v 图上的过热蒸汽的定温线趋近于双曲线(符合理想气体 $pv=\text{const}$ 的规律)。在恒压 P 下，过热蒸汽温度 t 与该压力下饱和蒸汽温度 t_s 之差，称为蒸汽过热度 Δt，即 $\Delta t=t-t_s$。

我们曾说过，两个独立的状态参数可以确定物质的状态，但在饱和状态点1′与1″(2′与2″，3′与3″)之间，温度、压力是相应一致的(因为在湿蒸汽区内压力不变，温度也保持不变)，在这一区域内，压力与温度不是彼此独立的参数，处于饱和状态的液体、蒸汽或湿蒸汽，若不再给定另一参数，只有温度和压力，其状态是无法确定的。湿蒸汽的状态常用压力(或温度)及质量含汽率(或称干度)两个参数来确定。

当知道了湿蒸汽的干度，再加上温度或压力，湿蒸汽的状态则完全可以确定。

理想气体是一种实际上不存在的气体，其假定条件之一就是必须符合 $pv=\text{const}$ 的规律。在过热度很高的情况下，所有的物质都趋近于理想气体，通常称之为气态的物质(氧、氮、氢等)在大气压力下具有很高的过热度，如氧、氮、氢的临界温度分别为－119 ℃、

−147 ℃和−240 ℃。在正常情况下必须加热至很高温度才能接近理想气体的气态物质常称为蒸汽，如氨、二氧化硫和水蒸气，它们的临界温度分别为130 ℃、157 ℃和374.15 ℃。

例题 1-2-1 写出下面水的温熵图1-2-3示出的各曲线及 O 点的名称，并说明 $O—a$ 和 $O—b$ 把图平面分成哪三个区？简要说明 A、B 两点的状态。

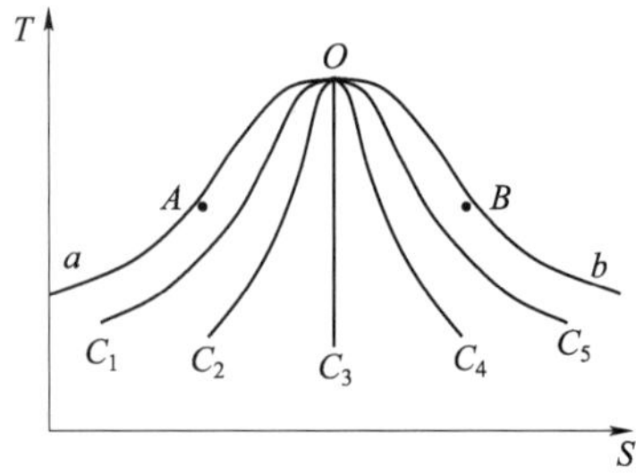

图 1-2-3 水的温熵图

解 $O—a$：饱和水线；

$O—b$：干饱和蒸汽线；

O 点：临界点；

$O—C_1 \sim O—C_5$：等干度线；

$O—a$：左侧为欠热水区；

$O—b$：右侧为过热蒸汽区；

$O—a$：和 $O—b$ 之间为湿蒸汽区；

A：为饱和水状态；

B：为干度很大的湿蒸汽状态。

例题 1-2-2 名词解释：(1) 饱和蒸汽；(2)过冷度。

解 (1) 其温度等于所处压力对应的饱和温度的蒸汽叫做饱和蒸汽。

(2) 工质所处压力对应的饱和温度和其温度的差值叫做过冷度。

例题 1-2-3 填空题：

(1) 在饱和状态下，决定水和水蒸气比焓的参数是压力__________。(和温度，或温度)

(2) 5 kg的饱和蒸汽定压凝结成相同温度的水，放出 1.1×10^4 kJ的热量，则它的凝结潜热为__________。

(3) 在凝汽器中，所有的乏蒸汽都变成凝结水，所放出的热量__________总的凝结水质量乘以凝结潜热。(等于，小于，大于)

解 (1) 或温度；

(2) 2.2×10^3 kJ/kg 注：汽化潜热是指单位质量的饱和液体转变成相同温度下饱和蒸汽所吸收的热量；

(3) 小于。

例题 1-2-4 如果燃料通道内的水有4%的质量被加热成蒸汽，与没有局部沸腾相比，1 kg的水通过燃料通道所获得热量增加了百分之几？

已知参数：

工作压力/MPa	水温/℃	水焓/(kJ/kg)	汽化潜热/(kJ/kg)
15.5	进口:290	1 290	1 241
15.5	出口:320	1 462	

解 无局部沸腾时：焓增为1 462−1 290=172；

有局部沸腾时：焓增为172+1 241×4%=221.6；

所以热量增加为(221.6−172)/172×100%=28.9%。

1.2.3 水蒸气表和图

水蒸气的参数均用实验和分析的方法，列成数据表或画成图，以供工程计算用。由于各国在进行实验建立水蒸气状态方程式时所采用的理论与方法不同，测试技术有差异，其结果也不免有些差异。为此，经过国际会议的研究和协商，制定了水蒸气热力性质的国际骨架表。近年来由于电子计算机的广泛应用，水及水蒸气的热力性质可进行范围极广的精确计算。第六届国际会议成立的"国际公式化委员会"提出了详细的"工业用 1976 年 IFC 公式"，这些公式包括了骨架表涉及的全部范围。现在各国使用的水和水蒸气热力性质图和表，就是根据上述公式计算而编制的。

(1) 饱和水和干饱和蒸汽参数

常用的饱和水和干饱和蒸汽状态参数表有两种，一种是以压力为顺序排列的，其示例见表 1-2-1；另一种是以温度为顺序排列的，其示例见表 1-2-2。

表 1-2-1 按压力排列的饱和水和干饱和蒸汽状态参数表(示例)

p	t	v'	v''	h'	h''	r	s'	s''
$\times 10^5$ Pa	℃	m^2/kg	m^2/kg	kJ/kg	kJ/kg	kJ/kg	kJ/(kg·K)	kJ/(kg·K)
0.01	6.982	0.001 000 1	129.208	29.33	2 513.8	2 484.5	0.106	8.975 6
0.5	81.35	0.001 030 1	3.241 5	340.57	2 646.0	2 305.4	1.091 2	7.595 1
5	151.85	0.001 092 8	0.374 81	640.1	2 748.5	2 108.4	1.860 4	6.821 5
100	310.96	0.001 452 6	0.018 00	1 408.6	2 724.4	1 315.8	3.361 6	5.614 3

表 1-2-2 按温度排列的饱和水和干饱和蒸汽状态参数表(示例)

T	p	v'	v''	h'	h''	r	s'	s''
℃	$\times 10^5$ Pa	m^2/kg	m^2/kg	kJ/kg	kJ/kg	kJ/kg	kJ/(kg·K)	kJ/(kg·K)
0	0.006 108	0.001 000 2	206.321	−0.04	2 501.0	2 501.0	−0.000 2	9.156 5
10	0.012 271	0.001 000 3	106.419	41.99	2 519.4	2 477.4	0.151 0	8.900 9
100	1.013 25	0.001 043 7	1.673 8	419.06	2 676.3	2 257.2	1.306 9	7.356 4
374	220.84	0.002 834	0.003 482	2 039.2	2 150.7	111.5	4.337 4	4.509 6

实际工程中使用的干饱和蒸汽状态参数表比上表划得更细，其参数范围：压力从 0.001 MPa到临界压力 22.12 MPa，温度从 0 ℃到临界温度 374.15 ℃。根据已知的温度或压力，就可以从表中查得饱和状态下的水或蒸汽的比容、焓、汽化潜热 r 以及熵等状态参数。按照惯例，在表中参数符号的上角标，以"′"表示饱和水，而以"″"表示干饱和蒸汽。在表中，没有列出内能参数的值，这主要是为了使表简化清晰，同时也因在一般工程计算中使用内能的机会不多，一旦需要时，则可以用 $u=h-pv$ 的公式，很容易地计算出来。

例题 1-2-5 假设堆芯工作压力为 15.53 MPa，进口水温 292 ℃，平均通道出口水温为 322 ℃。若最热通道出口是含 1%蒸汽(质量百分比)的饱和汽水混合物，平均通道与最热通道的流量分配为1∶1.2。试求最热通道功率是平均通道的几倍。

解 查表可知：

292 ℃ 水焓 $h'_{292}=1\ 300$ kJ/kg

322 ℃ 水焓 $h'_{322}=1\ 473.6$ kJ/kg

15.53 MPa下，饱和温度 $t=345$ ℃

饱和水焓 $h'_{345}=1\ 630.8$ kJ/kg

饱和蒸汽焓 $h''_{345}=2\ 594.5$ kJ/kg

平均通道焓升 $1\ 473.6-1\ 300.0=173.6$ kJ/kg

最热通道焓升 $1\ 630.8\times0.99+2\ 594.5\times0.01-1\ 300=340.4$ kJ/kg

故两通道功率之比为：$340.4\times1.2/173.6=2.35$

例题1-2-6 已知某压水堆额定功率运行时，堆芯上部的压力为15.7 MPa，反应堆冷却剂的进口温度为291 ℃，冷却剂出口温度为321 ℃，冷却剂通过堆芯的压降为 $\Delta p=0.15$ MPa，根据下面给出的水蒸气表，求堆芯冷却剂进、出口的过冷度。饱和水和饱和蒸汽热力参数表见表1-2-3。

表1-2-3 饱和水和饱和蒸汽热力参数表

压力/MPa	饱和温度，T/℃	饱和水焓/(kJ/kg)	饱和蒸汽焓/(kJ/kg)	汽化潜热/(kJ/kg)	饱和水密度/(kg/m³)	饱和汽密度/(kg/m³)
10.0	311.4	1 409.295	2 724.203	1 314.906	687.30	55.541 7
10.5	315.1	1 434.116	2 714.537	1 280.421	678.60	59.052 7
11.0	318.7	1 452.551	2 704.392	1 251.840	669.87	62.684 2
11.5	322.1	1 476.306	2 693.746	1 217.440	661.08	66.447 1
12.0	325.5	1 497.946	2 682.576	1 184.630	652.20	70.354 1
12.5	327.9	1 512.304	2 674.014	1 161.711	646.16	74.111 5
13.0	331.0	1 531.310	2 662.397	1 131.087	637.61	78.261 0
13.5	333.9	1 551.781	2 650.280	1 098.499	629.00	82.580 3
14.0	336.8	1 574.109	2 637.628	1 063.519	620.31	87.086 8
14.5	339.6	1 593.112	2 624.397	1 031.284	611.50	91.800 9
15.0	342.3	1 611.899	2 610.532	998.633	602.54	96.746 8
15.5	344.9	1 632.090	2 595.571	963.881	593.40	101.953 4
16.0	347.5	1 653.702	2 580.635	926.933	584.03	107.455 7

解 已知：堆芯出口压力 $P_o=15.7$ MPa，压差 $\Delta p=0.15$ MPa，

得堆芯入口压力 $P_i=15.7+0.15=15.85$ MPa

查水蒸气表，$P=15.5$ MPa，$T_s=344.9$ ℃

$P=16.0$ MPa，$T_s=347.5$ ℃

进行线性插值：

$P_i=15.85$ MPa，$T_{si}=344.9+(15.85-15.5)/(16.0-15.5)\times(347.5-344.97)=346.72$ ℃

$P_i=15.7$ MPa，$T_{so}=344.9+(15.70-15.5)/(16.0-15.5)\times(347.5-344.97)=345.94$ ℃

因此，堆芯进出口的过冷度为：

$\Delta T_i=346.72-291=55.72$ ℃

$\Delta T_o=345.94-321=24.94$ ℃

饱和液的比容比较小，在低压下，与干饱和蒸汽的比容相比可以忽略不计，随着压力的增大，v'是增加的，接近临界压力时，v'也有一较大的值不能忽略。这可从图1-2-4中看出。

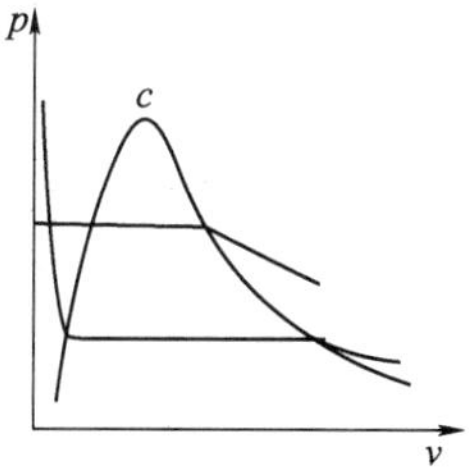

图1-2-4 工质状态在 p-v 图上的表示

在表1-2-1及表1-2-2中还给出了汽化潜热r，也就是定压地将每千克饱和水全部转化成干饱和蒸汽所吸收的热量。

所以 $$r=h''-h'+w_t=h''-h'-\int v\mathrm{d}p$$

定压下 $$\mathrm{d}p=0$$

$$r=h''-h' \tag{1-2-1}$$

(2) 湿蒸汽

湿蒸汽为饱和液与干饱和汽的混合物。其比容的定义如下：

$$v=\frac{v'\times \text{饱和液体的质量}+v''\times \text{干饱和蒸汽的质量}}{\text{湿蒸汽的总质量}}$$

对1 kg的湿蒸汽而言，含x kg干饱和汽和$(1.0-x)$ kg的饱和液体。x为干度，即湿蒸汽中干饱和汽所占的百分数。故

$$v=v'(1-x)+v''x \tag{1-2-2}$$

液体的比容与干饱和汽的比容相比甚小，可以忽略，故对多数工程问题可取为

$$v=xv'' \tag{1-2-3}$$

湿蒸汽的焓也是由液体和干饱和汽的焓值之和给出，应为

$$h=(1-x)h'+xh'' \tag{1-2-4}$$

所以 $$h=h'+x(h''-h')$$

或 $$h=h'+xr \tag{1-2-5}$$

同理，湿蒸汽的内能也应由液体的内能和干饱和汽的内能之和给出

$$u=(1-x)u'+xu'' \tag{1-2-6}$$

$$u=u'+x(u''-u') \tag{1-2-7}$$

(3) 水和过热蒸汽

在湿蒸汽区内，状态参数p和t是互相依变的，而在未饱和水或过热蒸汽区内，p和t是相互独立的参数。给定了压力和温度时，未饱和水或过热蒸汽的状态就确定了，所以在未饱和水和过热蒸汽表中，给出了与压力变量和温度变量相应的参数h、v、s数据。为了方便，还给出了每一个压力相对应的饱和温度t_s以及饱和水和干饱和蒸汽的参数数据，它的示例见表1-2-4。

表 1-2-4 未饱和水和过热蒸汽表(示例)

p	0.01 MPa			1 MPa			10 MPa		
饱和参数	t_s=45.83 ℃			t_s=179.88 ℃			t_s=310.96 ℃		
	v'=0.001 010 2	v''=14.676		v'=0.001 127 4	v''=0.194 30		v'=0.001 452 5	v''=0.018 00	
	h'=191.84	h''=2 584.4		h'=762.4	h''=2 777.0		h'=1 408.6	h''=2 724.4	
	s'=0.649 3	s''=8.150 5		s'=2.138 2	s''=6.584 7		s'=3.361 6	s''=5.614 3	
t	v	h	s	v	h	s	v	h	s
0	0.001 000 2	0.00	−0.000 1	−0.000 999 7	1.0	−0.000 1	0.000 995 3	10.1	0.000 5
200	21.82	2 879.3	8.904 1	0.205 9	2 827.5	6.694 0	0.001 148 0	855.8	2.317 6
400	31.06	3 279.4	9.608 1	0.306 6	3 264.0	7.460 5	0.026 41	3 098.5	6.215 8
600	40.29	3 705.2	10.161	0.401 0	3 697.4	8.029 2	0.038 33	3 624.0	6.902 5

注：v——m^3/kg；h——kJ/kg；s——kJ/(kg·K)。

表 1-2-4 中的粗黑线为分界线，黑线以上为未饱和水的参数，黑线以下为过热蒸汽的参数。例如，工质状态参数 p=1 MPa，t=200 ℃时，查表 1-2-4 得 t_s=179.88 ℃。因 $t>t_s$，工质处于过热状态，过热度 t=200−179.88=20.12 ℃。查表 1-2-4 可得 v=0.205 9 m^3/kg、h=2 827.5 kJ/kg、s=6.694 0 kJ/(kg·K)。

1.2.4 水蒸气的温熵图

图 1-2-5 是水蒸气的温熵图。图中，1′、2′、3′、c 等饱和水的状态点连成的线称为饱和液线，c、3″、2″、1″连成的线为干饱和汽线，c 点位于两线的最高处为临界点。图中表示出三条定压线 $1_0$1′ 1″ 1、$2_0$2′2″ 2 和 $3_0$3′ 3″3，在液态区等压线 $1_0$1′、$2_0$2′和 $3_0$3′与饱和液线几乎重合(图中所示是被夸大了的)，误差一般可忽略不计。在饱和区内，压力保持不变时，温度也不变，因而 1′1″、2′2″和 3′3″分别与横坐标轴平行，即定压线同时是定温线。1″1、2″2和 3″3 在过热区里，曲线的斜率随着温度的升高而增大。

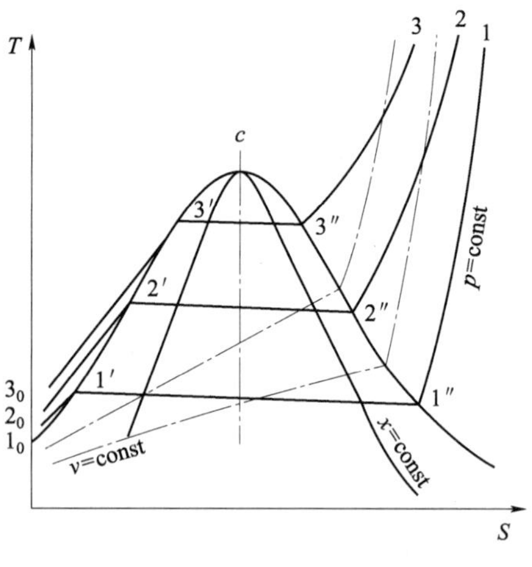

图 1-2-5 水蒸气的温熵图

图中，以点画线标出的定比体积线的斜率要比定压线的大。

饱和水及干饱和汽的比熵分别用 s'和 s''表示，湿蒸汽的熵是水的熵与干饱和蒸汽熵之和，干度为 x 的湿蒸汽的比熵是

$$s=(1-x)s'+xs'' \tag{1-2-8}$$

或

$$s=s'+x(s''-s') \tag{1-2-9}$$

据此得干度的计算式

$$x=\frac{s-s'}{s''-s'} \tag{1-2-10}$$

由式(1-2-10)可见，在 T-s 图中，湿蒸汽的干度和状态点与饱和液线的水平距离成正比。

因为在 T-s 图中，过程线下的面积表示过程的传热量，因此，饱和液线与干饱和汽线之间的定压线段下的面积表示汽化潜热 r，比如图 1-2-6 中 BC 线下的面积即表示该过程压力下的汽化潜热。

图 1-2-6 所示的 T-s 图上 $BCFE$ 的面积代表汽化潜热 r，$B11'E$ 下的面积等于 $x_1 r$，因此湿蒸汽的焓

$$h = h' + x_1 r \tag{1-2-11}$$

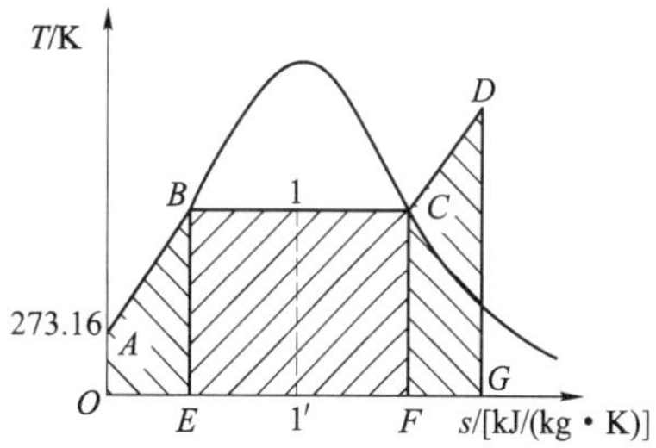

图 1-2-6　焓值在 T-s 图中的表示

例题 1-2-7　参见水蒸气温熵图 1-2-6 请说明：

(1) 面积 S_{OABEO}，S_{EBCFE}，S_{FCDGF} 的物理含义。

(2) 若用 x 表示蒸汽的干度，在 B，C 两点 x_B，x_C 的数值各是多少？

解　(1) S_{OABEO}＝将水加热到饱和温度所需要的热量；

S_{EBCFE}＝饱和水汽化所需的热量；

S_{FCDGF}＝用于将饱和蒸汽过热的热量。

(2) $x_B=0$　　$x_C=1$

1.2.5　水蒸气的焓熵图

水蒸气的焓熵图在热工计算中十分有用。例如，在不做功的纯加热过程中，给工质加进的热量等于工质焓的增值；在流动系的纯加热过程中，系统所做的功等于焓降。因此，利用标有有关参数值的焓熵图进行热力计算，十分方便。

图 1-2-7 表示以比焓 h 为纵坐标，比熵 s 为横坐标的焓熵图（h-s 图）。图中，粗黑线 CM 为饱和水线（干度 $x=0$），CN 为干饱和汽线（$x=1$）。曲线 MCN 的下方为湿蒸汽区，上方为过热蒸汽区。由 C 点出发的细线为定干度线（等 x 线），自左至右 x 值依次增大。

在图中，自 M 点出发的细实线为定压线，而且随着温度逐渐升高，曲线斜率增大。在湿蒸汽区，定压过程即为定温过程，因而是一条直线。各定压线自左向右，压力渐次降低。

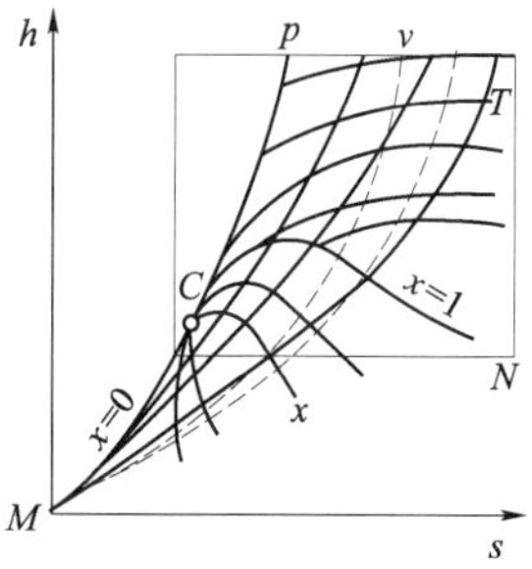

图 1-2-7　水蒸气的 h-s 图

图中，细虚线表示定比体积线，很明显，定比体积线比定压线略陡。在实用的 h-s 图中，定比体积线自左至右，比体积逐渐增大。

定温线在过热蒸汽区斜率较小。在压力较高一侧（左侧）随着压力增高，定温线向下弯曲；而在压力较低的一侧，定温线几乎成为水平线，和定焓线重合。表明蒸汽性质逐渐接近理想气体。在湿蒸汽区压力不变时，温度亦不变，定温线与定压线重合。

实用的 h-s 图只用图 1-2-7 右上方用方框包围的部分，特别适用于蒸汽热力过程的分析计算。至于未饱和水或饱和水的参数还需要查表。

和水及其蒸汽表相比，h-s 图的优点是使用方便，省去应用插值法计算的麻烦，缺点是有一定的误差，但是，只要查得准确，用于工程计算时，其误差是在允许范围以内的。

例题 1-2-8　选择题：关于水蒸气焓熵图上的定压线，正确的说法有（　　）。

A. 在湿蒸汽区为直线　　　　B. 在过热蒸汽区为直线

C. 在湿蒸汽区为曲线　　　　D. 在过热蒸汽区为曲线

解 选A和D。

焓-熵图上定压线在湿蒸汽区为倾斜直线，因斜率$\left(\frac{\partial h}{\partial s}\right)_p=T$，湿区定压即定温，$T$不变，故斜率不变而为直线。进入过热区后，定压加热时温度升高，故其斜率也逐渐增加。

1.2.6 比热容

固体和液体由于其不可压缩性，一般不出现明显的比体积随压力而变化，因此他们的比热容比较简单，即使单位质量的物质每升高1 ℃所需的热量，称为该物质的比热容。也可以写成微分形式：

$$\mathrm{d}q = c\mathrm{d}T \tag{1-2-12}$$

式中，$\mathrm{d}T$——温度的微增量；

c——比热容。

对于气体来说，因为压力和比体积之间有密切依赖关系，因此对于热力过程是定容还是定压而分为比定容热容C_v和比定压热容C_p，即：

对于定容可逆过程

$$\mathrm{d}q = C_v\mathrm{d}T \tag{1-2-13}$$

对于定压可逆过程

$$\mathrm{d}q = C_p\mathrm{d}T \tag{1-2-14}$$

根据焦耳定律，理想气体不存在内位能，故其内能只是绝对温度的函数，并可得出：

$$u = C_vT \tag{1-2-15}$$

又因为焓$h=u+pv$，对于理想气体$pv=RT$，所以焓也是绝对温度的函数，并可得到：

$$\mathrm{d}h = C_p\mathrm{d}T$$

所以

$$h = C_pT$$

将式(1-2-10)、式(1-2-11)和理想气体状态方程式$pv=RT$，代入$h=u+pv$中，可得

$$C_pT = C_vT + RT$$

所以

$$C_p - C_v = R \tag{1-2-16}$$

又称比定压热容与比定容热容之比为绝热指数，并用γ表示，则

$$\gamma = \frac{C_p}{C_v} \tag{1-2-17}$$

所以

$$C_v = \frac{R}{\gamma - 1} \tag{1-2-18}$$

$$C_p = \frac{\gamma R}{\gamma - 1} \tag{1-2-19}$$

1.3 能量方程的一般表达式

1.3.1 热力学第一定律的实质

能量转换与守恒定律是自然界的一条普适定律。它指出：自然界中一切物质都具有能量，能量有各种不同的形式。它可以从一个物体或系统传递到另外的物体和系统，能够从一种形式转换成为另一种形式。在传递和转换过程中，能量的量既不能创生，又不能消灭，其

总量保持不变。将这一定律应用到涉及热现象的能量转换过程中，即是热力学第一定律，它可以表述为：热可以转变为功，功也可以转变为热；一定量的热消失时，必然伴随产生相对应量的功；消耗一定量的功时，必然出现与之对应量的热。焦耳的热功当量实验和瓦特蒸汽机的成功，以及以后所有热功转换装置都证实了热力学第一定律的正确性。历史上，有人曾幻想制造一种可以不消耗热量而连续做功的第一类“永动机”，由于它违反热力学第一定律，故注定了其失败的命运。因此，热力学第一定律可以表述为：第一类永动机是造不成的。

1.3.2　热力学第一定律的一般表达式

热力系统中热能和机械能的转换过程，总是伴随着能量的传递和交换，这种交换不仅包括功和热量的交换，还包括由于工质流进流出而带来的能量交换。因此根据热力学第一定律（也是能量守恒定律）的叙述，我们可以导出其一般表达式为：

进入系统的能量－流出系统的能量＝系统能量的增量

今有一热工系统，如图 1-3-1 所示，在无限短时间 $d\tau$ 内，从外界吸收了热量 dQ；并有 dm_1 工质携带了 $e_1 dm_1$ 的能量进入系统；同时，热力系统对外界做功，其总和为 dW；且有 dm_2 工质携带 $e_2 dm_2$ 的能量流出系统；这时间内系统总能量的增量为 dE_{sys}。则按上述表达式，可写为

$$(dQ + e_1 dm_1) - (dW_{tot} + e_2 dm_2) = dE_{sys}$$

则

$$dQ = dE_{sys} + (e_2 dm_2 - e_1 dm_1) + dW_{tot} \tag{1-3-1}$$

对上式积分，可得在有限时间 τ 内的表达式为

$$Q = \Delta E_{sys} + W_{tot} + \int_{\tau} (e_2 dm_2 - e_1 dm_1) \tag{1-3-2}$$

这两个式子即为热力学第一定律的一般表达式。

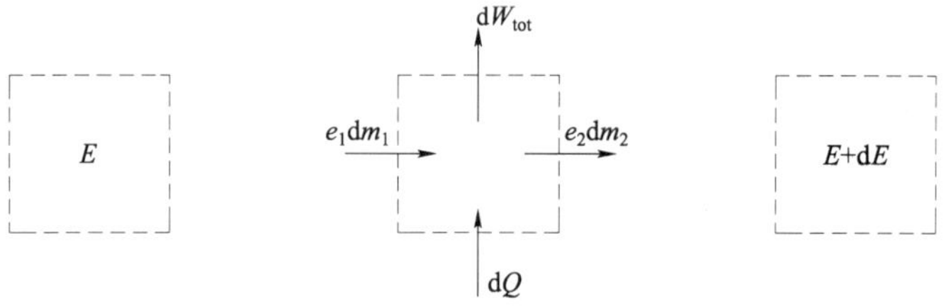

图 1-3-1　微元控制体

1.3.3　闭口系统的能量方程

在实际热力过程中，许多系统都是闭口系统。例如：活塞式压气机的压缩过程；内燃机的压缩和膨胀过程等。因此有必要从热力学第一定律的一般表达式进一步推导得到闭口系统的热力学第一定律表达式，即闭口系的能量方程。

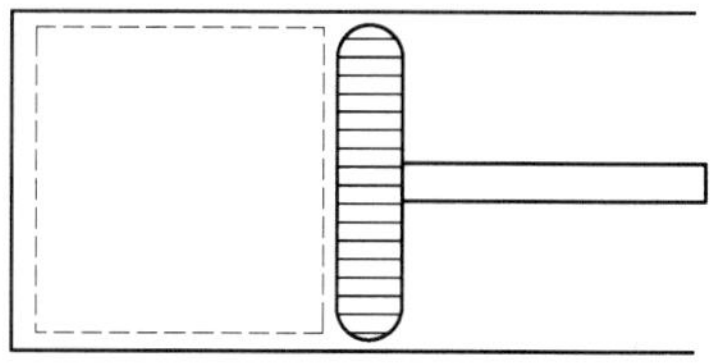

图 1-3-2　汽缸活塞系统

如图 1-3-2 所示的气缸活塞系统是一典型的闭口系

统，通常该系统的宏观动能和宏观位能均无变化，即 $\Delta E_k=\Delta E_p=0$。因此系统的能量仅为内能增量 ΔU；闭口系与外界无物质交换，$dm_1=dm_2=0$；系统对外所做的功仅有因系统工质膨胀（或被压缩）所做的容积变化功（膨胀功）W。这样由式可得闭口系的能量方程为：

$$Q=\Delta U+W$$

对于单位质量的工质而言，有：

$$q=\Delta u+w \tag{1-3-3}$$

对上式进行微分，可得闭口系统微元过程的能量方程：

$$dQ=dU+dW$$

及

$$dq=du+dw \tag{1-3-4}$$

由于闭口系统的能量方程式（1-3-3）和式（1-3-4）等在推导过程除要求系统是闭口系，即控制质量系外，没有附加任何其他条件，因此适用于一切过程和所有工质。

变换闭口系能量方程为

$$Q-\Delta U=W$$

可以看到，欲把包括工质内热能和从外界获得的热量——外热能在内的热能转变为机械能，必须凭借工质容积变化的膨胀才行。由于闭口系统的能量方程反映了热能和机械能之间这种转换的基本原理和关系，因此称之为热力学第一定律的基本表达式。

前已述及，对于可逆过程有

$$W=\int_1^2 p\,dV \quad 或 \quad w=\int_1^2 p\,dv$$

故对于闭口系统的可逆过程有

$$Q=\Delta U+\int_1^2 p\,dV$$

$$q=\Delta u+\int_1^2 p\,dv$$

应用闭口系统的能量方程时，应注意量纲的统一和热量、功量正负号的规定。

例题 1-3-1 如图 1-3-3 所示一刚性容器，被刚性隔板分成 A，B 两部分。A 中装有氮气 N_2，B 内为真空，抽掉隔板后工质经自由膨胀达到新的平衡。设氮气初始温度为 t_1，并有 $u=0.74t$，试求达到新的平衡态时的氮气 N_2 的温度 t_2。

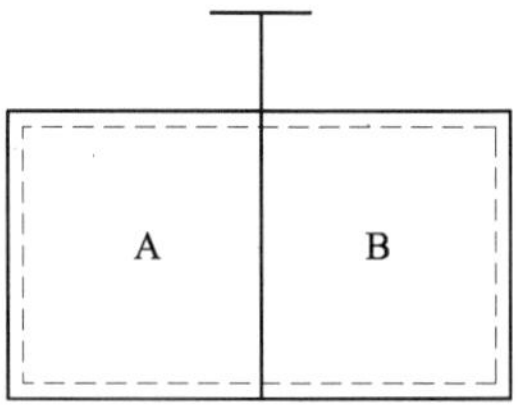

图 1-3-3 刚性容器热力系

解 首先确定系统：以图中虚线所围空间为热力系，即系统＝A＋B，该系统与外界无质量交换，故是闭口系统。

建立方程：闭口系的能量方程为 $Q=\Delta U+W$。

分析系统与外界能量交换及相互作用，由题意知，容器绝热：$Q=0$；尽管气体膨胀，但由于是自由膨胀，故对外不做功，即无功量穿过边界而产生举起重物的效应，$W=0$。

从而有 $\Delta U=0 \quad \Delta u=0$

由 $u=0.74t \quad \Delta t=0$

故 $t_2=t_1$

1.3.4　稳定流动系统的能量方程

所谓稳定流动，是指热力系统在任何截面上工质的一切参数都不随时间而变，因此，要使流动达到稳定，必须满足以下条件：

- 进出口工质的状态不随时间而变；
- 进出口处工质流量相等且不随时间而变，满足质量守恒条件；
- 系统和外界交换的热和功等一切能量不随时间而变，满足能量守恒条件。

(1) 推动功，流动功

稳定流动系统是一开口系统，对于任何开口系统而言，为使工质流入系统，外界必须对流入的工质做功。考察如图 1-3-4 所示的开口系，取虚线所围空间为控制容积 CV，其进口截面 1—1，压力为 p_1；出口截面 2—2，压力为 p_2。为要把容积为 V_1，质量为 m_1 的流体Ⅰ推入系统，外界必须做功以克服系统内阻力，此功称为推动功。把流体Ⅰ后面的流体想象为一活塞，其面积为 A_1（即进口流道截面积），若把Ⅰ推入系统移动距离为 L_1，由于进口处压力 p_1 为常数，故外界（Ⅰ后面的流体）克服系统内阻力所做功为：

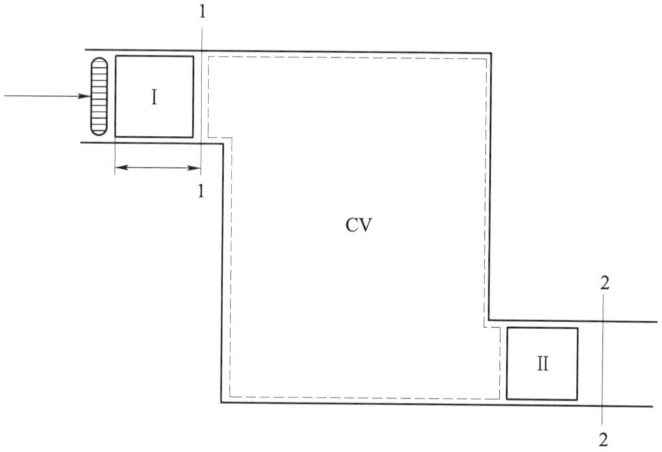

图 1-3-4　稳定流动系统微元控制体

$$W_{\text{push1}} = F_1 L_1 = (p_1 A_1) L_1 = p_1 (A_1 L_1) = p_1 V_1$$

对系统而言，工质流入系统是外界对系统做功，其值为负，故

$$W_{\text{push1}} = - p_1 V_1$$

同理，若有 m_2 千克的体积为 V_2 的流体Ⅱ流出系统，则系统需对外界做功

$$W_{\text{push2}} = p_2 V_2$$

对于有工质流进和流出的开口系统而言，流入和流出工质推动功之代数和，称为流动功 W_f，显然它是维持流动所必需的。

$$W_f = W_{\text{push1}} + W_{\text{push2}} = - p_1 V_1 + p_2 V_2$$

$$W_f = \Delta(pV)$$

若流进流出的工质质量均为单位质量 1 kg，则相应单位质量工质的流动功为：

$$W_f = \Delta(pV)$$

图 1-3-5 所示热力系是一稳定流动系统，在 τ 时间内系统与外界交换热量 Q，同时有 m_1 千克的工质流入系统，m_2 千克的工质流出系统，由前述知：

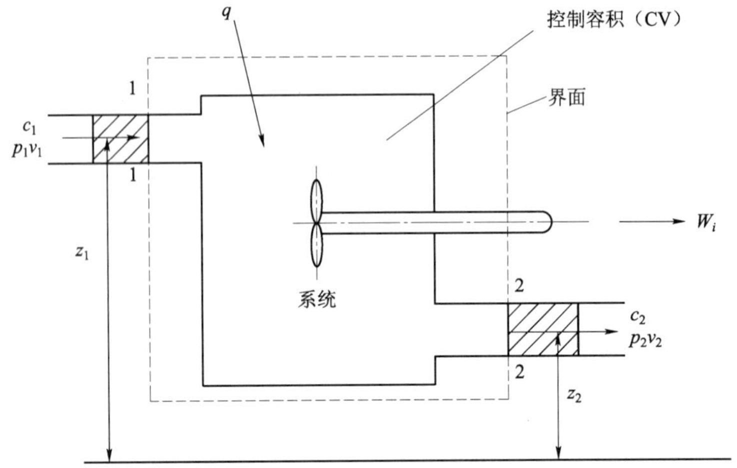

图 1-3-5 稳定流动系统微元控制体能量变化分析

$$m_2 = m_1 = m = \int_\tau \mathrm{d}m$$

若流入工质的内能为 U_1，流速为 c_1，相对参考系的高度为 z_1，则其总能量为

$$E_1 = me_1 = U_1 + \frac{1}{2}mc_1^2 + mgz_1$$

同时流出系统工质的总能量为

$$E_2 = me_2 = U_2 + \frac{1}{2}mc_2^2 + mgz_2$$

根据能量平衡方程式，进入系统能量－离开系统能量＝系统中储存能量的增加

即根据热力学第一定律的一般表达式：$Q = \Delta E_{\text{sys}} + W_{\text{tot}} + \int_\tau (e_2\mathrm{d}m_2 - e_1\mathrm{d}m_1)$

从而式中：$\int_\tau (e_2\mathrm{d}m_2 - e_1\mathrm{d}m_1) = \int_\tau (e_2 - e_1)\mathrm{d}m = (e_2 - e_1)\int_\tau \mathrm{d}m = (e_2 - e_1)m = E_2 - E_1$

在 τ 时间内，系统与外界交换的功量除维持工质流动的流动功外，还有通过机器的轴与系统交换的轴功 W_{sh}。如在蒸汽轮机中，蒸汽冲击叶片使叶轮旋转对外输出轴功；在叶轮式压气机中，电动机带动叶轮轴旋转，使气体流速增加，然后经扩压管使其压力升高。因此系统与外界交换的总功为

$$W_{\text{tot}} = W_{\text{sh}} + W_{\text{f}} = W_{\text{sh}} + \Delta(pV)$$

另外，由于稳定系统内各点参数不随时间发生变化，故作为状态参数的系统总能量变化恒为零

$$\Delta E_{\text{sys}} = 0$$

根据上述分析和热力学第一定律，一般表达式有：

$$Q = \Delta E_{\text{sys}} + W_{\text{tot}} + \int_\tau (e_2\mathrm{d}m_2 - e_1\mathrm{d}m_1) = 0 + (E_2 - E_1) + W_{\text{sh}} + W_{\text{f}}$$

$$= \left(U_2 + \frac{1}{2}mc_2^2 + mgz_2\right) - \left(U_1 + \frac{1}{2}mc_1^2 + mgz_1\right) + W_{sh} + \Delta(pV)$$

$$= (U_2 + p_2V_2) - (U_1 + p_1V_1) + \frac{1}{2}m(c_2^2 - c_1^2) + mg(z_2 - z_1) + W_{sh}$$

$$Q = \Delta H + \frac{1}{2}m\Delta c^2 + mg\Delta z + W_{sh} \tag{1-3-5}$$

此即为稳定流动系统的能量方程。

若流入流出系统的工质为单位质量，则有

$$q = \Delta h + \frac{1}{2}\Delta c^2 + g\Delta z + w_{sh} \tag{1-3-6}$$

式(1-3-5)和式(1-3-6)是稳定流动系统在 τ 时间内发生能量转换，与外界交换功量、热量以及交换一定量工质引起的能量交换所必须遵循的能量方程式。在推导过程中，除要求系统是稳定流动外，没有附加任何条件，故适用于任何过程和工质。

在式(1-3-5)和式(1-3-6)中，除功量和热量外，其余均为进、出口参数。前已述及，稳定流动系统内各点参数不随时间而变，但各点参数却随空间位置连续从进口变化到出口。若以一定量工质为研究对象(控制质量系统)，则这种变化可以视为一定量工质从进口到出口与外界交换功量和热量而引起的。于是式(1-3-5)和式(1-3-6)可以理解为一定量工质从控制容积 CV 的进口稳定流动到出口，与外界进行能量交换和本身状态变化所必须遵循的方程。

对于微元过程，式(1-3-5)和式(1-3-6)为

$$dQ = dH + \frac{1}{2}m dc^2 + mg dz + dW_{sh} \tag{1-3-7}$$

$$dq = dh + \frac{1}{2}dc^2 + g dz + dw_{sh} \tag{1-3-8}$$

1.3.5　技术功及稳定流动能量方程的其他形式

分析方程(1-3-6)的后三项，可以看到前两项是工质的宏观动能和宏观位能的变化，属机械能 W_{sh} 是轴功，也是机械能。它们都是技术上可资利用的能量，因此称为技术功 W_t。

$$W_t = \frac{1}{2}m\Delta c^2 + mg\Delta z + W_{sh}$$

于是式(1-3-7)可写为：

$$Q = \Delta H + W_t$$

对于单位质量工质，相应有：

$$q = \Delta h + w_t$$

对式(1-3-8)进行变换

$$Q = \Delta U + \Delta(pV) + W_t$$

$$Q - \Delta U = \Delta(pV) + W_t$$

根据控制质量的能量方程式

$$Q - \Delta U = W$$

有

$$W = \Delta(pV) + W_t \tag{1-3-9}$$

由此可知，维持流动的流动功和技术上可资利用的技术功，均是由热能转换所得膨胀功

转化而来的。

对于可逆过程

$$W = \int_1^2 p\mathrm{d}V$$

代入式(1-3-9)得

$$W_t = W - \Delta(pV) = \int_1^2 p\mathrm{d}V - \int_1^2 \mathrm{d}(pV)$$

$$= \int_1^2 p\mathrm{d}V - \left(\int_1^2 p\mathrm{d}V + \int_1^2 V\mathrm{d}p\right)$$

则

$$W_t = -\int_1^2 V\mathrm{d}p$$

对于单位质量工质而言

$$w_t = -\int_1^2 v\mathrm{d}p$$

可逆过程的技术功 w_t 可用图 1-3-6 上可逆过程线左边的面积 1—2—3—4—1 表示。

这样，对于可逆的稳定流动过程，能量方程式可表示为

$$Q = \Delta H - \int_1^2 V\mathrm{d}p$$

$$q = \Delta h - \int_1^2 v\mathrm{d}p$$

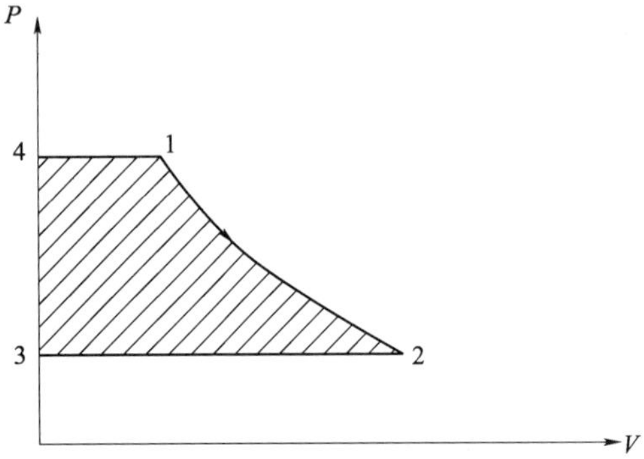

图 1-3-6 可逆过程的技术功

1.3.6 能量方程的应用

热力学第一定律是能量传递和转换所必须遵循的基本定律。闭口系的能量方程反映了热能和机械能相互转换的基本原理和关系。然而，在工程上应用比较多的是稳定流动的能量方程。根据不同的具体条件，稳定流动的能量方程可简化为更加简单明了的形式。下面以几种典型的热力设备为例进行分析和说明。

(1) 叶轮式机械

叶轮式机械包括叶轮式动力机械和叶轮式耗功机械。叶轮式动力机械有蒸汽轮机和燃气轮机，如图 1-3-7 所示。在工质流经叶轮式动力机时，压力降低膨胀对外做功。通常进出口的动能差，位能差以及系统向外界散热量均可忽略不计。于是在正常稳定工况下，稳定流动的能量方程可简化为

$$w_{sh} = h_1 - h_2 \tag{1-3-10}$$

上式说明叶轮式动力机械对外做的轴功来源于工质从动力机进口到出口的焓降。

(2) 压气机

工质流经压气机时，机器对工质做功，使工质升压；工质对外界略有散热，w_i 和 q 均为负值；动能差和位能差可忽略不计。从稳定流动能量方程式可得对每千克工质需做功 w_c 为

$$w_c = -w_{sh} = (h_2 - h_1) + (-q) = -w_t \tag{1-3-11}$$

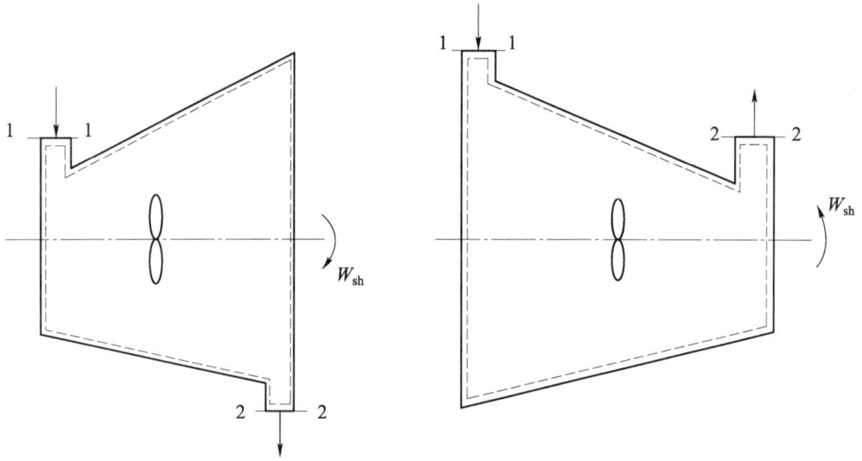

图 1-3-7　可逆过程的技术功

(3) 换热器

工质流经锅炉、回热器等热交换器时，取如图 1-3-8(a)所示热交换器工质流经的空间为热力系统(虚线所围)，工质在热交换器中被加热或被冷却，与外界有热量交换而无功的作用，动能差和位能差也可忽略不计。若工质流动是稳定的，则有

$$Q = \Delta H \tag{1-3-12}$$

根据具体已知条件和求解目的，可取包括冷热流体进出口的整个热交换器为系统，如图 1-3-8(b)所示，忽略冷热流体进出口的动能和位能差，在稳定流动时有

$$\Delta H = 0 \tag{1-3-13}$$

或

$$m(h_2 - h_1) = m'(h_{2'} - h_{1'}) \tag{1-3-14}$$

式中，下标 1,2 及 1′,2′分别对应图中的冷热流体。

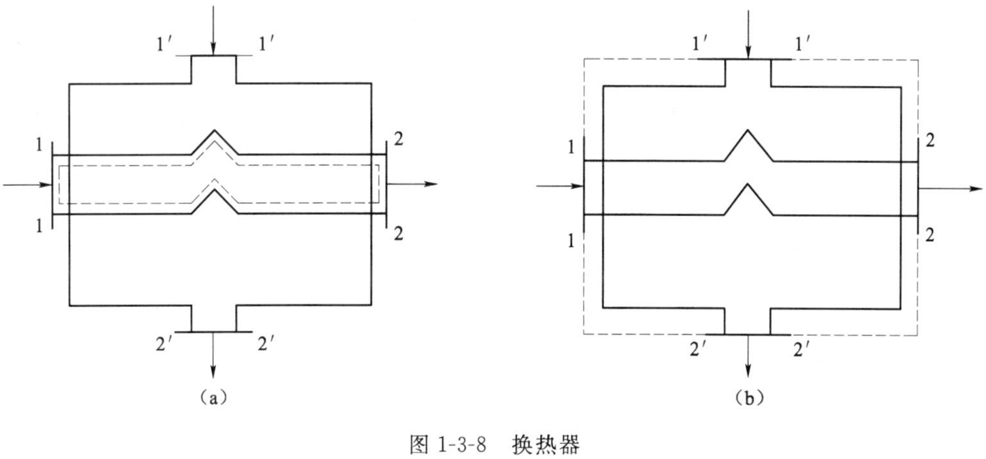

图 1-3-8　换热器

(4) 节流

具体参见绝热节流一节，此处不再赘述。

(5) 管道(见图 1-3-9)

工质流经诸如喷管、扩压管等管道时,不对设备做功,位能差很小,可不计;因喷管长度短,工质流速大,来不及和外界交换热量,故热量交换可不计。若流动稳定,则根据稳定流动能量方程式,可得 1 kg 工质动能的增加为

$$h_1 - h_2 = \frac{1}{2}(c_2^2 - c_1^2)$$

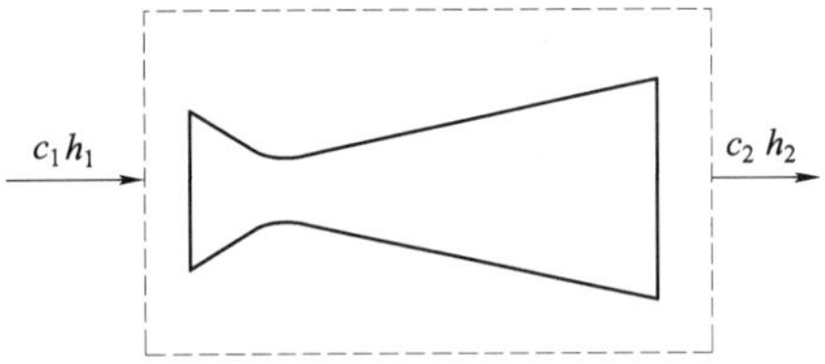

图 1-3-9 管道图

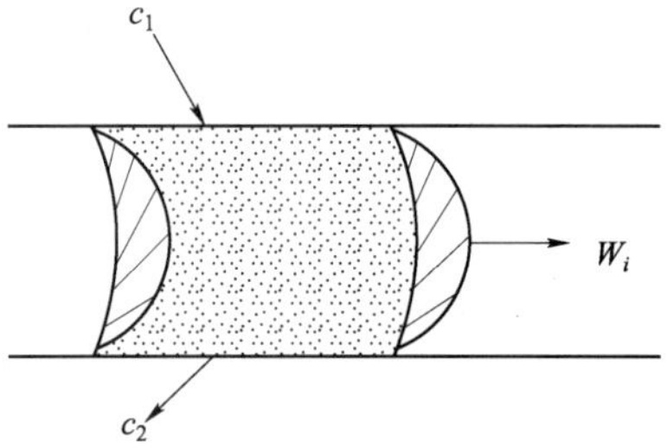

图 1-3-10 叶栅

(6) 涡轮机叶轮

工质流经涡轮机叶轮上的动叶栅,推动叶轮对外做功,如图 1-3-10 所示。因工质流速较大,流经叶栅时散热较小,可忽略;位能差也可忽略;又设工质冲击叶栅时不发生热力状态变化,即焓差也可不计。应用稳定流动能量方程式,得 1 kg 工质所做的功为

$$w_{sh} = \frac{1}{2}(c_1^2 - c_2^2)$$

上述六种类型的热力设备,除管道和叶栅外,其他四种都可不计动能差和位能差,故在计算中可直接用较简单的能量方程式:

$$q = (h_2 - h_1) + w_t$$

管道和叶栅中的流动,动能差不能忽略。例如喷管,目的就在于获得高速气流;又如扩压管,目的在于利用高速气流的动能来压缩工质;而气流在叶栅中的流动则是利用气流动能来对外做功。在计算这一类设备时,稳定流动能量方程式是主要的工具。

例题 1-3-2 已知新蒸汽流入汽轮机时的焓 $h_1 = 3\ 232$ kJ/kg,流速 $c_1 = 50$ m/s;乏汽流出汽轮机时的焓 $h_2 = 2\ 302$ kJ/kg,流速 $c_2 = 120$ m/s。散热损失和位能差可略去不计。试求每千克蒸汽流经汽轮机时对外界所做的功。若蒸汽流量是 10 t/h,求汽轮机的功率。

解 根据稳定流动能量方程式

$$q = \Delta h + \frac{1}{2}\Delta c^2 + g\Delta z + w_{sh}$$

根据题意,蒸汽流经汽轮机时,$q=0$,$\Delta z=0$,于是得每千克蒸汽所做的功

$$\begin{aligned} w_{sh} &= (h_1 - h_2) + \frac{1}{2}(c_1^2 - c_2^2) \\ &= (3\ 232 - 2\ 302) + (50^2 - 120^2) \times 10^{-3} \\ &= 930 - 5.95 \\ &= 924.05\ \text{kJ/kg} \end{aligned}$$

其中,5.95 kJ/kg 是汽轮机动能的增加,可见工质流速在百米每数量级时,动能的影响不大。

工质每小时做功

$$W_i = mw_i = 10 \times 1\,000 \times 924.05 = 9.24 \times 10^6\ \text{kJ/h}$$

所以，汽轮机的功率为　　$N = \dfrac{W_i}{3\,600} = 2\,567\ \text{kW}$

1.4　水蒸气的热力过程

对水蒸气热力过程的分析计算，其目的与理想气体的相同，即确定过程中工质状态变化的规律以及过程中能量转换的情况，需要用查图表的方法得到。过程中能量转换关系，同样依据热力学第一定律分析计算确定。

分析水蒸气热力过程的步骤如下：

- 由已知条件查图表，确定过程初、终态参数值；
- 将过程及状态点表示在状态图上；
- 计算热力过程中工质与外界交换的热量和功量。

下面就工程上常见的几个过程举例讨论之。

1.4.1　定压过程

定压过程是十分常见的过程，特别是在工程上，许多设备在正常运行状态下，工质经历的是稳定流动定压过程。例如，水在蒸汽发生器中的加热汽化过程；水蒸气在再热器中被加热过程；水在给水预加热器中的加热升温过程；水蒸气在凝汽器中凝结成水的过程以及水或水蒸气在各种换热器中的过程等。若忽略摩擦阻力等不可逆因素，就成为可逆定压过程。开口系统中的可逆定压稳定流动过程，工质与外界只有热量交换，没有技术功的交换。

分析步骤：

(1) 根据已知初态 1 的两个独立参数查水及水蒸气表和图，确定其他状态参数值；由已知条件确定终态 2 的参数值。

(2) 在状态图上将定压过程表示出来，如图 1-4-1 所示。

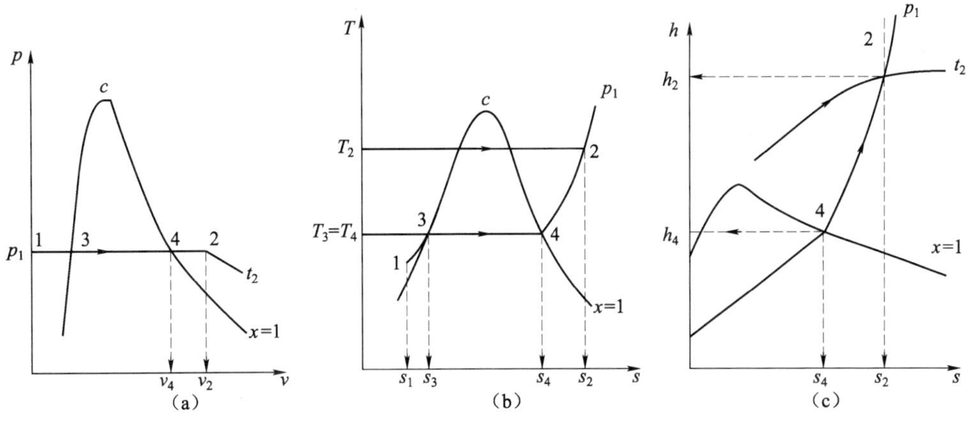

图 1-4-1　定压过程

(3) 计算工质与外界交换的功量和热量。

这类可逆定压的稳定流动过程中，工质与外界无技术功的交换，即 $w_t=0$，根据热力学第一定律，$q_p=\Delta h+w_t$，则

$$q_p = \Delta h = h_2 - h_1$$

即，可逆定压稳定流动过程中，工质与外界交换的热量等于终态与初态的焓差，而在闭口系统定压过程中 $q = \Delta u + w = \Delta u + p\Delta v = \Delta u + p(v_2 - v_1)$，亦即 $q=h_2-h_1$。所以可以说在上述定压过程中，1 kg 工质与外界交换的热量等于终、初态的焓差，即 $q_p=h_2-h_1$。

如图 1-4-1 所示，冷水由 1 状态定压加热到过热蒸汽 2 状态。总加热量为 $q_p=h_2-h_1$，可细分为三部分：

1-3 段为未饱和水预热到饱和温度，3 点为饱和水状态，焓为 h'。预热的热量为 $q_1=h'-h_1$。

3-4 段为饱和水汽化成干饱和蒸汽，4 点焓为 h''，那么 3-4 过程中吸收的热量是汽化潜热 $r=h''-h'$。

4-2 段为过热段，吸收的热量称过热热 $q_g=h_2-h''$。

预热热量，汽化潜热和过热热在 T-s 图上分别由曲线 1342 下的三块面积表示，在 h-s 图上可由纵坐标上的三个线段表示。

例题 1-4-1 1 kg 水从 4 MPa、30 ℃被定压加热到 380 ℃，试求所需要的总热量及液体热、汽化潜热和过热热量各多少？

解 由 4 MPa 查饱和蒸汽表，得到相应的饱和温度 $t_s=250.33$ ℃，所以初态 1(4 MPa、30 ℃)的水处于未饱和水；而终态 2(4 MPa、380 ℃)为过热蒸汽。

再查未饱和水与过热蒸汽表，得到 $h_1=129.3$ kJ/kg，$h_2=3\ 166.9$ kJ/kg

4 MPa 的饱和水及干饱和蒸汽参数：$h'=1\ 087.5$ kJ/kg，$h''=2\ 799.4$ kJ/kg

加热所需总热量为：$q=h_2-h_1=3\ 166.9-129.3=3\ 037.6$ kJ/kg

其中，液体热为：$q_1=h'-h_1=1\ 087.5-129.3=958.2$ kJ/kg

汽化潜热量为：$r=h''-h'=2\ 799.4-1\ 087.5=1\ 711.9$ kJ/kg

过热热量为：$q_g=h_2-h''=3\ 166.9-2\ 799.4=367.5$ kJ/kg

1.4.2 绝热过程

水蒸气在汽轮机中的膨胀过程以及水在水泵中被压缩的过程，由于流速较大，来不及散热，散热总量折合到每千克工质上的量与工质本身的能量变化相比极小，可以忽略不计，这些设备中工质经历的过程可看做绝热过程。可逆绝热过程即为定熵过程。

(1) 先由已知条件确定初、终状态；

(2) 将过程表示在状态图上；

(3) 绝热过程 $q=0$，根据热力学第一定律

$$q = \Delta h + w_t$$

则

$$w_t = -\Delta h = h_1 - h_2$$

即绝热过程中工质与外界交换的技术功等于初、终状态的焓差。

工程上，实际的绝热膨胀与压缩过程都不可避免地存在着摩擦等不可逆因素，因此，实

际过程为不可逆绝热过程。根据热力学第二定律，不可逆过程 $ds>\frac{dq}{T}$，因过程绝热 $dq=0$，则 $ds>0$，因此不可逆绝热过程熵增大，即 $s_2>s_1$。如图 1-4-2 所示，在 p-v 图、T-s 图、h-s 图上用虚线 1-2′大致地示意出过程的方向。对于不可逆绝热过程，技术功 w'_t 仍然是初、终态的焓差，但是，这时的终态为 2′，因此，不可逆绝热过程实际技术功为

$$w'_t = h_1 - h_{2'}$$

相应的可逆技术功为

$$w_t = h_1 - h_2$$

从图 1-4-2 上明显看到，绝热膨胀过程，在相同终压条件下，可逆过程的焓降 h_1-h_2 大于不可逆过程的焓降 $h_1-h_{2'}$，即可逆膨胀过程做出的技术功大于不可逆膨胀过程做出的技术功。

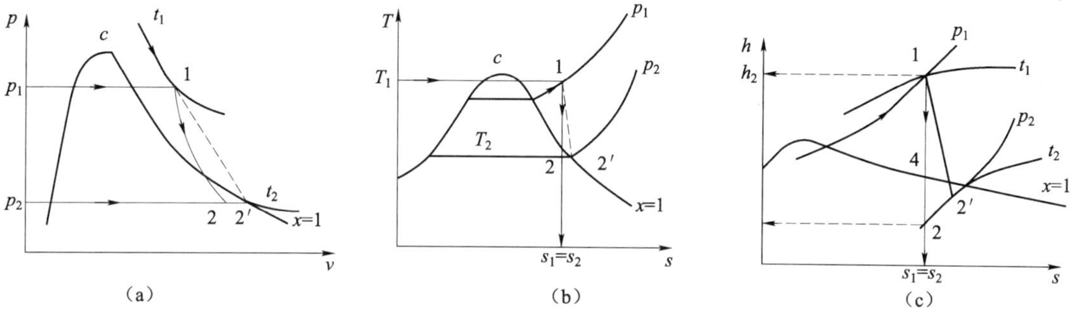

图 1-4-2 绝热过程

为了反映绝热过程不可逆程度，工程上定义了汽轮机相对内效率

$$\eta_{oi} = \frac{w'_t}{w_t} = \frac{h_1 - h'_2}{h_1 - h_2}$$

例题 1-4-2 汽轮机进口 $p_1=2.6$ MPa，$t_1=380$ ℃；汽轮机出口压力 $p_2=0.007$ MPa；汽轮机相对内效率 $\eta_{oi}=0.8$，求 1 kg 工质所做的功。

解 由 $p_1=2.6$ MPa，$t_1=380$ ℃查 h-s 图，得 $h_1=3\ 182$ kJ/kg 沿定熵线向下与 $p_2=0.007$ MPa交点焓，即 $h_2=2\ 158$ kJ/kg。

工质经汽轮机应做出可逆技术功为

$$w_t=h_1-h_2=3\ 182-2\ 158=1\ 024 \text{ kJ/kg}$$

由汽轮机相对内效率式，可得工质所做实际功为

$$w'_t=w_t\eta_{oi}=1\ 024\times0.8=819.2 \text{ kJ/kg}$$

1.4.3 定温过程

计算的根据和步骤与前述两过程类似，将过程表示在 p-v 图，T-s 图，h-s 图上，如图 1-4-3所示。

已经介绍过，T-s 图上定温线为一水平线。h-s 图上的定温线，在湿蒸汽区与定压线重合为一向上斜的直线；在过热区中为向右越来越趋于平坦的曲线，远离上界线处呈水平线(趋近于理想气体特性)。

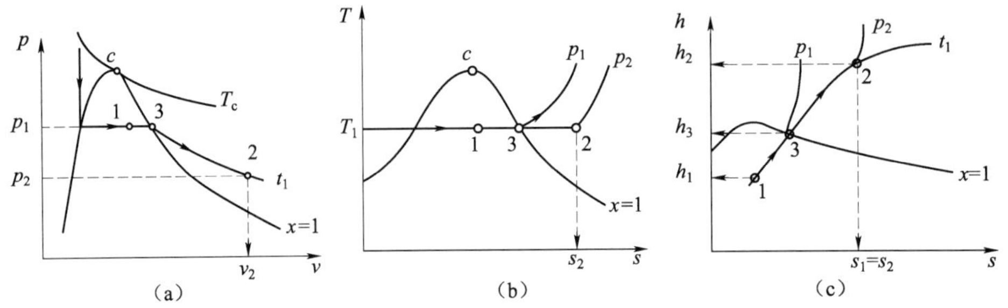

图 1-4-3 定温过程

在 p-v 图上，未饱和区及过热区，因水和水蒸气都是随压力下降比容增大的物质，因此，定温线的斜率是负的。由于水随压力下降的膨胀性较汽的小得多，因此，未饱和区的定温线较过热区定温线陡得多。湿蒸汽的饱和区内，压力与温度一一对应，定温线与定压线重合为水平线。定温线在临界点上具有拐点，远离饱和区的定温线趋于双曲线，接近于理想气体的定温线。

定容过程的分析，读者可以依上述方法自行分析，这里不再赘述。

总之，经上述分析，我们可以通过图、表将水及水蒸气状态参数一一确定。根据过程特点，由热力学第一、第二定律的分析得出过程中工质与外界交换的能量，为进一步分析循环打下基础。

例题 1-4-3 假定某系统的容积为恒定值 10 m³，下面有一装有阀门的接管，当阀门开时该系统可向与其相连的管线吸入或排出水，其初始状态为：

(1) 温度为 260 ℃；

(2) 压力为 4.7 MPa（温度和压力为饱和状态）；

(3) 液相体积为 10 m³；

(4) 蒸汽体积为 0 m³；

(5) 水装量为 7 838 kg。

1) 关闭下部阀门，将系统冷却至 200 ℃，则液相体积将__________，系统压力将__________，蒸汽体积将__________。

2) 打开下部阀门，假设将系统冷却至 200 ℃，并保持压力不变，则水装量将__________，蒸汽体积将__________，液相体积__________。[选填：升高（增加），降低（减少），或保持不变]

解 1) 减少，降低，增加。

2) 增加，保持不变，保持不变。

1.5 绝热节流

流体在管道中流动时，有时流经阀门、孔板等设备，由于局部的阻力，使流体的压力降低，这种现象称为节流现象。如在节流过程中流体与外界没有热交换，则称为绝热节流，亦称为节流。

如图 1-5-1 所示，流体在接近孔口时，截面积很快缩小，流速很快增加，经过孔口之后，截面积又渐扩大，流速又渐降低。由于各截面上的焓与动能总值不变，即 $h+(1/2)c^2=$定值，故气流之焓值在接近孔口时将减小，而流过孔口之后，又渐增加。因为有强烈的扰动，状态是极不平衡的，故不能用热力学方法加以分析。但在距孔口较远的地区，如图中截面 1—1 和截面 2—2，气体的状态是平衡的，对此两截面引用绝热流动的能量方程式，可得

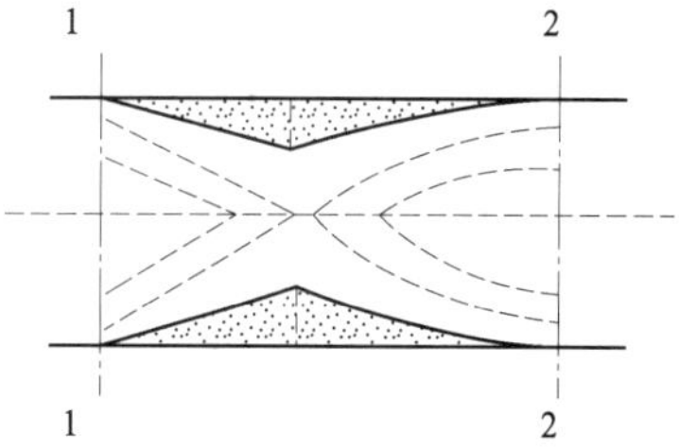

图 1-5-1　节流过程

$$h_1+(1/2)c_1^2=h_2+(1/2)c_2^2$$

在通常情况下，c_2 和 c_1 的差别不大，$(1/2)(c_2^2-c_1^2)$ 和 h_2 及 h_1 相比极小，可忽略不计，故得

$$h_2 = h_1 \tag{1-5-1}$$

该式为绝热节流的基本方程式。即经过节流之后，气流的焓值仍回复到原值。至于在 1—1 截面和 2—2 截面之间一段，即接近孔口的一段，因流体处于不平衡状态，不能确定各点的焓值。因此，不能把节流过程叫做定焓过程。

对于理想气体，$h=f(T)$，焓值不变，则温度也不变，即

$$T_1 = T_2 \tag{1-5-2}$$

节流后的其他状态参数可依据 p_2 及 T_2 求得。

对于实际气体的节流过程，则问题复杂得多。节流后温度可以降低，可以升高，也可以不变，视节流时气体所处状态而定。

节流过程中的温度变化可用 $\left(\frac{\partial T}{\partial p}\right)_h$ 表示，此系焓值不变之下温度依压力而变的表示式。根据实际气体的热力学一般关系式，可知

$$\mathrm{d}h = c_p\mathrm{d}T-\left[T\left(\frac{\partial v}{\partial T}\right)_p-v\right]\mathrm{d}p \tag{1-5-3}$$

对于焓值不变的过程，上式为

$$0 = c_p\mathrm{d}T_h-\left[T\left(\frac{\partial v}{\partial T}\right)_p-v\right]\mathrm{d}p_h$$

移项整理，并用 α_h 表示 $\left(\frac{\partial T}{\partial p}\right)_h$，得

$$\alpha_h = \left(\frac{\partial T}{\partial p}\right)_h = \frac{T\left(\frac{\partial v}{\partial T}\right)_p-v}{c_p} \tag{1-5-4}$$

系数 α_h 称为“节流的微分效应”，即气流在节流中压力变化为 $\mathrm{d}p$ 时的温度变化。当压力变化为一定的数值时，节流所产生的温度差叫做“节流的积分效应”。

实际气体节流后温度如何变化取决于 $\left[T\left(\frac{\partial v}{\partial T}\right)_p-v\right]$ 的正负，依其状态方程 $f(p,v,T)=0$ 的具体形式和节流前气体的状态而定。

(1) 若 $\left[T\left(\frac{\partial v}{\partial T}\right)_p-v\right]$ 大于零，即 α_h 有正值，节流效应是正的，节流后的温度降低；

(2) 若 $\left[T\left(\frac{\partial v}{\partial T}\right)_p-v\right]$ 小于零，即 α_h 有负值，节流效应是负的，节流后的温度升高；

（3）若$\left[T\left(\frac{\partial v}{\partial T}\right)_p - v\right]$等于零，即 α_h 为零，节流后的温度不变。

节流后温度不变化的温度叫做转回温度。已知气体的状态方程，利用 $T\left(\frac{\partial v}{\partial T}\right)_p - v=0$ 的关系就可求出转回温度。另外，根据试验测定也可以确定转回温度，以下将主要介绍这种方法。

在一定的进口状态下通过控制阀门的开度而形成不同的阻力以获得不同的出口压力，测出不同出口压力下的温度值，即可在 T-p 坐标图（如图 1-5-2 所示）中得到许多坐标点，连接这些点，就得到一条定焓线。然后改变进口状态，重复进行上述实验，就可以得到一系列的定焓线簇。在每一条定焓线上的任意一点均可作一切线，其斜率就是该点的 α_h 值。由图可见，每条定焓线上有一个点达到最大的温度值，在此点上节流的微分效应为

$$\alpha_h = \left(\frac{\partial T}{\partial p}\right)_h = 0 \tag{1-5-5}$$

该点的温度即为转回温度。连接每条定焓线上的转回温度点，就得到一条转回温度曲线，这是一条由实验得到的曲线（从第一种计算式方法求解也可以得到这条曲线，求解过程略）。可以看到在压力 $p=0$ 的时刻，有两个转回温度，分别为 $T_{i\max}$，$T_{i\min}$。转回曲线把 T-p 图划分为两个区域：在曲线与温度轴所包围的区域内，节流的微分效应 α_h 大于零，此区域为冷效应区；在曲线与温度轴所包围的区域之外，节流的微分效应 α_h 小于零，此区域称为热效应区。初始状态处于冷效应区域的气体，节流后无论压力改变一个微量 dp，或者是压力下降较大，温度总是下降，且压力下降愈大，温度下降愈多。初始状态处于热效应区域的气体，节流后当压力改变一个微量 dp 或者压力下降较小时，温度上升，只有当压力下降较大，如图 1-5-2 中由 $2a$ 经节流后压力下降到 $2d$ 的压力以下时，温度才开始下降。可见，节流的微分效应和积分效应不尽相同。转回曲线与温度上方交点的温度是最大转回温度 $T_{i\max}$，下方交点的温度是最小转回温度 $T_{i\min}$。流体温度高于最大转回温度或低于最小转回温度时不可能发生节流冷效应。

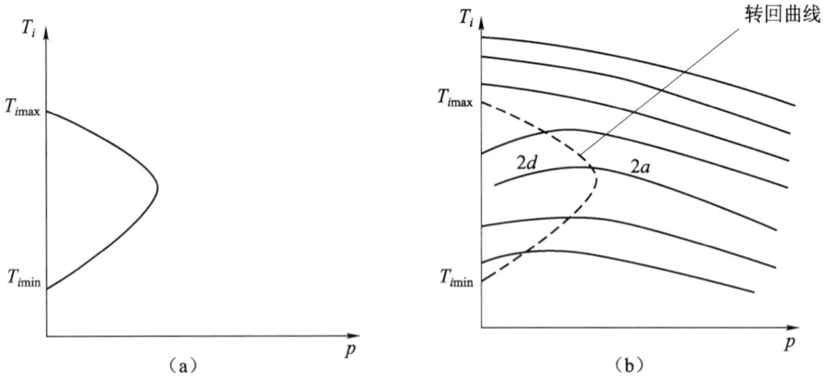

图 1-5-2 转回曲线

对于一般临界温度不太低的气体，$T_{i\max}$有很高的数值，大多数气体在节流后温度是降低的。利用这一关系可使气体节流降温而获得低温和使气体液化。对于临界温度极低的气体，如 H_2 和 He，它们的转回温度也是很低的，约－80 ℃和－236 ℃，故在常温下节流后温

度非但不降低，反而会升高。除 H_2 和 He 外，其他气体一般都在常温下可通过节流进行液化。即使是 H_2 和 He，只要预先用其他方法把它们冷却到比各自转回温度更低的温度，也能够进行液化。

对于水蒸气的节流过程，利用 h-s 图计算是非常方便的。如图 1-5-3 所示，根据节流前的状态（t_1，p_1）可定出点 1，从点 1 作水平线与节流后之压力 p_1' 的定压线交于 $1'$，即为节流后的状态点。此时 $h_{1'}=h_1$，但是温度 $t_{1'}<t_1$。由于水蒸气的 T_i 极高，远高于工程上所用的温度，故节流后温度是降低的，同时 $s_{1'}>s_1$。从图 1-5-3 可清楚地看出，节流前的水蒸气经可逆绝热膨胀到 p_2 时的技术功为 h_1-h_2；节流后的水蒸气，同样膨胀到 p_2 时的技术功为 $h_1-h_{2'}$，显然 $h_1-h_{2'}<h_1-h_2$。

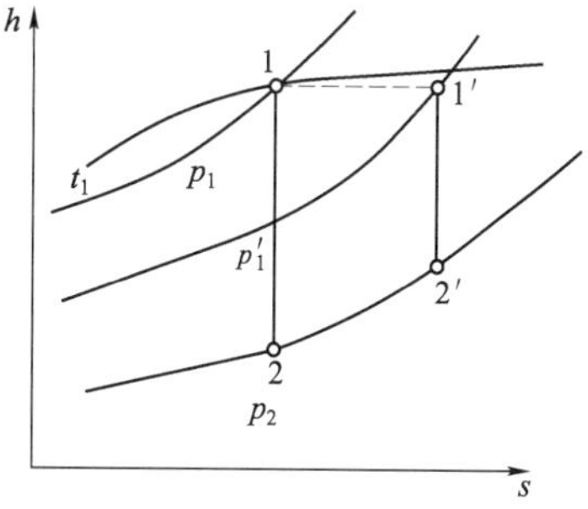

图 1-5-3　水蒸气的节流过程

由于节流是不可逆的绝热过程，所以工质的熵必然增加。由此更可推断节流后工质的做功能力必然减小，所以节流在工程上常用来调节发动机的功率。

1.6　热力学第二定律

热力学第一定律说明了能量在传递和转化时的数量关系。两个温度不同的物体之间有热量传递时，第一定律说明了某一物体所失去的热量必定等于另一个物体所得到的热量，但并未说明究竟热量将从哪一个物体传至哪一物体，在什么条件下传递以及过程将进行到何时为止，即并未说明能量传递的方向、条件和深度。热力学第二定律就是解决这些过程进行的方向、条件和深度的问题的规律，其中最根本的是关于方向问题。如果热力学第一定律奠定了热能与机械能进行互换的数量关系，那么热力学第二定律就进一步阐明了热能和机械能之间的不等价性，从而使人类对热能的本质有了更为全面也更为深刻的认识。

由于自然界涉及热现象的过程很多，因此热力学第二定律有多种不同的表达方式。现列举以下两种最有代表性的表述方式：

（1）克劳修斯说法："热不可能自发地、不付代价地从低温物体传至高温物体"。

（2）开尔文・浦朗克说法："任何发动机都不可能只从单一的热源吸热，并把它连续不断地转变为功"。

以上两种说法，出看起来似乎不甚相同，但实质上它们所阐明的是一个共同的客观规律，因而彼此是完全等效的。假定其中某一说法不能成立，另一种说法也就必然被否定。

1.7　热力学循环及其热效率

1.7.1　循环

通过工质的热力状态变化过程，可以将热能转化为机械能而做功。当然，要做出功必须通过工质的膨胀过程，但是任何一个热力膨胀过程都不可能一直进行下去，而且连续不断地做出功。因为工质的状态将会变化到不适宜继续膨胀做功的情况。例如，通过定温膨胀过程或者绝热膨胀过程做功时，工质的压力将降到不能做功的水平；定压膨胀而做功时，工质的温度又将升高到不能容许的程度；此外，机器设备的尺寸总是有限的，也不允许工质无限制的膨胀下去。为使连续做功成为可能，工质在膨胀做功后还必须经历某些压缩过程，使它回复到原来的状态，以便重新进行膨胀做功的过程。这种使工质经过一系列的状态变化，重新回复到原来状态的全部过程，就叫做一个循环。

在状态参数的平面坐标图上，循环的全部过程一定构成一个闭合曲线，整个循环可看作一个闭合过程，所以也称循环过程，简称循环。工质在完成一个循环之后，可以重复进行下一个循环，如此周而复始，就能连续不断地把热能转化为机械能。

随着效果的不同和进行方向的不同，可以分为正向循环和逆向循环。将热能转化为机械能的循环叫正向循环，它使外界得到功；正向循环也叫热动力循环，如燃汽轮机循环，蒸汽动力装置循环等。将机械能转化为热能的循环叫逆向循环，其效果为将热量从低温物体传给高温物体，只是必然消耗外功。它主要用于制冷装置和热泵。这里只简要介绍蒸汽动力循环。

例题 1-7-1 填空题：工质经历__________________则构成一个热力循环。经过热力循环，将热能转变为机械能的必备条件是：________________。汽轮机在热力循环中的作用是________。

解 多种热力过程后又恢复到初始状态；存在热源，热机，冷源，工作介质（流体）；将热能转化为机械能。

1.7.2 卡诺循环及其热效率

卡诺循环是由两个定温过程和两个绝热过程组成，且假定都是可逆过程。以理想气体为工质的卡诺循环，其 p-v 图和 T-s 图如图 1-7-1 所示。

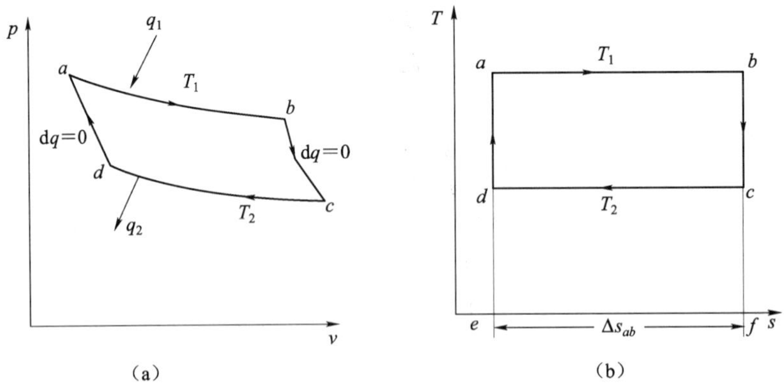

图 1-7-1 卡诺循环图

图中，d—a 为绝热压缩过程，过程中工质的温度自 T_2 升高到 T_1，以便在与热源相同的温度下从高温热源吸热；

a—b 为定温膨胀过程，工质在温度 T_1 下自相同温度的高温热源吸取热量 q_1；

b—c 为绝热膨胀过程，过程中工质的温度自 T_1 降低到 T_2，以便在与低温热源相同的温度下向低温热源放热；

c—d 为定温压缩过程，工质在温度 T_2 下向同温度的低温热源放出热量 q_2，从而完成可逆循环。

正向循环的热效率定义为工质在循环过程中对外所做的有用功（净功）和自热源所吸收的热量（热消耗）的比值，即

$$\eta_t = \frac{w_0}{q_1} \tag{1-7-1}$$

根据热力学第一定律，对于闭口系循环过程，循环的净功等于净热量，即 $w_0 = q_1 - q_2$。因而卡诺循环的热效率为

$$\eta_t = \frac{w_0}{q_1} = \frac{q_1 - q_2}{q_1} = 1 - \frac{q_2}{q_1} \tag{1-7-2}$$

为便于计算，先假定工质是理想气体。根据理想气体在定温过程中的热量公式可得

$$q_1 = RT_1 \ln \frac{v_b}{v_a} \qquad q_2 = RT_2 \ln \frac{v_c}{v_d}$$

所以

$$\eta_t = 1 - \frac{q_2}{q_1} = 1 - \frac{RT_2 \ln \frac{v_c}{v_d}}{RT_1 \ln \frac{v_b}{v_a}} \tag{1-7-3}$$

因为 b—c 是绝热过程，$T_b = T_1$，$T_c = T_2$，故

$$\frac{T_1}{T_2} = \frac{T_b}{T_c} = \left(\frac{v_c}{v_b}\right)^{k-1}$$

同样，d—a 也是绝热过程，$T_a = T_1$，$T_d = T_2$，故

$$\frac{T_1}{T_2} = \frac{T_a}{T_b} = \left(\frac{v_d}{v_c}\right)^{k-1}$$

由以上两式可得

$$\frac{v_c}{v_d} = \frac{v_b}{v_a} \tag{1-7-4}$$

将式(1-7-4)代入式(1-7-3)中，化简后得

$$\eta_t = 1 - \frac{T_2}{T_1} \tag{1-7-5}$$

另外，从 T—s 图上求循环的热效率更为方便，参见图 1-7-1(b)，显然，$\Delta s_{ab} = \Delta s_{dc}$

$$q_1 = T_1(s_b - s_a) = T_1 \Delta s_{ab}$$

$$q_2 = T_2(s_c - s_d) = T_2 \Delta s_{dc} = T_2 \Delta s_{ab}$$

所以

$$\eta_t = 1 - \frac{q_2}{q_1} = 1 - \frac{T_2 \Delta s_{ab}}{T_1 \Delta s_{ab}} = 1 - \frac{T_2}{T_1}$$

式(1-7-5)就是卡诺循环热效率公式。从该式可得出如下结论：

(1) 卡诺循环的热效率只决定于高温热源和低温热源的温度，也就是工质吸热和放热时的温度。提高 T_1，降低 T_2，可以提高其热效率；

(2) 因为 $T_1 = \infty$ 和 $T_2 = 0$ 都是不可能的，因而卡诺循环的热效率只能小于 1。这就是说，在循环发动机中，不可能将热能全部转化为机械能；

(3) 当 $T_1 = T_2$ 时，循环的热效率为零，这就是说，在温度平衡的体系中，热能不可能转

化为机械能。要利用热能来产生动力，就一定要有温差，即一定要有高于环境的高温热源。相对于相同温度界限内的任何循环而言，卡诺循环热效率是最高的。

一般说来，卡诺循环是实际热动力装置选用循环的最高理想，但是，迄今为止尚未制造出实行卡诺循环的卡诺机。其原因是多种多样的，对于以气体为工质的热力发动机困难在于：第一，要提高卡诺循环热效率，T_1 和 T_2 相差要大，因而需要有很大的压力和容积压缩比，结果造成 p_a 很高，或者 v_c 极大，这两点都给实际设备带来很大的困难。这时的卡诺循环在 p-v 图上的图形显得狭长，循环功不大，因而摩擦损失等各种不可逆损失所占的比例相对很大，根据动力机传到外界的轴功而计算的有效效率，实际上不高。第二，气体的定温过程不易实现，不易控制。第三，在汽水循环时，将低温低压下的汽水混合物绝热压缩成高温高压的饱和水，在实际工程上很难实现。

例题 1-7-2 组成理想卡诺循环的热力学过程是：________、________、________和________。当循环的高温热源温度为 320 ℃，低温热源的温度为 25 ℃时，该循环的最高热效率为________。

解 等温吸热过程、绝热膨胀过程、等温放热过程、绝热压缩过程、49.75%

1.7.3 朗肯循环

在汽水循环的热力系统中，郎肯循环是最接近卡诺循环的，也是在实际工程上最容易实现的一种循环。

(1) 理想朗肯循环

图 1-7-2 是最简单的蒸汽动力装置的示意图。工质在锅炉或核电厂的蒸汽发生器中吸收热量而产生蒸汽，由管道送到汽轮机内去膨胀做功，带动发电机发电。做过功的乏汽排到冷凝器，被循环水冷却，凝结成水，经过给水泵送回到锅炉(或蒸汽发生器)加热，再产生蒸汽，这样就构成一个封闭的循环。我们把这种简单的蒸汽动力循环叫做朗肯循环。

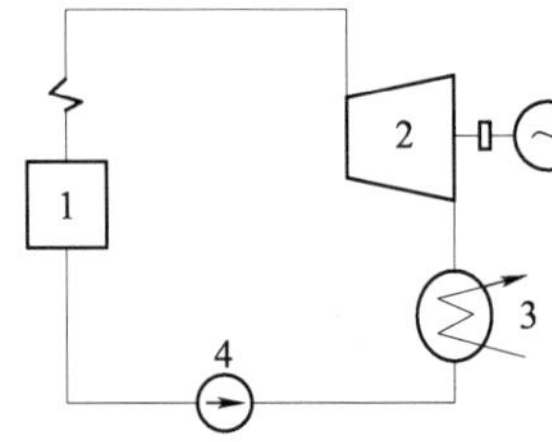

图 1-7-2 最简单的蒸汽动力装置

1—锅炉或蒸汽发生器；2—汽轮机；3—凝汽器；4—给水泵

朗肯循环的温熵图表示在图 1-7-3(b)上。

图中，1—2 为蒸汽在汽轮机中膨胀做功过程，工质放出的热量为 h_1-h_2；

2—2′为乏汽在冷凝器中等压放热过程，放出的热量为h_2-h_2'；

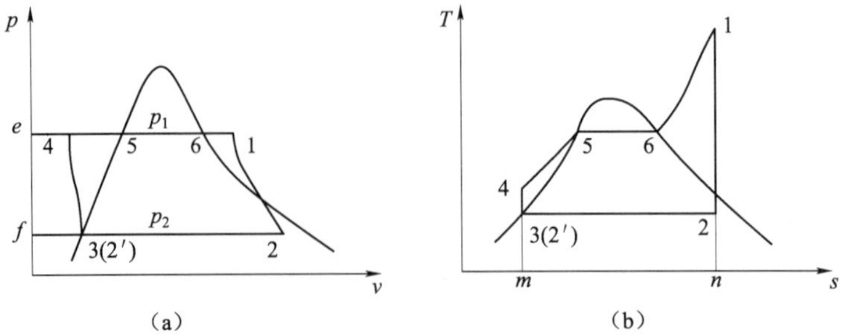

图 1-7-3 朗肯循环

$2'$—3 为水在给水泵中定熵压缩过程，消耗的功 $w_p = h_3 - h_2'$；

3—1 为工质在锅炉中吸热过程，吸收热量为 $h_1 - h_3$。

电厂中给水泵消耗功 w_p 与汽轮机输出功相比是很小的，所以不计泵消耗功时朗肯循环的热效率为

$$\eta_t = \frac{w_t}{q_1} = \frac{h_1 - h_2}{h_1 - h_2'} \tag{1-7-6}$$

式(1-7-6)中是一种理想热效率，它把循环中各过程都认为是可逆过程处理，故称为理论热效率。实际上在汽轮机和给水泵内工质流动都有阻力，其过程为不可逆过程，实际热效率比理论热效率要低。

朗肯循环与水蒸气的卡诺循环的主要不同之处在于乏汽的凝结是完全的，不是止于点 c(图 1-7-1)，而是一直进行到 $2'$使乏汽全部液化。此外蒸汽在过热区的加热是定压加热而不是定温加热(图 1-7-3 中 6—1)，与卡诺循环的加热全部为定温加热不同。完全凝结使循环中多了一段水的加热过程 4—5，减小了循环的平均温差，对热效率是不利的。但对简化设备有很大的好处，因压缩比容为 v_2'的水较压缩比容为 v_c 的水汽混合物方便得多。采用过热蒸汽则增大了循环的平均温，并且膨胀终了时乏汽的干度也提高了，这些都是有利的。

(2) 核电厂朗肯循环

压水堆核电厂朗肯循环在理想朗肯循环的基础上，增加工质在中间汽水分离再热器中的汽水分离再热过程。循环图如图 1-7-4 所示。各热力过程如下：

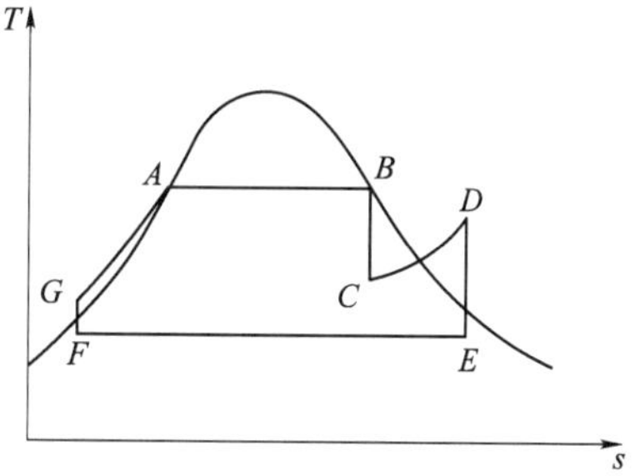

图 1-7-4　核电厂朗肯循环

A—B：在蒸汽发生器内等温蒸发；

B—C：在汽轮机高压缸内绝热膨胀做功；

C—D：在中间汽水分离再热器中再热；

D—E：在汽轮机低压缸内绝热膨胀做功；

E—F：在冷凝器中等温凝结；

F—G：经给水泵绝热压缩；

G—A：给水经低加、高加和蒸汽发生器预热段等压加热。

朗肯循环是很简单的蒸汽动力循环，所以它的热效率较低。

为了提高朗肯循环的热效率，可以通过改善蒸汽参数的办法实现。下面简要分析蒸汽参数对循环热效率的影响。

(3) 蒸汽参数对热效率的影响

下面我们简单用图来说明朗肯循环中蒸汽初温、蒸汽终压、蒸汽初压对循环效率的影响。

1) 初温 T_1 对热效率的影响

在相同的初压及背压下，提高蒸汽的温度 T_1 可使热效率增大。如图 1-7-5 所示，提高蒸汽初温，使得做功的面积增大，热效率增加，且排汽的湿度减小，也有利于汽轮机的工作。但蒸汽的初温升高，将使汽轮机的叶片要采用价格昂贵的耐热金属材料。因此最佳蒸汽初温应由技术经济指标来确定。按目前的技术水平，最高蒸汽温度约为 575 ℃，尚未达到600 ℃。

2）背压（终压）对热效率的影响

在相同的初压和初温下，降低背压可使热效率提高，这是由于循环温差加大的缘故。图1-7-6表示降低蒸汽终压对热效率的影响。显然其做功的面积增大，有利于提高热效率，但是若在同样的初压和初温下，汽轮机末级的湿度将增加。

3）初压对热效率的影响

在相同的初温和背压下，提高初压也可使热效率增大。当初压提高时，循环的平均温差增大，所以循环的热效率增大。图1-7-7是提高蒸汽初压后的情况。如果由初压 p_1 提高到 p_{1a}，但初温不变，然后膨胀到同样的终压，也可以提高热效率，但是汽轮机末级的湿度增加。所以为了降低末级湿度，常常需要在提高压力的同时也提高蒸汽的初温。

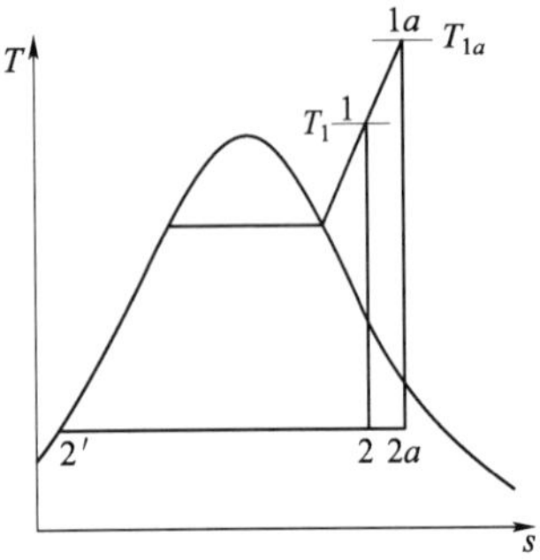

图1-7-5　提高蒸汽初温度的影响

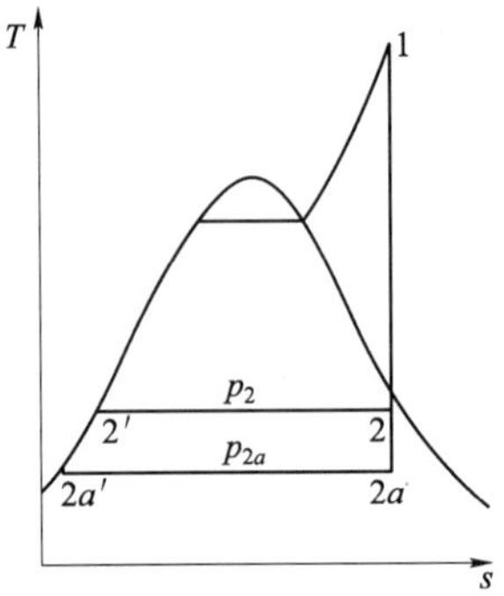

图1-7-6　降低蒸汽背压的影响

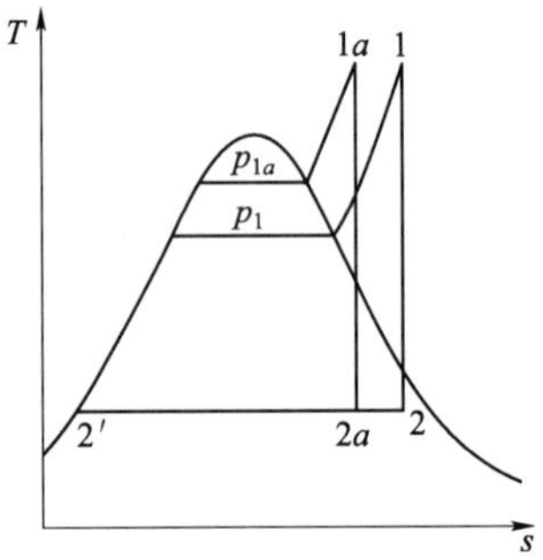

图1-7-7　提高蒸汽初压力的影响

（4）再热循环

无再过热时，当提高蒸汽的初压力，汽轮机内蒸汽膨胀至终态点 c，此点的湿度过高，超出汽轮机的允许范围。若使蒸汽膨胀至某一中间压力（$2b$ 点），就由汽轮机中抽出送回锅炉中的再热器中进行二次吸热，使蒸汽温度由 $2b$ 升至 $1a$ 点，然后再送回汽轮机沿 $1a$—2线膨胀做功，其终态点便落到温度在允许范围的2点。如果再热蒸汽的终点温度相同，再热蒸汽的压力越低，则膨胀终点的湿度越小。上述循环叫做"蒸汽中间再热循环"，简称为"再热循环"。再热循环热力图如图1-7-8所示，热力系统图如图1-7-9所示。

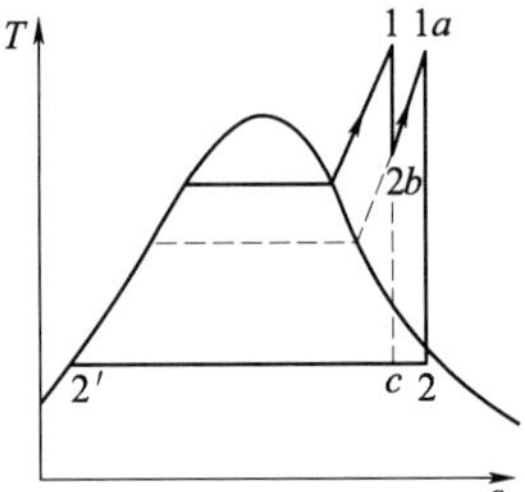

图1-7-8　蒸汽再过热的影响

再热循环的中间压力是影响循环效率的重要因素（如图1-7-10所示）：如果中间压力选为 $2b$ 点，循环的热效率较高，但其膨胀终点 $2a$ 的湿度较大；若选中间压力较低的 $2b'$ 点，虽然其膨胀终点2的湿度减小了，但其热效率也比前者降低了。在工程实际中合理的中间再热压力，必须通过技术经济论证才能确定。一般选为初压的20%～30%。

为了选择较高的再热循环中间压力，以使循环热效率维持在较高水平，同时又能使膨胀终点的蒸汽干度符合技术要求，还可以采用图1-7-10所示的多级再热循环。当蒸汽经过一级再热达到 $1a$ 点，进入中压缸膨胀做功至 $2e$ 点，再抽出进行二次再热循环到 $1a'$ 点，然后再送至低压缸膨胀至2点。由于多级再热使设备和运行都更加复杂化，所以，目前在大、中型机组中一般采用单级再热循环，只在大型机组中才采用两级再热。

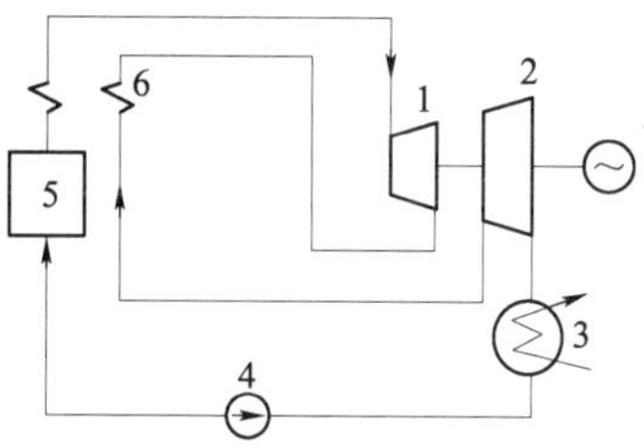

图 1-7-9　再热循环系统图

1—汽轮机的高压缸；2—汽轮机的低压缸；3—凝汽器；4—给水泵；5—锅炉或蒸发器；6—再热器

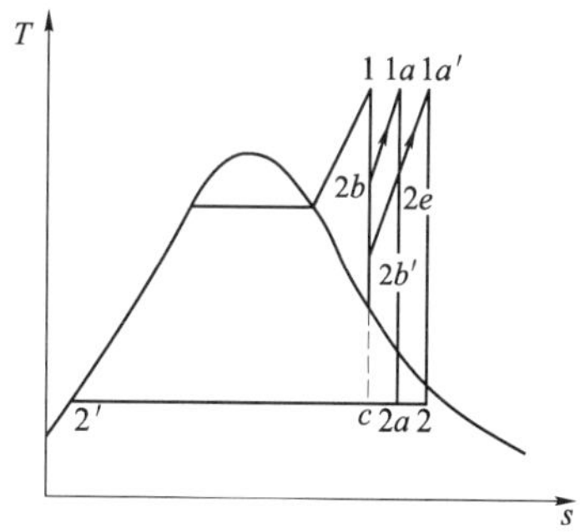

图 1-7-10　再热循环中间压力的影响

(5) 回热循环

提高蒸汽的初温、初压，降低背压及采用再热循环等都是提高循环热效率的措施，但是它们所能提高循环效率的程度是有限的，其主要原因是吸热过程的平均温度太低，要提高循环效率，就得设法改善循环的吸热过程，就循环本身而论，吸热过程平均温度低的主要原因是饱和水的吸热过程的平均温度低，若能改善这一过程，就可以有效地提高循环效率。因而就想出了采用回热循环的办法，把在汽轮机中做过功的蒸汽抽出来加热给水，就可以提高循环吸热过程的起点，从而提高循环效率。这就是回热循环的基本思想。图 1-7-11(a)就是回热循环的热力系统，图中 5 和 6 就是以汽轮机抽汽来加热给水的加热器。

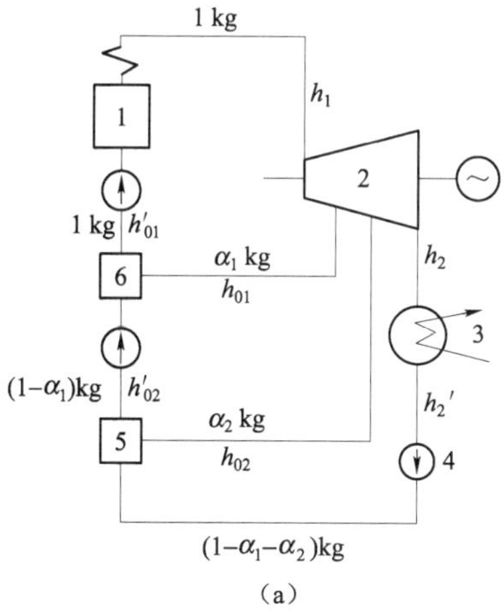

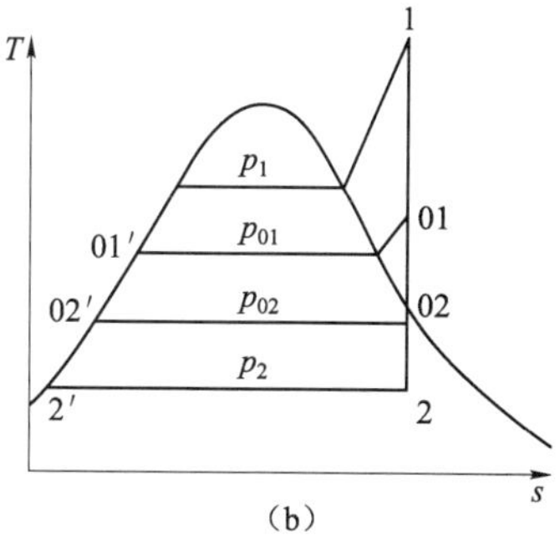

图 1-7-11　回热循环

1—锅炉设备；2—汽轮机设备；3—凝汽器；4—给水泵；5—低压加热器；6—高压加热器

图 1-7-11(b)是用来分析回热循环的 T-s 图。设循环中的工质为 1 kg，蒸汽由状态 1 开始在汽轮机中膨胀做功至 01 点后抽出 α_1 份额的蒸汽去高压加热器加热给水。余下 $1-\alpha_1$ 的蒸汽在汽轮机中继续膨胀至 02 点，再抽出 α_2 份额的蒸汽去低压加热器加热给水，余下 $1-\alpha_1-\alpha_2$ 的蒸汽继续膨胀至 2 点，在凝汽器放热至 $2'$，成为凝结水。低压和高压的加热器

连续地将此凝结水加热至状态 01′，然后在锅炉中吸热又回到状态 1，完成一个循环。整个循环吸热量为 $h-h_{01}$，放热量 $(1-\alpha_1-\alpha_2)(h_2-h_2')$，做功量为 $(h_1-h_{01})+(1-\alpha_1)(h_{01}-h_{02})+(1-\alpha_1-\alpha_2)(h_{02}-h_2)$。在朗肯循环中由 2′点至 01′点这一段吸热过程是在锅炉内进行，现在则由回热加热器来实现了，在锅炉内的吸热过程只剩下由状态 01′至状态 1 的一段，显然吸热过程的平均温度较原循环提高了，而整个循环的放热温度未变，因此循环热效率提高了。

对回热循环还可以用下面的方法进行分析。把回热循环中进入汽轮机的蒸汽分成三股：一股的流量为 $(1-\alpha_1-\alpha_2)$ kg，从状态 1 一直膨胀至状态 2；第二股的流量为 α_1 kg，由状态 1 膨胀至状态 01；第三股流量为 α_2 kg，从状态 1 膨胀至状态 02。总做功量为

$$w=\alpha_1(h_1-h_{01})+\alpha_2(h_1-h_{02})+(1-\alpha_1-\alpha_2)(h_1-h_2)$$

或写成

$$w=h_1-h_{01}+(1-\alpha_1)(h_{01}-h_{02})+(1-\alpha_1-\alpha_2)(h_{02}-h_2)$$

循环放热量

$$q_2=(1-\alpha_1-\alpha_2)(h_2-h_2')$$

循环从热源吸热量

$$q_1=q_2+w=\alpha_1(h_1-h_{01})+\alpha_2(h_1-h_{02})+(1-\alpha_1-\alpha_2)(h_1-h_2')$$

回热循环热效率

$$\begin{aligned}\eta_r&=1-\frac{q_2}{q_1}\\&=1-\frac{(1-\alpha_1-\alpha_2)(h_2-h_2')}{(1-\alpha_1-\alpha_2)(h_1-h_2')+\alpha_1(h_1-h_{01})+\alpha_2(h_1-h_{02})}\\&=1-\frac{h_2-h_2'}{(h_1-h_2')+\dfrac{\alpha_1}{(1-\alpha_1-\alpha_2)}(h_1-h_{01})+\dfrac{\alpha_2}{(1-\alpha_1-\alpha_2)}(h_1-h_{01})}\end{aligned}$$

朗肯循环热效率也可写为

$$\eta_t=1-\frac{h_2-h_2'}{h_1-h_2'}$$

把 η_r 与 η_t 进行比较，可以看出，因 $\dfrac{\alpha_1}{(1-\alpha_1-\alpha_2)}(h_1-h_{02})+\dfrac{\alpha_2}{(1-\alpha_1-\alpha_2)}(h_1-h_{02})$ 不可能成为负值(若这两项等于零，意味着没有回热，则两个效率完全相等；若有回热，这两项必然大于零)。那么 η_r 必然大于 η_t。进一步分析可知，在一定的范围内，α_1 和 α_2 越大，则 η_r 就越大。超过这个范围，α_1 和 α_2 过大，意味着抽汽太多，使直接在汽轮机中做功的蒸汽量太少，反而会使循环效率 η_r 下降。

在核电厂的毛效率 η_{et} 定义为发电机输出电功率 N_{el} 与反应堆热功率 N_R 之比。其表达式如下

$$\eta_{et}=N_{el}/N_R=\eta_t\cdot\eta_{oi}\cdot\eta_{rn}\cdot\eta_{ge}\cdot\eta_p\cdot\eta_{eg}\tag{1-7-7}$$

式中：η_t——循环热效率；

η_{oi}——汽轮机组相对内效率；

η_{rn}——汽轮机组机械效率；

η_{ge}——发电机效率；

η_p——管道热效率；

η_{eg}——设备热效率。

核电厂的净效率 η_{net} 定义为核电厂输出净功率 N_{net} 与反应堆热功率 N_R 之比。

核电厂输出净功率为发电机输出电功率减去厂用电功率，$N_{net}=N_{el}-N_p$

$$\eta_{net}=(N_{el}-N_p)/N_R \tag{1-7-8}$$

例题 1-7-3　假定从蒸汽发生器给水入口起至汽轮机低压缸出口止（含中间汽水分离再热器）的热力学过程服从理想的朗肯循环过程。试在温熵坐标图上画出这些热力学过程曲线并标明这些过程分别是在什么设备中完成的，简要说明增设中间汽水分离器有何好处。

解　1）过程曲线见右图。

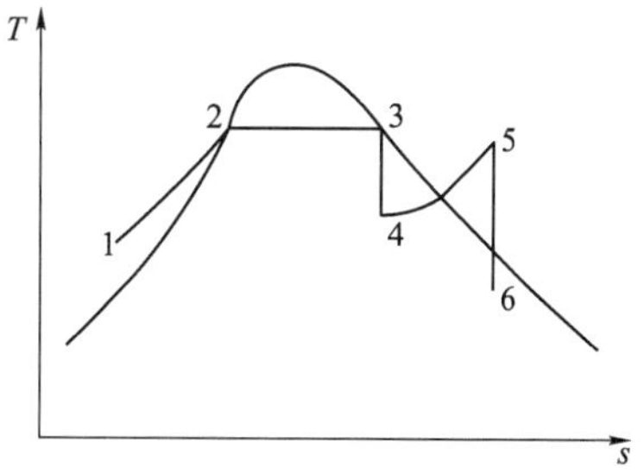

1—2 蒸汽发生器内给水预热段；

2—3 蒸汽发生器蒸发段；

3—4 汽轮机高压缸做功段；

4—5 中间汽水分离再热器；

5—6 低压缸做功段。

2）增设汽水分离再热器的好处：

a）去除高压缸排出蒸汽中的水分，提高进入低压缸蒸汽的温度使其有一定的过热度，从而提高蒸汽做功的品质。

b）大大提高了低压缸出口蒸汽的干度，防止或减少湿蒸汽对低压缸部件的腐蚀和侵蚀。

例题 1-7-4　核电厂采用什么办法可以提高热力循环的热效率？这些办法分别体现在哪些设备上？

解　核电厂采用了以下方法：

（1）提高主蒸汽的压力和温度，即提高主蒸汽的比焓，这就是设计上尽可能提高蒸汽发生器二次侧的压力。汽水分离再热器也使进入低压缸的蒸汽温度和干度提高，提高了蒸汽在低压缸的做功能力。

（2）降低背压，即降低乏蒸汽的比焓，体现在降低凝汽器的真空度，使蒸汽尽可能地在汽轮机内多做功。

（3）采用给水加热，使反应堆的热量更多地用于产生饱和蒸汽，体现在从凝结水泵起经 4 个低加、除氧器、主给水泵、2 个高加等逐级给水加压和加热。

例题 1-7-5　假设压水堆核电站二次侧的热力循环过程是朗肯循环，如下面的温-熵图所示。已知状态点 1、2、3 和 4 的焓分别为 H_1、H_2、H_3 和 H_4。

1）试在下列焓-熵图上定性地表示该朗肯循环，并写出该朗肯循环热效率的表达式。

2）如果用一台工业锅炉将主蒸汽加热成过热蒸汽后，再送入汽轮机做功，其他条件不变。试在上述朗肯循环的温-熵图上定性地表示这一热力循环过程，并写出该热力循环热效率的表达式（用温-熵图上的面积表示）。为什么这一热力循环的热效率比上述朗肯循环的热效率高？

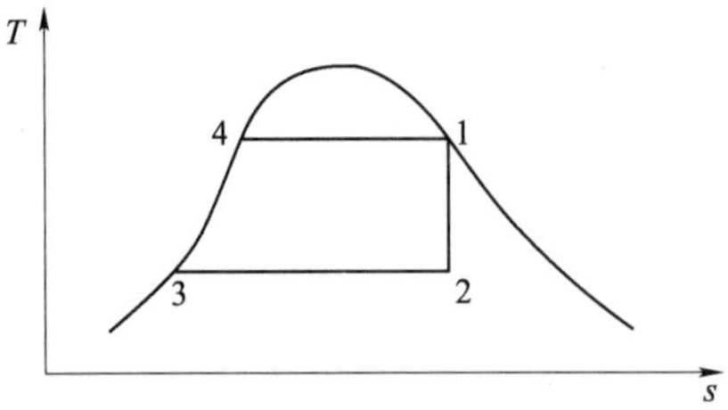

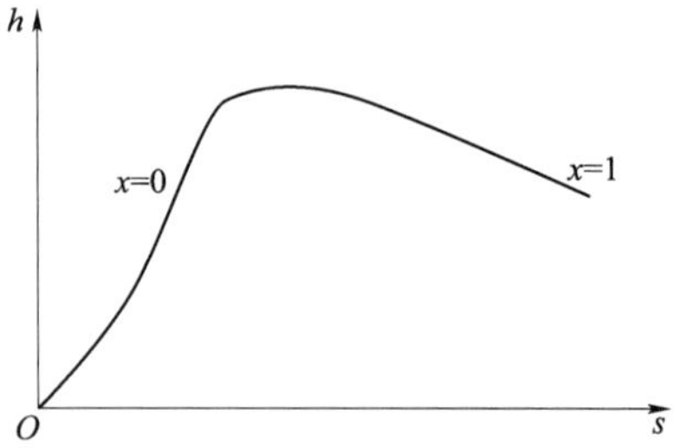

解 1）在焓-熵图上表示该朗肯循环如下图所示。

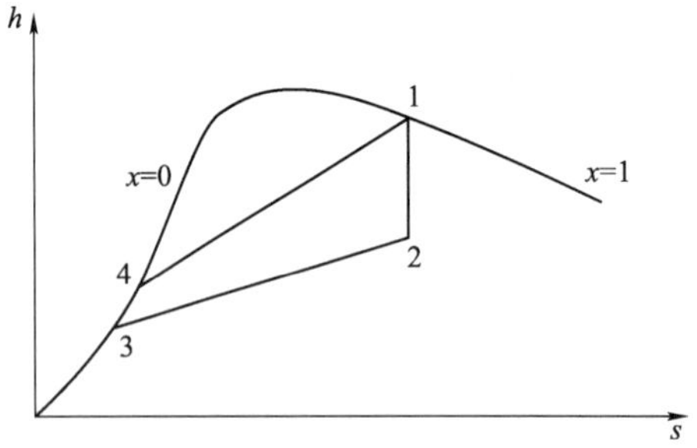

计算该朗肯循环的热效率：

每千克蒸汽在汽轮机中绝热膨胀做的功为

$$W_T = H_1 - H_2$$

每千克新蒸汽从热源吸收的热量为

$$Q = H_1 - H_3$$

因此，该朗肯循环的热效率为

$$\eta = (H_1 - H_2)/(H_1 - H_3)$$

2）这一热力循环过程在温-熵图上的表示如下（1a-2a-3-4-1a）。

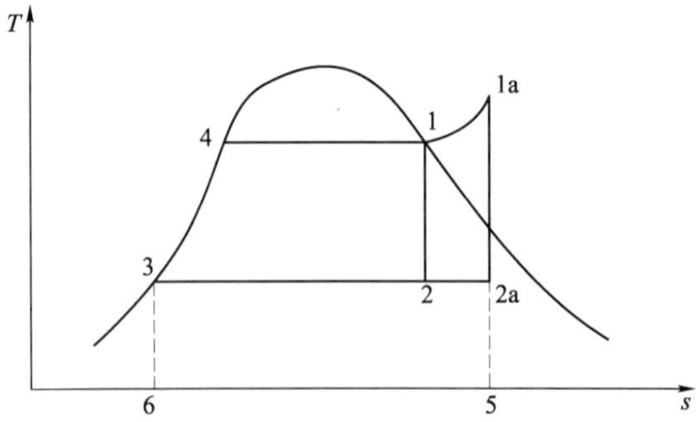

计算该热力循环的热效率：

从热源吸收的热量为

$$Q_H = S_{1a-5-6-3-4-1-1a}$$

向冷源放出的热量为

$$Q_C = S_{2a-5-6-3-2a}$$

因此，该热力循环的热效率为

$$\eta = 1 - \frac{S_{2a-5-6-3-2a}}{S_{1a-5-6-3-4-1-1a}} = \frac{S_{1a-2a-3-4-1-1a}}{S_{1a-5-6-3-4-1-1a}}$$

该热力循环的热效率比朗肯循环的热效率高的理由是：

该热力循环可以看成是在原来饱和蒸汽循环的基础上又附加了一个循环 1a—2a—2—1—1a。由于循环 1a—2a—2—1—1a 的蒸汽平均温度高于饱和温度，因此该热力循环的蒸汽平均温度高于朗肯循环的蒸汽平均温度（饱和温度），所以热效率也会相应提高。

复习思考题

1. 试用热力学第一定律说明（推导）在定容过程中工质的换热量为其内能的增量。

2. 试用热力学第一定律说明（推导）在定压过程中工质的换热量为其焓值的增量。

3. 说明热力学第二定律的实质及其表达方式。

4. 试说明为什么压水堆核电站不采用水蒸气的卡诺循环而采用朗肯循环？

5. 分别描述以下情况如何影响电厂的效率。

（1）隔离一台给水加热器；

（2）循环水温度上升；

（3）凝汽器部分管子堵塞；

（4）凝汽器真空泵故障。

6. 试画图说明，压水堆核电站为什么设计成汽轮机功率越高，冷却剂平均温度越高的运行特性？

7. 研究三个热力循环过程：朗肯循环 A、B 和 C，已知朗肯循环 C 的温-熵曲线如下图中的曲线 1—2—3—4—5—6—1 所示。

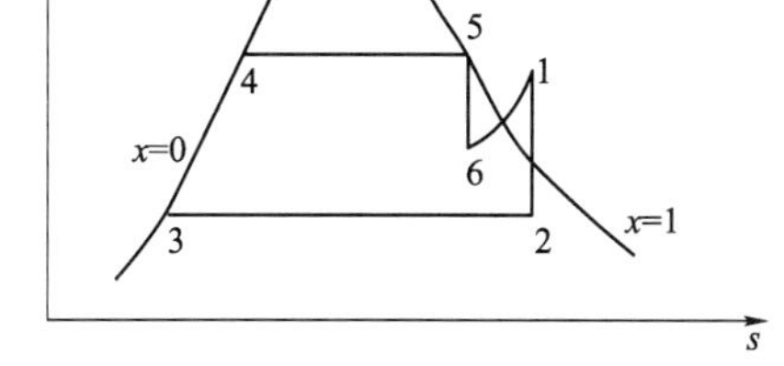

假设朗肯循环A和B是在下列条件下分别由朗肯循环C改进而来：

a. 朗肯循环A：提高朗肯循环C中饱和蒸汽的压力；做功后蒸汽的温度与朗肯循环C中对应的状态点的温度相同；中间再热器出口蒸汽的熵与朗肯循环C中对应的状态点的熵相同；

b. 朗肯循环B：只降低朗肯循环C中间再热器出口蒸汽的温度。

试简要回答下列问题：

(1) 在上述温-熵图上，分别定性地画出朗肯循环A和朗肯循环B的温-熵曲线。

(2) 与朗肯循环C相比，朗肯循环A和朗肯循环B的热效率和做功后蒸汽的干度有何变化？并分别简要说明上述变化的原因。

第二章 流体力学基本知识

流体力学是工程应用力学的组成部分之一，它是宏观地研究流体平衡和运动的一门科学，即采用理论分析与实验相结合的方法来研究流体平衡和运动的规律，建立起流体中的作用力、运动速度和压力之间的关系，并以所得规律解决工程实践中的各种问题。本节主要从流体的特征和物性及流动的基本规律出发，简单介绍流体力学的基本内容。

本部分的课程目标包括：

（1）掌握单相流体一维流动的基本方程；

（2）掌握动量方程的应用；

（3）掌握流体运动的两种状态。

2.1 流体的主要物理性质

流体是液体和气体的总称，一般来说，流体的抗剪切和抗张能力很小。容易流动、容易变形、可压缩性是它的基本特征，也是流体区别于固体的主要标志。液体和气体之间主要差别是液体具有一定的体积，在容器中能够形成自由表面，相对气体它的压缩性较小；而气体则没有一定的体积，总是充满整个容器，气体非常容易被压缩。无论是液体还是气体都具有黏性，这是流体的另一特性。

流体的物理性质对流体运动有重要影响，本节介绍流体的主要物理性质。

（1）密度和重度

单位体积流体所具有质量称为密度，用 ρ 表示，单位体积流体所具有的重量称为重度，用 γ 表示，$\gamma = \rho g$，流体的密度和重度都随温度变化而变化。

（2）压缩性和膨胀性

1）液体的压缩性和膨胀性

液体的体积随着它所受压力增加而减少的性质称为压缩性，体积变小的程度用体积压缩系数 β_p 表示，它是在温度不变的条件下，增大一个单位压力时，液体体积的相对变化量，即

$$\beta_p = -\frac{1}{V} \cdot \frac{\mathrm{d}V}{\mathrm{d}p} \tag{2-1-1}$$

式中，V——流体体积，m^3。

流体的体积压缩系数的倒数称为体积弹性系数，用符号 E_0 表示，所以

$$E_0 = \frac{1}{\beta_p} = -V\frac{\mathrm{d}p}{\mathrm{d}V} \tag{2-1-2}$$

液体体积随温度升高而膨胀的性质称为液体的膨胀性，液体的膨胀性用体积膨胀系数 β_t 表示，它是在压力不变的情况下，温度升高 1 ℃时液体体积的相对变化，即

$$\beta_t = \frac{1}{V} \cdot \frac{dV}{dt} \tag{2-1-3}$$

液体的 β_t 与压力有关，对于多数液体，β_t 随压力升高而略有减小，不过其变化甚微。

2）气体的压缩性和膨胀性

气体具有很大的压缩性和膨胀性，其变化规律可用理想气体的状态方程来表示，即 $pv = RT$，所以当理想气体的压力从 p_0 变化到 p_1 时，温度从 T_0 变化到 T_1 时，其密度由 ρ_0 变化到 ρ_1，可以按下式计算：

$$\rho_1 = \rho_0 \frac{p_1}{p_0} \cdot \frac{T_0}{T_1} \tag{2-1-4}$$

（3）黏性

黏性是流体的一个重要物理性质，它的意义是：当流体运动时，在其内部产生内摩擦力的性质称为黏性。

液体是由分子组成的物质，当它流动时其内部分子之间存在着吸引力，此外流体的分子和固体壁面之间有附着力作用，这两种力都是抵抗流体运动的阻力，并以摩擦力的形式表现出来，这就是流体黏性实质。液体和气体都具有黏性，但是它们的大小不同，在相同条件下液体黏性比气体大。

牛顿根据流体层状流动的现象提出了流体运动内摩擦定律假说，后来为理论分析和实验研究所证实，摩擦定律认为，流层间内摩擦力 F_w 与下列因素有关：

- F_w 与流体的黏性 μ 成正比；
- F_w 与流体层之间的接触面积 F 成正比；
- F_w 与流体层间的速度梯度 dV/dY 成正比（其中 Y 是流层厚度；dV 是在流层厚度为 dY 内的速度增量）；
- F_w 与流体所处的压力无关。

若把上述影响流体层间内摩擦力的因素用数学方程式表示，可以写成

$$F_w = \mu F \frac{dV}{dY} \tag{2-1-5}$$

我们把单位面积上的内摩擦力定义为剪切应力，并以 τ 表示，则

$$\tau = \frac{F_w}{F} = \mu \frac{dV}{dY} \tag{2-1-6}$$

从式(2-1-6)可以看出，当 $dV/dY = 0$ 时，$\tau = 0$。它表明两层间速度梯度等于零时，层间没有黏性。

由式(2-1-6)可以得到

$$\mu = \frac{\tau}{\frac{dV}{dY}} \tag{2-1-7}$$

式(2-1-7)是黏性系数定义，它的物理意义是两层流体间的速度梯度 $dV/dY=1$ 时，所产生的剪切应力。

1）动力黏度（动力黏性系数）

动力黏度用 μ 表示，在国际单位制中，单位是 $N \cdot S/m^2$。

2）运动黏度（运动黏性系数）

运动黏度是流体的动力黏度与其密度的比值，用符号 ν 表示，单位是 m^2/s，则有

$$\nu = \mu/\rho$$

流体的黏性与压力、温度有关，黏性随流体压力升高而增加，但变化较小；黏性随温度变化较大，而且液体和气体变化趋势不同，液体的黏性随温度升高而降低，气体黏性随气体温度升高而增大。出现上述变化的原因是因为液体体积随温度升高而增大，液体分子间的吸引力减小，从而黏性降低；气体是因为温度升高后分子运动加强，因而黏性升高。

在工程实际中为了简化对流体的数学描述，提出了理想流体和不可压缩流体，它们的定义是：

理想流体：黏性系数等于零的流体称为理想流体，理想流体是无黏性流体，也就是剪切应力为零的流体。

不可压缩流体：压缩性系数等于零或弹性模数为无穷大的流体称为不可压缩流体。

2.2 单相流体一维流动的基本方程

流体作为物质的一种形态，它必须遵循自然界关于物质运动的普遍原理，这些原理包括：质量守恒原理，动量守恒原理和能量守恒原理等。将这些基本原理应用于研究流体运动，可以得到各种物理量之间的确定关系式，这些关系式就是流体力学的基本方程。

流体流动时一般是三维流动，在工程上经常采用简化处理方法，按一维流动进行研究和计算，这样可大大减少计算时间。对管系内流动这种简化可以有很好的近似结果。下面分别介绍流体力学基本方程。

(1) 质量守恒方程

取图 2-2-1 所示的管内流动微元体，流体不断地流进、流出微元体。无论流动如何复杂，微元体内不能产生质量，也不能“消灭”质量，它必须满足质量守恒原理。

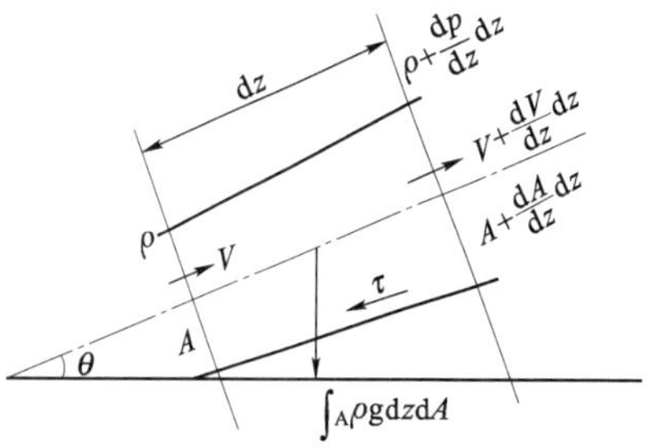

图 2-2-1 管内流动微元体示意图

质量守恒原理：单位时间内通过微元体控制面 A 流入的质量和通过控制面 $(A+dA)/dz \cdot dz$ 流出的质量代数和等于单位时间内微元体内的质量增量。对于稳定流动，流进微元体的质量等于流出的质量。

写出数学表达式为

$$\rho VA = (\rho + d\rho)(V + dV)(A + dA)$$

把上式展开，并略去高阶微分，可得

$$\rho V dA + \rho A dV + VA d\rho = 0$$

即
$$d(\rho VA) = 0$$

或
$$\rho VA = 常数 \tag{2-2-1}$$

假若管道的流动面积不变，则

$$\rho V = 常数$$

用符号 G 表示 ρV，即
$$G = \rho V$$

把 G 称作质量流密度或质量流率，质量流速，其单位是 $kg/m^2 \cdot s$。

式(2-2-1) 就是一维稳态质量守恒方程，也叫连续性方程。

(2) 动量守恒方程

动量守恒原理：作用在微元体上的外力之和等于微元体的动量变化率。按照这个原理写出图 2-2-1 所示微元体动量方程式：

$$[pA-(p+dp)(A+dA)]-\tau\cdot U_h dz-(\rho\cdot A dz)g\sin\theta$$
$$=(\rho VA)[(V+dV)-V]$$

上式左边第一项为微元体进、出口截面上的压力差，左边第二项为微元体壁面对流体的作用力，左边第三项是微元体重力分力，右边是微元体动量变化率。

将上式展开，略去高阶微分可得：

$$-d(Ap)-\tau U_h dz-A\rho g\sin\theta dz=\rho VA\,dV$$

对于等截面流道则有：

$$-\frac{dp}{dz}=\frac{U_h}{A}\cdot\tau+\rho g\sin\theta+G\frac{dV}{dz} \tag{2-2-2}$$

式(2-2-2)是单相流体一维动量守恒方程式。

式中：U_h—— 微元体流动润湿周长；

τ—— 壁面切应力。

(3) 能量守恒方程

能量守恒原理：单位时间内由外界加给微元体的热量、功和流入能量之和等于同一时间内微元体中能量的增加。

利用能量守恒原理对图 2-2-1 所示的微元体写出能量平衡方程式，则有：

$$d(pv)+dU+d(\frac{1}{2}V^2)+d(zg\sin\theta)=dq-dW$$

上式左边第一项为压力能变化，第二项为内能变化，第三项为动能变化，第四项为位能变化；右边第一项是加入微元体的热量，第二项是对外做功。

根据热力学第一定律，把上式中内能 dU 改写为 $dU=dq+dF-pdv$，其中 dF 为不可逆的摩擦损失。当微元体对外不做功时，即 $dw=0$，上式可写为：

$$-\frac{dp}{dz}=\rho\frac{dF}{dz}+\rho g\sin\theta+G\frac{dV}{dz} \tag{2-2-3}$$

式(2-2-3) 就是单相流体一维能量守恒方程，它的形式与动量守恒方程(2-2-2)是一样的。

(4) 伯努利方程

对于均匀的管内流动，利用动量守恒原理可以得到管内流动的任意两个截面之间的动量守恒方程。这样，动量守恒方程也就适用于同一条流线，我们把它叫做伯努利方程。伯努利方程是流体力学中最重要的方程之一。

由于理想流体没有黏性，没有摩擦损失，所以把式(2-2-2)应用于理想流体时有：

$$-\frac{dp}{dz}=\rho g\sin\theta+\rho V\frac{dV}{dz}$$

或改写成

$$\frac{\mathrm{d}p}{\rho}+g\sin\theta\mathrm{d}z+V\mathrm{d}V=0$$

对于垂直高度 $\sin\theta\mathrm{d}z$ 用 $\mathrm{d}H$ 表示，则有：

$$\frac{\mathrm{d}p}{\rho}+g\mathrm{d}H+V\mathrm{d}V=0 \tag{2-2-4}$$

假定流体不可压缩，即 $\rho=$ 常数，$\frac{\mathrm{d}p}{\rho}=\mathrm{d}(\frac{p}{\rho})$，则式(2-2-4) 又可写为

$$p+\rho gH+\frac{1}{2}\rho V^2=\text{常数} \tag{2-2-5}$$

该式为理想流体的伯努利方程。

对流道上任意两点 1 和 2，可以写出：

$$p_1+\rho gH_1+\frac{1}{2}\rho V_1^2=p_2+\rho gH_2+\frac{1}{2}\rho V_2^2=\text{常数} \tag{2-2-6}$$

实际流体都有黏性，所以实际流体流动时都有能量损失，因此实际流体的伯努利方程为：

$$p+\rho gH_1+\frac{1}{2}\rho V_1^2=p_2+\rho gH_2+\frac{1}{2}\rho V_2^2+\Delta F_{1-2} \tag{2-2-7}$$

伯努利方程适用的条件是：

(1) 稳定流动；

(2) 所取的两个过流断面必须是在缓变流的断面，而在这两个断面之间就不一定要缓变流(即流线几乎是平行直线)；

(3) 满足连续性方程；

(4) 流体必须是不可压缩流体；

(5) 作用在流体上的质量力只有重力。

例题 2-2-1　一个 Y 字形管道系统如下图所示。入口管段的直径 $d_{in}=400$ mm，其中的质量流量 $m=800$ kg/s；两个出口管段直径分别为 200 mm 和 250 mm。已知水的密度为 $\rho=990$ kg/m^3，直径 250 mm 的出口管段中的流速 $V_1=8$ m/s，求直径 200 mm 的出口管段中的流速。

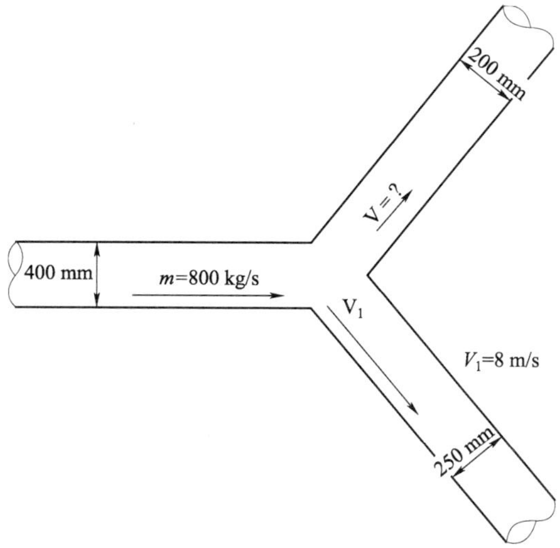

解 根据质量守恒方程式有：

$m_{in} = m_{out}$

亦即：$\rho_{in} V_{in} A_{in} = \rho_{out} V_{out} A_{out} = \rho_{out}(A_1 V_1 + A_2 V_2)$

将已知数据代入上式有：

$$800 = 990 \times \left(\frac{\pi}{4} \times 0.25 \times 0.25 \times 8 + \frac{\pi}{4} \times 0.2 \times 0.2 \times V_2\right)$$

求得：$V_2 = 13.2\ \mathrm{m/s}$

例题 2-2-2 填空题：工程流体力学中常用的方程式（即伯努利方程）可用下式表达：

$$gZ_1 + P_1/\rho + \omega_1^2/2 = gZ_2 + P_2/\rho + \omega_2^2/2 + h\omega'$$

其中，$h\omega'$ 代表________________，g 为________________，Z 为________________，p 为________________，ρ 为________________，ω 为________________。

该方程式是________________定律在流体力学中的应用。

解 流体由截面 1 到截面 2 的流束所受到的阻力损失；重力加速度；位差；压力；密度；流速；能量守恒。

例题 2-2-3 设流量 $W = 4.0\ \mathrm{kg/s}$ 的液体流过一垂直安装的光滑渐扩管，已知该渐扩管的截面 1 上的平均压力 $P_1 = 1 \times 10^5\ \mathrm{Pa}$，截面 1 和 2 的流通面积分别为 $A_1 = 0.7 \times 10^{-3}\ \mathrm{m}^2$，$A_2 = 2 \times 10^{-3}\ \mathrm{m}^2$。截面 2 在截面 1 的上方高度差为 4 m，如果忽略该渐扩管的摩擦和形阻压头损失，设液体密度 $\rho = 990\ \mathrm{kg/m^3}$，试求截面 2 上的平均压力 P_2。

解 能量守恒方程如下：

$$p_1 + \rho g z_1 + \frac{1}{2}\rho U_1^2 = p_2 + \rho g z_2 + \frac{1}{2}\rho U_2^2 + \rho \Delta E$$

按题设，摩擦和形阻压降为 0，即 $\rho \Delta E = 0$，而 $\Delta Z = 4\ \mathrm{m}$ 所以得

$$(p_2 - p_1) + \frac{1}{2}\rho(U_2^2 - U_1^2) + \rho g(Z_2 - Z_1) = 0 \tag{A}$$

根据流体的连续性方程为有：

$$m = \rho u_1 A_1 = \rho u_2 A_2 \tag{B}$$

将方程(B)代入方程(A)得：

则：$U_1 = \dfrac{M}{\rho A_1} \quad U = \dfrac{M}{\rho A_2}$

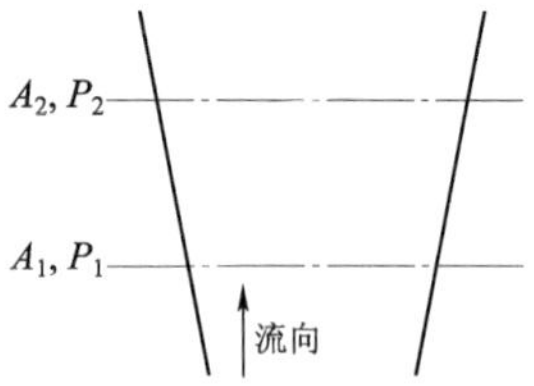

$$\therefore p_2 = p_1 - \frac{\rho}{2}\left(\frac{M^2}{\rho^2 A_2^2} - \frac{M^2}{\rho A_1^2}\right) - \rho g \times 4Z$$

$$= 1 \times 10^5 - \frac{4^2}{2 \times 990}\left(\frac{10^6}{4} - \frac{10^6}{0.49}\right) - 990 \times 10 \times 4$$

$$= 7.487 \times 10^4\ (\mathrm{Pa})$$

例题 2-2-4 如下图所示，一个上部与大气相通的庞大水箱中的水通过直径为 d、长度为 l、沿程阻力系数为 λ 的细小垂直管向大气泄水。忽略局部阻力损失，并且所有的已知参数均采用国际单位。试推导出体积流量 Q 的表达式。

解 要确定流量，首先应确定管中的流速。取水箱液面 1—1 与垂直管出口面 2—2 列出伯努利方程：

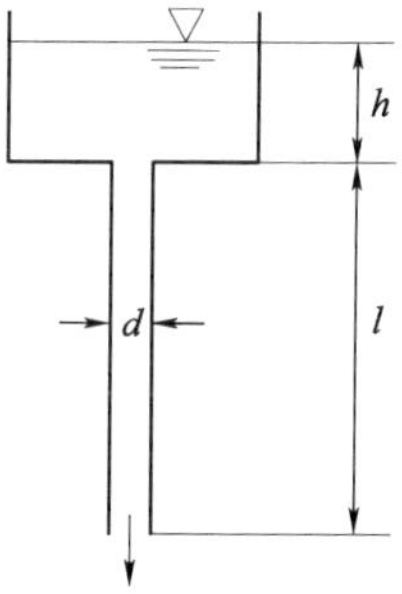

$$\frac{p_1}{\rho g}+\frac{V_1^2}{2g}+z_1=\frac{p_2}{\rho g}+\frac{V_2^2}{2g}+z_2+h_w$$

由于水箱很大，并且泄水管很细小，因此

$$V_1 \approx 0$$

大水箱上部和泄水管下部与大气相通，因此

$$p_1=p_2=p_a$$

水箱液面1—1与垂直管出口面2—2的高度差为

$$z_1-z_2=h+l$$

沿程损失为

$$h_w=\lambda\frac{l}{d}\frac{V_2^2}{2g}$$

将上述4个关系式代入伯努利方程得

$$V_2=\sqrt{\frac{2gd(h+l)}{(d+\lambda l)}}$$

则

$$Q=V_2(\frac{\pi}{4}d^2)$$

$$=\frac{\pi}{4}d^2\sqrt{2g\frac{d}{\lambda}(h+l)/(\frac{d}{\lambda}+l)}$$

例题 2-2-5　射流对平板的冲击。

如图所示，一股水的射流冲击在一平板上。射流对平板的倾斜角为θ。设平板的面积较射流断面积大得多，射流在冲击平板后沿壁面流去。现设单位时间内通过冲击前射流断面0—0的流量为Q_0，流速为v_0，冲击后的1—1及2—2断面上的流量各为Q_1与Q_2，流速分别为v_1与v_2，如果略去质量力的影响以及液体的摩擦和由于改变方向而发生的能量损失，则根据伯努力方程可知$v_0=v_1=v_2$(因$p_0=p_1=p_a$，p_a为大气压)，现取001122的封闭曲面为控制面(图中虚线所示)，应用动量方程，可求得射流对平板的冲击力$P=-F$，F为平板对流体的作用力。

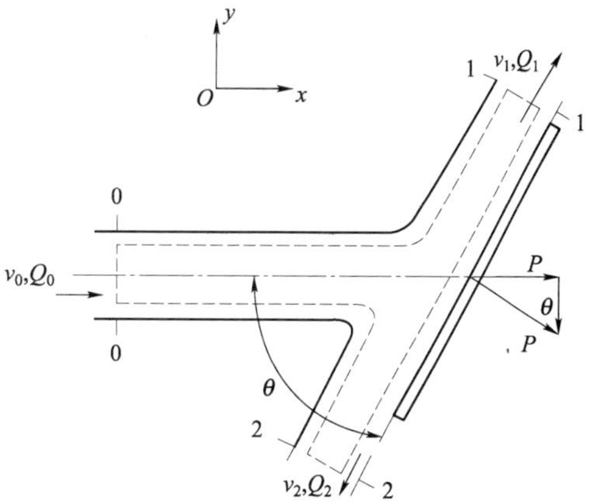

$$P=\rho Q_0v_0\sin\theta$$

冲击力P在射流方向(x轴向)上的分力为：

$$P_x=\rho Q_0v_0\sin^2\theta$$

将流入与流出控制面动量的差投影到与冲击力P垂直的方向上，显然这个作用力为零，于是得

$$\rho Q_0v_0\cos\theta-\rho Q_1v_1+\rho Q_2v_2=0$$

因为$v_0=v_1=v_2$，所以

$$Q_0\cos\theta=Q_1-Q_2$$

又因

$$Q_0=Q_1+Q_2$$

由此可求得Q_1和Q_2

$$Q_1 = Q_0/2(1+\cos\theta)$$
$$Q_2 = Q_0/2(1-\cos\theta)$$

2.3 流体运动的两种状态

2.3.1 层流和紊流

自然界中的全部黏性流体，在流动时均具有两种不同的运动状态，即层流和紊流。通过实践或用实验方法都证明了由于流体运动状态的不同，其运动阻力及能量损失规律也不相同。下面首先阐述什么是层流和紊流，然后再研究在不同流动状态下的损失计算。

层流运动——流体运动时，各质点作分层运动，流体质点在流层之间不发生混杂，呈规则的层状运动。

紊流运动——流体流动时，质点呈紊乱流动形态。流体质点不保持在某一个固定层内运动，而有互相交混合碰撞，产生动量交换。构成无规则的混乱运动状态，紊流也叫作"湍流"。

层流和紊流这两种流动状态的形成，与流体的黏性系数 μ、密度 ρ、管道的特征尺寸 d 以及特征速度 v 等有关。以上 4 个参数组成了一个无量纲量：

$$Re = \frac{Vd\rho}{\mu} \text{ 或 } Re = \frac{Vd}{v} \tag{2-3-1}$$

该无量纲量称为雷诺数。从试验知道，当层流流动时，在 μ、ρ 和 d 不变的情况下，流速减小意味着 Re 减小，此时黏性力起着重要作用。当紊流运动时，流速的增大意味着 Re 的增大，此时黏性力的作用就相对地较小。流体流动从层流转变为紊流可以理解为流体的运动丧失了稳定性。在流体运动受到外界扰动时，在某种情况下这种扰动会因流体内部黏性力对运动的阻尼作用而衰减，在另一种情况下，则会继续扩展而使流动丧失其稳定性。因此，流动状态的变化取决于扰动和黏性力的抗衡程度，而雷诺数是判别流动形态的准则数。

实验得到液体在圆管中流动时的临界判别数是：

$$Re_{下} = 2\ 300 \qquad \text{下临界值}$$
$$Re_{上} = 8\ 000 \sim 13\ 800 \qquad \text{上临界值}$$

Re 大，说明流动紊乱程度大，应为紊流；而 Re 小，则说明流动紊乱程度小，可能出现层流流动。

这里我们统一认为，区别圆管中流态的依据是：

$$\begin{aligned} Re < Re_{下} &= \frac{V_{下}\, d}{v} = 2\ 300 \qquad \text{层流} \\ Re > Re_{上} &= \frac{V_{上}\, d}{v} = 10\ 000 \qquad \text{紊流} \end{aligned} \tag{2-3-2}$$

当 $Re_{下} < Re < Re_{上}$ 时，可能是层流，也可能是紊流，属于过渡区段。

上面的流态判别数 Re（临界雷诺数）只适用于圆形断面管中流动。但在工程上经常遇到非圆形断面的管，这时不能用直径 d 代入判别式，经常采用当量直径 De 代替直径 d 求 Re。这里 De 为 $De = 4A/L$，其中 A 是管道断面面积，L 为流体润湿周长。

$$Re = \frac{VDe}{v}$$

2.3.2　圆管内的层流

这里我们只讨论均直圆管中的等速运动。由于流动对称于管轴，所以在以管轴为中心轴的圆柱面上，速度 u 将对称分布。根据对圆管内匀速流动的分析，可以得到圆管内层流任一流通截面上的速度分布关系式如下：

$$u = \frac{\Delta p}{4\mu l}(r_0^2 - r^2) \tag{2-3-3}$$

式中，Δp 为流动管道上任意两个流通截面上的压差，l 为这两个流通截面之间的管长，r_0 为圆管的半径，r 为流通截面上任一点至中心线的距离。由上式可以看出，层流中圆管中心处有最大流速，且其最大流速 u_{max} 为管内平均流速 $\overline{u}$ 的 2 倍。因此，层流状态下圆管中的速度分布为抛物线分布。速度分布如图 2-3-1 所示。

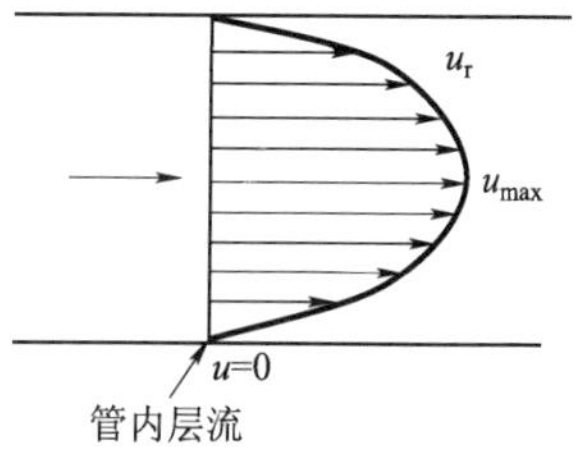

图 2-3-1　圆管中的层流运动

2.3.3　紊流的速度分布

根据对紊流运动的观察，可以把壁面附近的流动按其速度分布规律分为三个区域来研究，见图 2-3-2，即从壁面向外分为黏性底层区、过渡区和紊流核心区。

在黏性底层区内，流动状态接近于层流的规律，而且由于这一层的厚度很薄，其速度分布规律可以认为是线性的。在过渡区中，由于黏性力和附加切应力具有相同的数量级，比较难于进行分析，在此区域中的速度分布既与黏性底层中的速度分布不同，又与紊流核心区中不同。在紊流核心区，各点都达到了主流速度，各层之间没有了速度梯度。圆管内紊流流动的速度分布如图 2-3-3 所示。

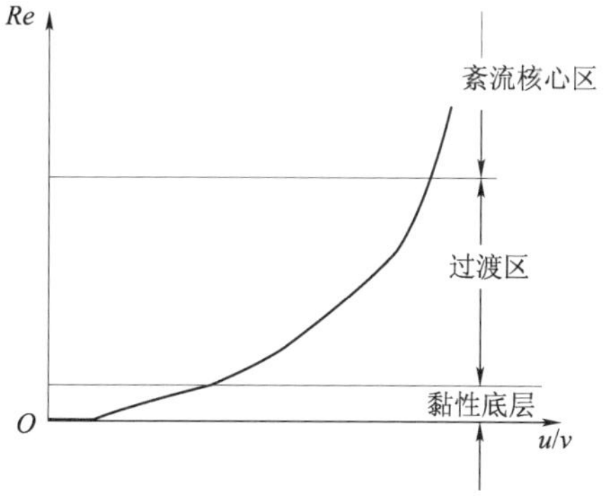

图 2-3-2　壁面附近的紊流速度分布

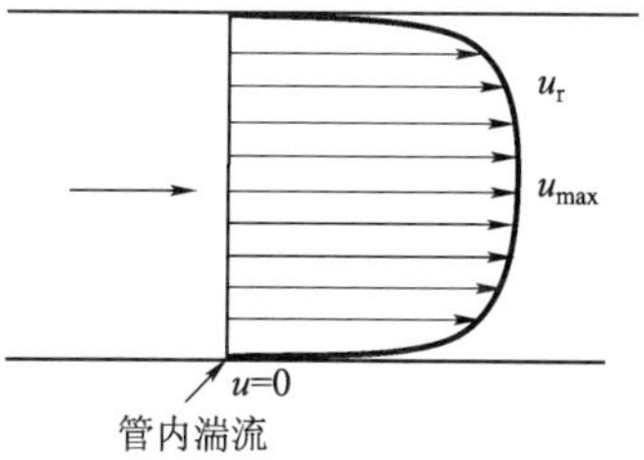

图 2-3-3　圆管中的紊流运动

由上面的分析可以看出，紊流的速度分布规律与层流有着很大的差别，紊流时，只有在靠近管壁处的速度才有显著的变化，流核区的速度变化很小。这种现象就是由于流体中各层流体质点的相互混掺所造成的。

由于运动状态不同，所以在流动中产生阻力的原因也不相同，例如，在层流中运动阻力是由流体的黏性引起的，而在紊流运动中，不仅有黏性阻力，而且还因流体质点间的动量交换产生附加阻力损失，由于两种运动状态产生阻力的原因不同，所以能量损失规律也不相同。具体分析可以参见参考文献。

例题 2-3-1 判断题。

（ ）管道内单相液态的稳定流动形态只是指层流而不包括紊流，因为紊流存在横向扰动。

解 错误。既包括层流也包括紊流，因为稳定流动形态是指流动参数恒定，流量不变。

复习思考题

1. 伯努利方程的应用条件是什么？
2. 请分别写出理想流体和实际流体的伯努利方程表达式。
3. 什么是层流？什么是紊流？
4. 层流和紊流的判定准则是什么？
5. 请分别说明层流和紊流在流动截面上的速度分布规律。
6. 如下图所示，一内径 $d=0.5$ m 的 90°弯管，弯管内水流的速度 $v=3.0$ m/s，进出口处的相对压强 $p_1=p_2=5.05\times10^4$ Pa，略去质量力和摩擦力的影响，求流体作用在弯管上的力。

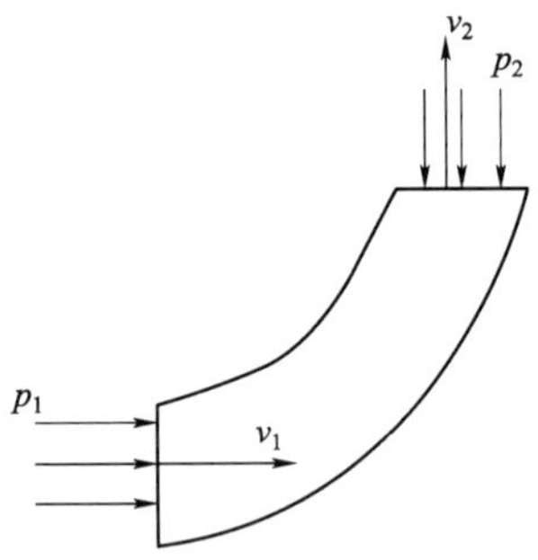

第三章　传热学基本知识

传热学是研究热传递规律的科学。在第一章中，我们知道工程热力学的任务是研究热能与机械能及其他形式的能量之间的互相转换，以及与此转换有关的物质的热物理性质。由热力学第二定律已知热量总是从高温物体传到低温物体，而不能自发地逆向进行。但是在什么条件下才能实现热传递以及其传递规律，则是传热学研究的任务了。

传热学部分的课程目标包括：

(1) 掌握传热的三种机理：传导、辐射和对流；

(2) 掌握并应用傅里叶定律、牛顿冷却定律和斯蒂芬—玻耳兹曼定律；

(3) 掌握影响对流换热的因素。

3.1　热传递的三种基本方式

不论自然界中还是生产实践中，处处都会遇到热传递的现象。与热能发电相关的各专业中，也都有大量的热传递问题和热传递计算的任务。热传递的现象千变万化，错综复杂，为学习和研究的方便，我们总可以把它们归纳成三种基本的热传递方式：热传导、热对流和热辐射。

固体中的热传递现象是热传导最好的例子，在固体中物质的各部分之间并没有发生相对位移，只要存在温度差就要发生热传递过程。那么热能是怎样传递的呢？按照分子运动的学说，温度乃是物质微粒运行激烈程度的尺度。物体内部各处温度不等，就说明各处的微粒运动的激烈程度不同，当动能不相等的粒子彼此碰撞的时候，具有较高动能的粒子会减少其动能，而具有较低动能的粒子便会增加其动能，从宏观的角度看，这便是热传递现象，这种形式的热传递称为"热传导"，简称"导热"。也就是说，热传导现象是有温差的物体的各部分直接接触，由于微观的、不可避免的热运动而产生的热传递现象。可以粗略地认为，气体的热传导是通过其分子或原子在自由运动时彼此碰撞而产生的；液体或固体是通过它们的微观粒子在其平衡位置附近的振动而形成的弹性波来传递热能；金属主要依靠自由电子的扩散作用产生热能传递。

工程传热学研究的范围不涉及分子微观运动对导热过程产生的动因，而只是以宏观方法去研究导热过程，通常，只使用宏观量把导热过程与物体的温度分布联系起来。

分析导热过程的基本方法是使用傅里叶定律，依靠这个定律和能量守恒原理所建立起来的导热微分子方程来进行导热的定性与定量分析。

温度不相同的流体，由于密度差而使流体微团的相对位置发生改变的同时，伴随着能量的迁移，这种方式的热传递称为"热对流"。显然这种热传递方式只有在流体中才会发生。不同温度的流体微团互相接触时，自然也会发生导热过程，所以，热对流过程，实际上是热对流和导热的综合过程，只是以对流作用为主而已。

流体与固体壁面之间的对流热传递是工程实践中常见的问题，这样的热传递过程叫做“对流换热”过程。影响对流换热的因素很多，比如流体运动的状况，流体本身的性质等，故对流换热过程比单纯的导热过程要复杂得多，计算对流换热量使用牛顿冷却定律。

辐射换热与前两种传热方式有根本的区别，它不是依靠物体的接触传热而是依靠电磁波的辐射。一般说，任何物体都会向外界发生辐射线，波长在 0.1～1 000 μm(1 μm＝10^{-6} m)的辐射线投射到物体上，会引起热效应，在此波长范围内的辐射线即为“热射线”。热射线在空间的传播规律和人们所熟悉的无线电波一样，无需依靠物体的接触，相反，若有物质存在，反而会削弱辐射传热的效果。

描述热辐射规律的定律是斯蒂芬一玻耳兹曼定律，它指出，黑体辐射能量与绝对温度的四次方成正比，故此定律也称为四次方定律。

由于任何物体都有辐射能力，因此，物体之间的辐射换热实际上是物体之间互相辐射的综合结果。

以上我们概述了热传递三种基本方式的概念和机理，下面将按热传导、热对流及对流换热、热辐射及辐射换热分别予以简要讨论。

3.1.1 热传导

热传导简称导热，其机理是不同温度的物体或物体不同温度的各部分之间，分子动能的相互传递，即动能较大(温度较高)的分子把能量传给邻近动能较小(温度较低)的分子，此外，还依靠自由电子运动而传递能量。宏观地说：热传导是热量从物体中温度较高部分传递到较低部分，或从温度较高物体传递到与之接触的温度较低的另一物体的过程(在纯导热过程中物体各部分之间不发生相对位移)。

固体中的热传递完全取决于导热。液体和气体因具有流动的特性，在它们的热传递中，导热也同样发生，但在某种情况下，例如在紊流区内，流体内部的导热通常不起主导作用。

早在 1822 年，法国数理学家傅里叶(Joseph Fourier)总结固体导热的实践经验，提出了平壁中的导热公式

$$Q = kF\frac{\Delta T}{\delta},\mathrm{W} \tag{3-1-1}$$

式中，F—— 垂直于导热方向的截面积，m^2；

δ—— 平壁厚度，m；

k—— 物体材料的导热系数，W/(m · K)；

ΔT—— 平壁两边的温度差，K。

这也就是热传导所遵循的傅里叶定律。式中导热系数 k 表示单位时间内 1 m^2 面积上，厚度为 1 m，两面温差为 1 ℃ 时，通过材料的热量。各种不同的材料有不同的 k 值，且 k 随温度变化。

由公式可知，单位时间内的导热量与导热系数、截面积和温度差成正比，而与导热距离成反比。公式(3-1-1) 如图 3-1-1 所示。

公式(3-1-1) 又可表示为

$$Q = kF\frac{\Delta T}{\delta} = \frac{\Delta T}{\dfrac{\delta}{kF}} = \frac{\Delta T}{R_\lambda},\mathrm{W} \tag{3-1-2}$$

上式和直流电路的欧姆定律 $I=\dfrac{U}{R}$ 相类似，能逐一对应。ΔT 与电压 U 相对应，可称为温压；$\dfrac{\delta}{kF}$ 与电阻 R 相对应，可称为导热面积为 F 时的导热热阻 R_{λ}，其单位为 K/W，如图 3-1-1 所示。

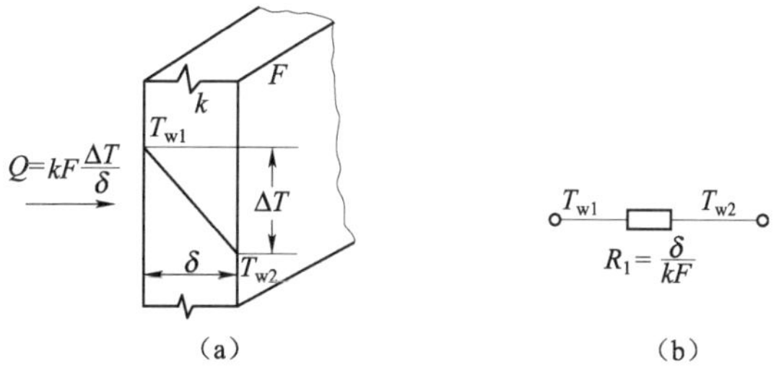

图 3-1-1　傅里叶导热公式图示

单位导热面积的热流量称为热流密度，即

$$q=\frac{Q}{F}=\frac{\Delta T}{\dfrac{\delta}{k}}=\frac{\Delta T}{r_{\lambda}},\ \mathrm{W/m^2} \tag{3-1-3}$$

式中，r_{λ}——单位导热面积的导热热阻，$\mathrm{m^2\cdot K/W}$。

接下来用傅里叶定律表达式来分析一些经常遇到的导热问题。

（1）单层平壁

现在我们回过来看图 3-1-1 所示的单层平壁导热问题。将图 3-1-1 画成图 3-1-2 所示那样。它是壁面积为 F（单位 $\mathrm{m^2}$），厚度为 δ（单位 m）的平壁，两壁面分别具有均匀而稳定的温度 T_{w1} 和 T_{w2}。平壁只在 x 方向有温度变化，属于一维稳定温度场。稳定导热时，导热量 Q 为定值。

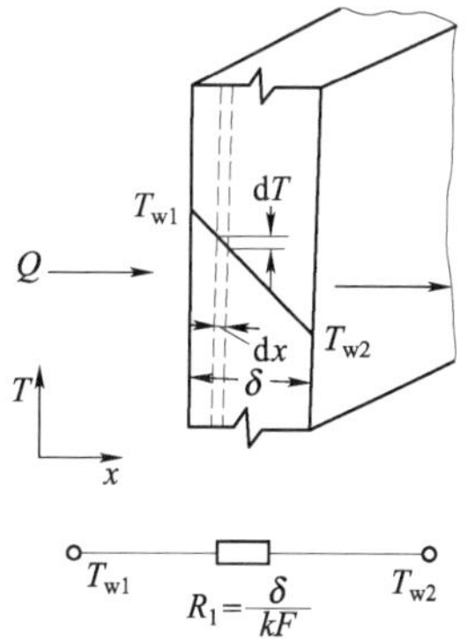

图 3-1-2　单层平壁一维稳态导热

根据傅里叶提出的平壁中的导热公式有

$$Q=kF\frac{T_{w1}-T_{w2}}{\delta}=\frac{T_{w1}-T_{w2}}{\dfrac{\delta}{kF}}=\frac{T_{w1}-T_{w2}}{R_{\lambda}},\ \mathrm{W} \tag{3-1-4}$$

热流密度则为

$$q=\frac{Q}{F}=\frac{T_{w1}-T_{w2}}{\dfrac{\delta}{k}}=\frac{T_{w1}-T_{w2}}{r_{\lambda}},\ \mathrm{W/m^2} \tag{3-1-5}$$

由公式（3-1-4）和式（3-1-5）可知，导过平壁的热量与温差成正比而与热阻成反比。

（2）多层平壁

多层平壁是指几层不同材料组成的平壁。今以三层平壁为例，如各层厚度分别为 δ_1、δ_2、δ_3，相应的导热系数为 k_1、k_2、k_3。假设各层接触良好，并认为接合面上各处温度相等。第一层与第二层的接合面的温度为 T_{w2}，第二层与第三层的接合面的温度为 T_{w3}，第一层外表面的温度为 T_{w1}，第三层外表面的温度为 T_{w4}。传热面积为 F，导过的热量为 Q。则应用单层平壁导热同样的原理，可求得

$$Q=k_1F\frac{T_{w1}-T_{w2}}{\delta_1}$$

$$Q=k_2F\frac{T_{w2}-T_{w3}}{\delta_2}$$

$$Q = k_3 F \frac{T_{w3} - T_{w4}}{\delta_3}$$

求解上三式,可得到热量 Q 为

$$Q = \frac{T_{w1} - T_{w4}}{\dfrac{\delta_1}{k_1 F} + \dfrac{\delta_2}{k_2 F} + \dfrac{\delta_3}{k_3 F}} = \frac{T_{w1} - T_{w4}}{R_{\lambda 1} + R_{\lambda 2} + R_{\lambda 3}},\ \mathrm{W} \tag{3-1-6}$$

由上式可知,多层平壁的导热量决定于总温差($T_{w1} - T_{w4}$)和总热阻($R_{\lambda1} + R_{\lambda2} + R_{\lambda3}$),而总热阻是各层热阻之和。求出导热量 Q 后,接合面上的温度 T_{w2} 和 T_{w3} 可由每层的导热公式求得。

由式(3-1-6)可得到三层平壁的热流密度为

$$q = \frac{Q}{F} = \frac{T_{w1} - T_{w4}}{\dfrac{\delta_1}{k_1} + \dfrac{\delta_2}{k_2} + \dfrac{\delta_3}{k_3}} = \frac{T_{w1} - T_{w4}}{r_{\lambda 1} + r_{\lambda 2} + r_{\lambda 3}},\ \mathrm{W/m^2} \tag{3-1-7}$$

例题 3-1-1 一堵传热墙由三层材料叠合而成,三层材料的厚度分别为 115 mm,125 mm 和 70 mm,三种材料的导热系数为 1.16 W/m・℃,0.116 W/m・℃ 和 0.116 W/m・℃。传热墙内、外表面的温度分别为 495 ℃和 60 ℃,试求通过传热墙的热流密度,以及第二、第三层材料分界面上的温度。

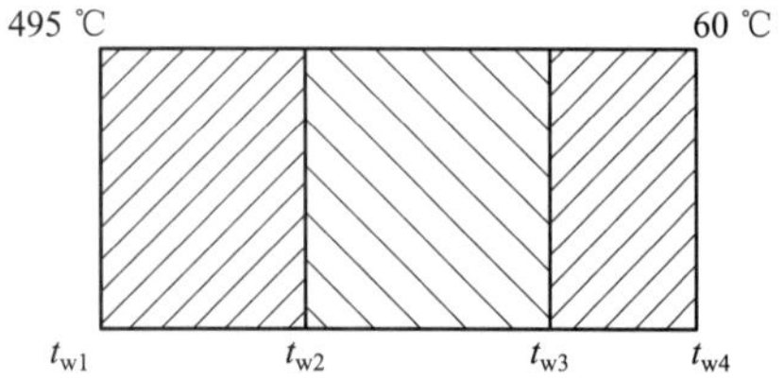

解 根据多层平壁热流密度计算公式(3-1-7)可得:

$$q = \frac{495 - 60}{\dfrac{0.115}{1.16} + \dfrac{0.125}{0.116} + \dfrac{0.070}{0.116}}$$

$$q = \frac{435}{1.78} = 244\ \mathrm{W/m^2}$$

将式(3-1-5)变形得:

$$t_{w2} = t_{w1} - q\frac{\delta_1}{k_1} = 495 - 244 \times \frac{0.115}{1.16} = 495 - 24 = 471\ ℃$$

$$t_{w3} = t_{w2} - q\frac{\delta_2}{k_2} = 471 - 244 \times \frac{0.125}{0.116} = 471 - 262.9 = 208\ ℃$$

(3) 圆筒壁

圆筒和圆管等在热工设备中广为采用,如内燃机的气缸、锅炉管、锅筒、反应堆燃料元件包壳和某些换热器的冷却管道等。图 3-1-3 为从单层长圆筒中截取的一段,长 L(单位 m)。如材料的导热系数为定值,内、外壁温 T_{w1} 和 T_{w2} 沿轴向均匀且不随时间变化。因此轴向和圆周方向无导热发生。壁内温度仅沿半径方向而变,即 $T = f(r)$,属于一维稳态导热。在壁内取半径为 r、厚度为 $\mathrm{d}r$ 的薄壁圆筒,当 $\mathrm{d}r$ 为无限小时,薄壁圆筒接近平壁。由导热基本定律,单位时间通过该薄壁的导热量应为

$$Q = -kF\frac{\mathrm{d}T}{\mathrm{d}r} = -k2\pi rL\frac{\mathrm{d}T}{\mathrm{d}r}$$

分离变数

$$\mathrm{d}T = -\frac{Q}{2\pi kL} \cdot \frac{\mathrm{d}r}{r}$$

积分后得

$$T=-\frac{Q}{2\pi kL}\ln r+C$$

可知圆筒壁内的温度分布为对数曲线。利用已知边界条件：

$$r=r_1\text{ 处}, T=T_{w1}$$
$$r=r_2\text{ 处}, T=T_{w2}$$

确定上式的积分常数 C 后，得 L 长圆筒壁导热量 Q 的计算式：

$$Q=\frac{2\pi kL}{\ln\frac{r_2}{r_1}}(T_{w1}-T_{w2})=\frac{T_{w1}-T_{w2}}{\frac{\ln\frac{r_2}{r_1}}{2\pi kL}},\ \mathrm{W} \tag{3-1-8}$$

上式分母为 L 长圆筒壁的导热热阻。同时可知在单位时间内导过的热量 Q 与管长 L、导热系数 k、温差 $T_{w1}-T_{w2}$ 成正比，而与外、内半径比值的自然对数 $\ln\frac{r_2}{r_1}$ 成反比。

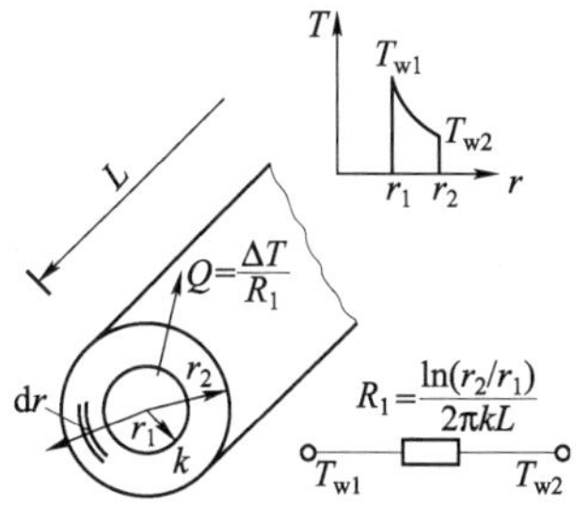

图 3-1-3　单层圆筒壁的一维稳态导热

由于圆筒的内、外壁面积不等，因此在用热流密度表示导热量时，就有内壁面的热流密度 q_1 和外壁面的热流密度 q_2 的区别。它们之间的关系为

$$Q=2\pi r_1Lq_1=2\pi r_2Lq_2,\ \mathrm{W}$$

（4）多层圆筒壁

多层圆筒壁如同多层平壁一样，可以用总热阻等于各层热阻相加的办法计算。如对于长 L（单位为 m）的三层圆筒壁，其单位时间的导热量 Q 为

$$Q=\frac{T_{w1}-T_{w4}}{\ln\frac{\frac{r_2}{r_1}}{2\pi k_1L}+\ln\frac{\frac{r_3}{r_2}}{2\pi k_2L}+\ln\frac{\frac{r_4}{r_3}}{2\pi k_3L}},\ \mathrm{W} \tag{3-1-9}$$

式中，k_1、k_2、k_3 分别为第一层（内层）、第二层（中间层）、第三层（外层）材料的导热系数；$\frac{r_2}{r_1}$、$\frac{r_3}{r_2}$、$\frac{r_4}{r_3}$ 分别为第一层、第二层和第三层的外半径与内半径之比；T_{w1} 为第一层的内表面温度，T_{w4} 为第三层的外表面温度。

例题 3-1-2　为了减少热损失和保证安全工作条件，在外径为 133 mm 的蒸汽管道外覆盖保温层，蒸汽管外壁温度为 400 ℃。按照安全操作规定，保温材料外侧温度不得超过 50 ℃。如果采用水泥蛭石制品作保温材料，并把每米长管道的热损失 Q/L 控制在 465 W/m 以下，问保温层厚度应为多少毫米？（近似认为在 200～250 ℃时，水泥蛭石材料的导热系数为 0.148 W/(m・℃)。）

解　为确定导热系数值，先算出保温材料的平均温度

$$\bar{t}=\frac{400+50}{2}=225\ ℃$$

根据题意可得此时材料的导热系数为 0.148 W/(m・℃)。

因为 $d_1 = 133$ mm 是已知的，要确定保温层厚度 δ，需先求得 d_2。为求 d_2，可以将式(3-1-8)改写成

$$\ln \frac{d_2}{d_1} = \frac{2\pi k}{\frac{Q}{l}}(t_1 - t_2)$$

即

$$\ln d_2 = \frac{2\pi k}{\frac{Q}{l}}(t_1 - t_2) + \ln d_1$$

于是

$$\ln d_2 = \frac{2\pi \times 0.148}{465} \times (400 - 50) + \ln 0.133 = -1.298$$

$$d_2 = 0.273 \text{ m}$$

保温层厚度为

$$\delta = \frac{d_2 - d_1}{2} = \frac{0.273 - 0.133}{2} = 70 \text{ mm}$$

3.1.2 热对流和对流换热

对流是指流体各部分之间发生相对位移，从而把热量从一处带到另一处的热传递现象。

根据流动起因的不同，流体对流的方式可区别为自然对流和强制对流。自然对流是由于流体中各处温度不同而引起的。温度高的流体密度较低，呈上升趋势，而温度低的流体密度相对较高，呈下降趋势，从而形成流动，称自然对流。强制对流是流体依靠泵或风机的驱动进行流动，如水在回路中的流动，这种运动的速度一般都较大，从而可大大提高传热的效率。

工程上常遇到的不是单纯的对流方式，而是导热和热对流两种基本方式同时出现，从而形成一种较复杂的热量传递过程。如发生在运动的流体和固体壁面之间的传热，即对流换热。流体在管道内流动，当流体和管道内壁温度不同时，它们之间必然会发生热量传递。紧贴管壁处总有一薄层流体层流流动，其中垂直于壁面的方向上仅有分子能量的传递，即只存在导热，而层流薄层以外的区域，热量的传递主要依靠对流。因而它是流体的对流与导热联合作用的结果。

对流换热的计算，目前依然沿用1701年牛顿(Isaac Newton)的冷却定律公式：

$$Q = hF(T_w - T_f), \text{ W} \tag{3-1-10}$$

式中，F——与流体接触的壁面面积，m^2；

h——对流换热系数，$W/(m^2 \cdot K)$；

T_w——壁面温度，K；

T_f——流体平均温度，K。

不管流动状态如何，紧贴壁面、只存在导热的层流薄层相对于壁面是不流动的，壁面与流体间的热量传递必须穿过这个流体层，而穿过不流动的流体层的热量传递方式热传导起着主要的控制作用，所以，有时也称 h 为膜系数。

如果，$T_f > T_w$，则热量从流体传向壁面，上式可写为

$$Q = hF(T_f - T_w), \text{ W} \tag{3-1-11}$$

图 3-1-4 为牛顿公式(3-1-10)的示意图。如同公式(3-1-2)和式(3-1-3)一样，由对流换热公式(3-1-10)可导得对流热阻 $R_a=\dfrac{1}{\alpha F}$，K/W 和 $r_a=\dfrac{1}{\alpha}$，$m^2\cdot k/W$，前者见图 3-1-1。

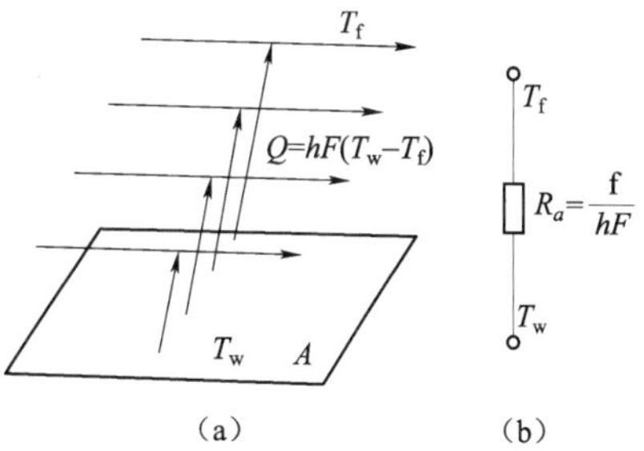

图 3-1-4　牛顿对流换热公式图示

例题 3-1-3　稳态平板传热试验中，平板中心与外壁面间距离 5 cm，平板中心温度 750 ℃，壁面温度 210 ℃，平板导热系数为 66 W/m·k，冷却剂的主流温度为 80 ℃，在不考虑板面方向上的传热和辐射时，试求平板面上的热流密度和壁面与冷却剂间的换热系数(结果需注明单位)。

解　平板中心到壁面：

$$\because q''_1=\lambda\frac{T_1-T_2}{\Delta x}$$

$$=66\times\frac{750-210}{0.05}=712\ 800(\mathrm{W/m^2})$$

因是稳态换热：

$$q''_1=h(T_w-T_f)=h(210-80)=130\ h$$

$$\therefore h=q''_1/130=5\ 483(\mathrm{W/m^2\cdot k})$$

例题 3-1-4　反应堆在 BOL 满功率运行，某燃料棒及冷却剂温度如图所示，已知堆芯某一高度处某个燃料芯块的中心温度 $T_0=1\ 610$ ℃，在同一高度处的该燃料棒包壳表面的冷却剂平均温度 $T_{avg}=310$ ℃。如果到寿期末，从燃料中心到冷却剂的总传热系数增加了 50%，假定反应堆功率不变，该点处的燃料中心温度将是多少度？

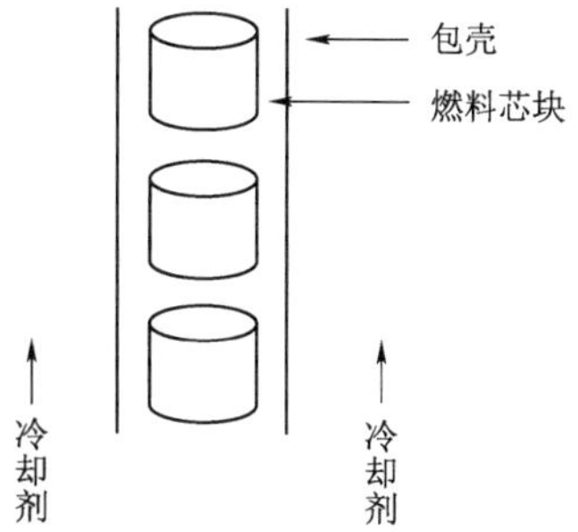

解　当反应堆功率维持不变时，冷却剂从燃料载出热量的速率不变：

$$Q=hF(T_{燃料}-T_{avg})$$

由于燃料到冷却剂的总传热系数增加了 50%，则燃料和冷却剂平均温度的温差比原来小，此时为：

$$(T_{燃料}-T_{avg})/1.5$$

已知初始的温差：　$\Delta T=1\ 610-310=1\ 300$ ℃

总传热系数增加 50% 后的温差：　$\Delta T_1=\Delta T/1.5=866.7$ ℃

总传热系数增加 50% 后的燃料中心温度：$T_1=\Delta T_1+T_{avg}=866.7+310=1\ 176.7$ ℃

对流换热既然与流体的流动有密切关系，则影响流体流动的因素必然会影响对流换热。各种类型的对流换热过程，它们都有各自的特点。影响对流换热的因素大致可归纳为五个方面。

(1) 流体流动产生的原因

按照流体流动产生的原因，流动可分受迫流动(强迫对流)和自由流动(自然对流)两类。凡是受鼓风机或泵等外力的推动而引起的流体流动，称为受迫流动。此时，流动速度决定于外力所产生的压差、流体的性质和流道的阻力。自由流动是指原来静止的流体，由于某种原因，温度失去平衡，以致流体各部分之间因密度改变而引起的运动。它往往是流体与不同温度的固体壁面相接触的结果，其流动速度除决定于受热或冷却的强度外，还与流体性质、空间大小等有关。自由流动由密度改变和重力作用所引起，所以它还与换热壁面的位置有关。

受迫流动和自由流动具有不同的换热规律。通常是前者流速高，换热系数 h 也大。鉴于受迫流动和自由流动各有不同的规律，计算对流换热的方法也有所不同。

(2) 流体的流动情况

流体的流动情况是指层流和紊流。由于两种流态的机理不同，热传递的规律也随之而异。层流时，热传递主要依靠互不相干的流层之间的导热。紊流时，在紧贴壁面的层流底层之外，流体沿壁面法线方向产生热对流作用而使热传递增强。

在对流换热过程中，如保持其他条件相同，则流速高时的紊流与流速低时的层流相比，紊流的换热系数 h 要比层流的换热系数 h 大好几倍甚至更多。

(3) 流体有无相变发生

这里所指的相变，是指在某些换热过程中，参与换热的液体因受热而发生沸腾，或参与换热的气体(如水蒸气等)因放热而发生凝结。流体有相变的对流换热过程，具有一些新的特点，它与无相变的对流换热过程有很大的差别。进行相变时，流体温度基本保持相应压力下的饱和温度而不变。这时流体与壁面间的换热量等于流体吸收或放出的潜热，而汽液两相的流动情况也不同于单相流动。所以相变时与无相变时的换热条件大不一样。一般地说，对于同一种流体，有相变时比无相变时的换热强度要大得多。

(4) 流体的物理性质

不同流体如空气、燃气、水和油等，它们的物理性质不同，对换热过程的影响也不一样。例如在温度和速度完全相同的水和空气中，物体被加热或冷却的快慢相差甚大。这主要是水和空气的导热系数 k 相差悬殊，以致在边界层中的导热热阻不同，因而影响了热换系数 h。此外，流体的动力黏度 μ 和密度 ρ 通过 Re 而反映出流体的流动情况是层流还是紊流，进而影响换热系数 h。又如流体的比热容 c_p 的大小能确定流体吸热或放热后的温度变化，从而与热边界层中的温度梯度有关，当然对换热强度也有影响。

(5) 换热面的几何因素

几何因素包括换热面的形状、大小以及换热面在流体中的相对位置。换热面的形状和大小不同，就会影响流体在换热面附近的流动情况。例如，受迫流动的流体在管内作层流流动时，边界层厚度最大发展到等于半径，如图 3-1-5 所示。根据判别流态的雷诺数 $Re=\rho VD/\mu$，管径 D 也与流动属于层流或紊流有关。图 3-1-5 中，流体横向绕流圆柱体，尾部产生漩涡现象，流动情况与管内流动就完全不同。上述各因素都会影响对流换热规律。

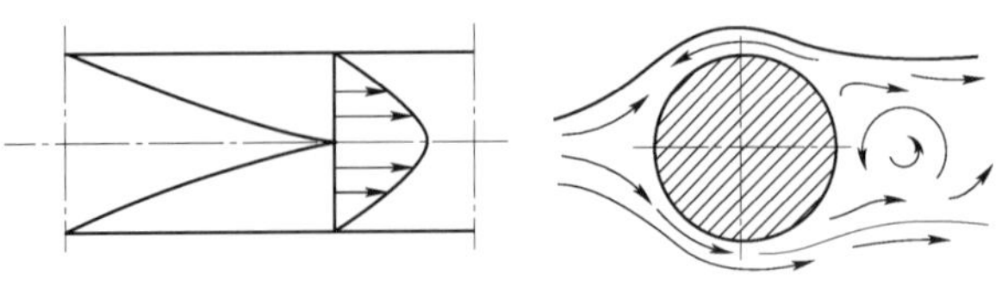

(a) (b)

图 3-1-5 换热面几何形状的影响

换热面与流体流动的相对位置，例如，对于自由流动换热，换热面横放、竖放、斜放、向上或向下等，也影响对流换热。图 3-1-6 为热壁面在冷空气之下和在冷空气之上两种不同位置的自由流动换热现象。前者气流旺盛，后者气流较弱，可知它们的换热强度也不同。由上述，可以定性地了解一些主要因素对对流换热过程的影响。为了运用热传递理论解决实际的换热问题，还有待进一步掌握换热系数 h 与各影响因素间的数量关系。但是对流换热过程比较复杂，因为受迫流动和自由流动，层流和紊流，有相变和无相变，Pr 数为不同数量级的各种流体以及换热面的形状、大小和相对位置等，组合了多种不同规律的换热过程。

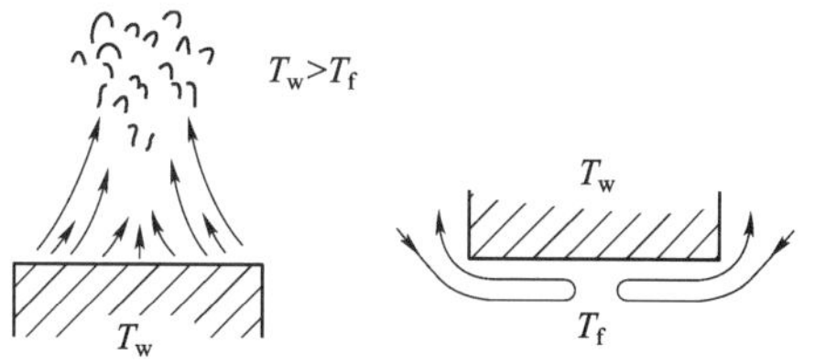

图 3-1-6 换热面相对位置的影响

因此，要摸清换热系数 h 的变化规律，只有对上述情况分门别类进行分析和试验，才能获得反映各种情况的计算公式。

例题 3-1-5 判断(对的画"○"，错的打"×")。

当冷却剂在加热通道中流动传热时：

( )1. 雷诺数越大，传热系数越大。

( )2. 壁面发生泡核沸腾时，气泡的产生会增加热阻，因而传热系数变小。

( )3. 在总体传热已达到稳定状态下，从通道口到通道末端，传热系数保持不变。

( )4. 层流状态下，影响传热系数最主要的因素是流体的热导率。

1.(○) 2.(×) 3.(×) 4.(○)

例题 3-1-6 填空题。

1. 单相水管内作强迫定型湍流传热时，随着水的流速提高，其热边界层的厚度变__________，对流传热系数变__________。

2. 影响单相水在管内强迫定型湍流的传热系数的主要参量除流速以外，尚有物性参量__________________________，几何参量__________。

解 1. 薄，大

2. 液体的热导率 K_f、黏度 μ_f、密度 ρ_f 和比定压热容 C_P，管径 D

例题 3-1-7 假定 PWR 中某根燃料棒的某一段初始参数如下：

线功率密度：	100 W/cm
燃料棒表面处的冷却剂平均温度：	304 ℃
燃料芯块中心温度：	1 314 ℃

反应堆功率增加后，这一段燃料棒的参数变为：

线功率密度：	160 W/cm
燃料棒表面处的冷却剂平均温度：	310 ℃

假定燃料棒表面没有出现沸腾，冷却剂流量不变，试求这一段燃料棒的芯块中心温度。

解 两种条件下的燃料棒表面与冷却剂的对流传热公式分别为：

$$Q_1 = h_1 F \Delta T_1$$

$$Q_2 = h_2 F \Delta T_2$$

由于传热率 Q 正比于功率密度，已知燃料棒表面没有出现沸腾以及冷却剂流量不变，则总

传热系数 h 基本不变，即 $h_1 = h_2$。所以：

$$\Delta T_2 = \frac{Q_2}{Q_1}\Delta T_1$$

$$= \frac{160}{100}\times(1\ 314 - 304) = 1\ 616\ ℃$$

该段燃料最高温度为：310＋1 616＝1 926 ℃。

3.1.3 热辐射、辐射换热

凡物体都有放射辐射粒子（光子）的能力，辐射粒子具有的能量称为辐射能。物体因热的原因（转化本身的内能）而发出辐射能的现象称为热辐射。热辐射是依靠电磁波来传递能量的。

自然界中各个物体都不停地向空间发出热辐射，同时又不断地吸收其他物体发出的热辐射。辐射与吸收过程的综合结果就造成了以辐射方式进行的物体间的热量传递，这就是辐射换热，当物体与周围环境处于热平衡时，辐射换热量等于零，但这是动态平衡，辐射与吸收过程仍在不停地进行。

热辐射可以在真空中传播，而导热和对流换热这两种热传递方式只能在有物质存在的条件下才能实现，这是第一点区别。另一个区别是：辐射换热不仅产生能量的转移，而且还伴随着能量形式的转化，即发射时从热能转换成辐射能，而被吸收时又从辐射能转换为热能。

实验表明，物体的辐射能力与温度有关，温度越高，辐射能力越强。温度相同而物体性质和表面情况不同，辐射能力也不同。一种称作绝对黑体（简称黑体）的理想物体在同温的物体中具有最大的辐射本领和吸收本领。

黑体单位时间内发出的热辐射能量由斯蒂芬—玻耳兹曼（Stefan-Boltzmann）定律揭示：

$$Q = \sigma_0 F T^4,\ \mathrm{W} \tag{3-1-12}$$

式中，σ_0——黑体辐射常数，也称斯蒂芬—玻耳兹曼常数，其值为 $5.67\times10^{-8}\ \mathrm{W/m^2\cdot K^4}$；

F——物体的辐射表面积，$\mathrm{m^2}$；

T——表面的绝对温度，K。

一切实际物体的辐射能力都小于同温度下黑体的值。实际物体热辐射热量的计算可以采用斯蒂芬—玻耳兹曼定律的经验修正形式：

$$Q = \varepsilon\sigma_0 F T^4,\ \mathrm{W} \tag{3-1-13}$$

式中，ε——该物体的黑度（又称发射率），其值总小于 1，与物体的种类及表面状态有关。

应当指出，式(3-1-12)、式(3-1-13)中的 Q 是物体向外辐射的热量，不是辐射换热量。要计算辐射换热量还必须考虑投到物体上的辐射热量的吸收过程，即要算发射和吸收两者的总账。这就视具体情况而定，较为复杂，读者可参阅参考书籍。对于一种最简单的辐射换热情况，即表面积 F 相同的两个平行黑体表面，表面温度分别为 T_1 和 T_2，当其相隔距离与表面的宽和高相比甚小，以致通过两表面边缘外的能量可以忽略时，可以利用公式(3-1-12)计算出它们之间的辐射换热量，即：

$$Q = \sigma_0 F(T_1^4 - T_2^4),\ \mathrm{W} \tag{3-1-14}$$

在压水反应堆稳态工况下，堆内的温度不很高，辐射换热量相对于导热和对流换热量小很多，一般可以忽略不计。但在事故工况下，堆内可达到相当高的温度，辐射传热量就不可不计算了。

3.2 传热过程和传热系数

上面我们把热传递的三种基本方式作了简略的介绍，但必须理解，工程实际中的热传递过程总是比较复杂的，常常是几种基本方式同时作用的结果。

热工领域内经常遇到的是高温流体通过固体壁把热量传给低温流体，这种过程称为传热过程。如内燃机气缸中的高温燃气经气缸壁传热给水套中的冷却水；暖气设备内水蒸气通过器壁散热至周围空气中；冷凝器中的冷却水通过管壁从低压排汽中吸收热量等。传热过程往往包括两种或三种热传递的基本方式。下面以板式滑油冷却器为例，对传递过程作一说明。

图 3-2-1 表示冷却器板片的一部分。图中 T_{f1}，T_{f2} 为滑油和冷却水的温度，T_{w1}、T_{w2} 为板片两边的壁温，δ 为板片厚度。因板片较薄，可视为从左壁到右壁的一维(即 x 向)导热。整个过程由三部分组成，即高温滑油与左壁间的对流换热、通过板片壁的导热和右壁与冷却水间的对流换热。由于两种流体均为液体而不存在辐射换热。

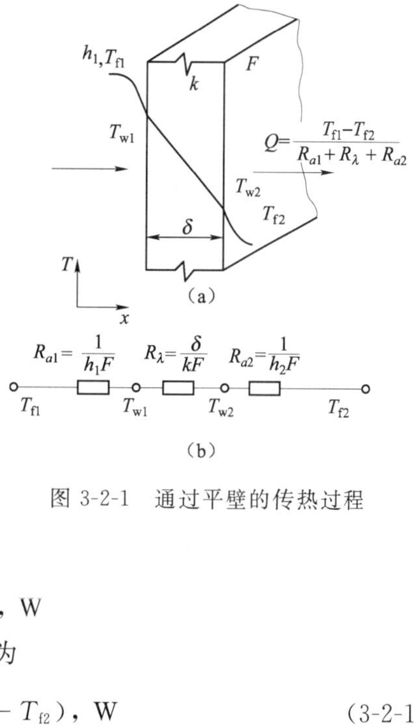

图 3-2-1 通过平壁的传热过程

对于稳态传热过程，相应于 F 的壁面积，从滑油到左壁的换热量、通过板片壁的导热量和从右壁到冷却水的换热量都应相等。利用公式(3-1-1)、式(3-1-10)和式(3-1-11)，得

$$Q = h_1 F(T_{f1} - T_{w1}),\ \mathrm{W}$$

$$Q = \frac{k}{\delta} F(T_{w1} - T_{w2}),\ \mathrm{W}$$

$$Q = h_2 F(T_{w2} - T_{f2}),\ \mathrm{W}$$

由上三式可求出热流量 Q 和内、外壁温 T_{w1}、T_{w2}。Q 值为

$$Q = \frac{1}{\dfrac{1}{h_1 F} + \dfrac{\delta}{kF} + \dfrac{1}{h_2 F}}(T_{f1} - T_{f2}),\ \mathrm{W} \tag{3-2-1}$$

上式常表示为

$$Q = KF(T_{f1} - T_{f2}),\ \mathrm{W} \tag{3-2-2}$$

称为传热方程式。K 称为传热系数，它的单位为 $\mathrm{W/(m^2 \cdot K)}$。由上两式可知：

$$K = \frac{1}{\dfrac{1}{h_1} + \dfrac{\delta}{k} + \dfrac{1}{h_2}},\ \mathrm{W/(m^2 \cdot K)} \tag{3-2-3}$$

当传热面积 F 和流体间的总温差($T_{f1} - T_{f2}$)一定时，利用上式，不难找出增强或减弱传热强度的途径。

同串联电路中电阻迭加原理一样，在传热过程中，传热总热阻等于三个局部热阻之和，即

$$R_k = R_{a1} + R_\lambda + R_{a2} = \frac{1}{h_1 F} + \frac{\delta}{kF} + \frac{1}{h_2 F},\ \mathrm{K/W} \tag{3-2-4}$$

和

$$r_k = r_{a1} + r_\lambda + r_{a2} = \frac{1}{h_1} + \frac{\delta}{k} + \frac{1}{h_2},\ \mathrm{m^2 \cdot K/W} \tag{3-2-5}$$

前者如图 3-2-1 所示。

公式(3-2-3)又可表示为

$$Q = F\frac{T_{f1} - T_{f2}}{r_k},\ \mathrm{W} \tag{3-2-6}$$

所以，传热系数 K 与单位传热面积上的总热阻 r_k 互成倒数，即

$$K = \frac{1}{r_k},\ \mathrm{W/(m^2 \cdot K)} \tag{3-2-7}$$

例题 3-2-1 有一厚度为 L 的无限金属平板，a 侧流过高温流体，b 侧流过冷却剂，两侧的表面传热系数和流体的平均温度分别为 h_a、h_b、t_a、t_b，金属平板内的导热系数为 k，如图所示。假定系统已处于稳态，且导热特性与温度无关。试导出用上述参数表达的热流密度 q 的数学表达式。

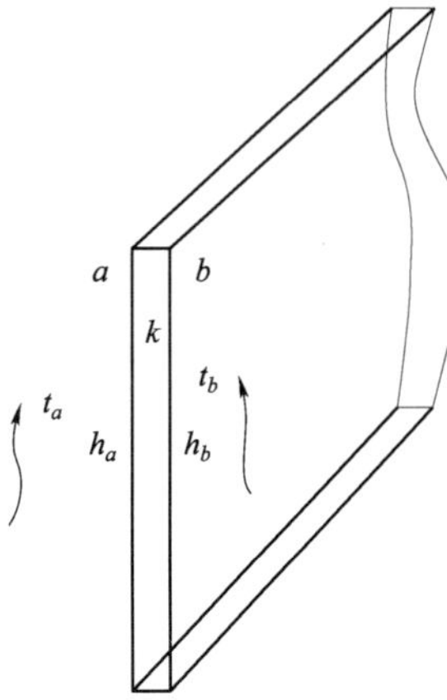

解 因为 $q = \dfrac{t_a - t_b}{R}$，R 为系统的等效热阻

而

$$R = \frac{1}{h_a} + \frac{L}{k} + \frac{1}{h_b} = \frac{kh_b + h_a h_b L + kh_a}{h_a k h_b}$$

所以

$$q = \frac{h_a k h_b}{kh_a + h_a h_b L + kh_a}(t_a - t_b)$$

复习思考题

1. 热量传递有哪几种方式？其传热机理各是什么？
2. 请说明层流底层液膜传热机理。
3. 影响表面对流传热系数的因素有哪些？

第四章　反应堆稳态工况下的传热计算

了解反应堆的热源和稳态工况下的传热规律，可以有效地了解反应堆内的热量分配情况，并为反应堆各种运行工况提供数据参考。

本部分的课程目标包括：

(1) 掌握计算堆芯热功率的方法，了解堆芯内释热率的分布。

(2) 掌握反应堆内热量的输出过程和输出方式。

(3) 了解堆内导热过程的计算，掌握简单的导热计算。

(4) 了解圆管内强迫对流放热系数的影响因素。

(5) 了解自然对流换热的影响因素，掌握单相液体自然对流换热。

(6) 掌握热平衡方程及其应用。

(7) 掌握池式沸腾曲线。

(8) 掌握流动沸腾流型和传热区域。

(9) 掌握燃料元件及载热剂之间传热的温度变化曲线。

4.1　反应堆的热源及其分布

4.1.1　堆的热源

堆的热源来自核裂变过程中释放出来的能量，其大致的数值和分配列在表 4-1-1 中。从表可见，每次裂变释放出来的总能量平均约为 200 MeV，一般用 E_f 表示此值，即 $E_f=200$ MeV。

裂变碎片的动能约占总能量的 84%，它们的射程极短，约为 0.012 7 mm，因而可以认为它们的动能就在燃料内裂变处转化成热能，只有很少一部分裂变碎片会穿入包壳内，但不会穿透包壳。在干净的和均匀装载的反应堆内，由裂变碎片动能转化成的热能的分布与燃料元件内中子通量的分布基本相同。裂变中子包括瞬发中子和缓发中子(缓发中子的动能很小，约占总能量的 0.02%，可以认为 E_f 已包括了它)，在和慢化剂的头几次碰撞中就失去了大部分的能量，它们的射程从几毫米到几百毫米不等。其能量转化成热量的分布取决于它们的平均自由程。裂变过程中产生的 γ 射线(包括瞬发 γ 射线和缓发 γ 射线)，其穿透能力很强(即长射程)，因此它们的能量将分别在堆芯、反射层、热屏蔽和生物屏蔽中转换成热能。高能 β 粒子的射程较短，其能量大部分在燃料元件内转化成热能。从以上分析可以看出，裂变能的绝大部分是在燃料元件内转换成热能的。在缺乏精确数据的情况下，对于热堆可以假定总裂变能中大约有 90% 是在燃料元件内转换成热能的，因此，每次裂变在燃料内

释放的能量 $E_f=180$ MeV，大约5%是在慢化剂中转换成热能的，而余下的不足5%则在反射层、热屏蔽和堆内部件中转换成热能。

应该指出，在一个新装料的堆芯内，因为裂变产物尚未达到一定的数量，衰变过程尚未达到平衡，所以每次裂变产生的能量低于表4-1-1给出的数值。但是经过相当短时间的稳定运行之后，裂变能就达到上面所讨论的平衡值。

表 4-1-1 裂变能的大致分配

类型		来源	能量/MeV	射程	释热地点
裂变	瞬发	裂变碎片的动能	166	极短	在燃料元件内
		裂变中子的动能	5	中等	大部分在慢化剂内
		瞬发 γ 射线的能量	7	长	堆内各处
	缓发	裂变产物衰变的 β 射线能[1]	6	短	大部分在燃料元件内，小部分在慢化剂内
		裂变产物衰变的 γ 射线能	6	长	堆内各处
过剩中子引起的(n,γ)反应	瞬发和缓发	过剩中子引起的非裂变反应加上(n,γ)反应产物的 β 衰变和 γ 衰变能	10	有短 有长	堆内各处
总计			200		

注：[1]伴随着 β 衰变还释放约10 MeV的中微子能量，但中微子会穿出堆外，因此这部分能量不能得到利用，故未包括在上表中。

4.1.2 堆芯体积释热率

从堆物理计算知道，单位体积的裂变率 R_f[核反应/(s·cm^3)]为

$$R_f=\Sigma_f\phi=N_f\sigma_f\phi \tag{4-1-1}$$

式中，ϕ——中子注量率，中子/(cm^2·s)；

Σ_f——宏观裂变截面，cm^{-1}；

σ_f——有效微观裂变截面，cm^2；

N_f——可裂变核子的密度，核/cm^3。

堆芯内（主要是燃料元件和慢化剂）单位时间和单位堆芯体积内由裂变反应释放的能量称为堆芯体积释热率，记为 q_v，可表示成

$$q_v=F_CE_fR_f=F_CE_fN_f\sigma_f\phi,\ \text{MeV}/(\text{s}\cdot\text{cm}^3) \tag{4-1-2}$$

式中，F_C——堆芯的释热量占总释热量的份额。

如果 q_v 以W/m^{3}表示，则式(4-1-2)变成

$$q_v=1.602\times10^{-7}F_CE_fN_f\sigma_f\phi,\ \text{W/m}^3 \tag{4-1-3}$$

设堆芯的体积为 V_C(m^3)，如果 N_f 和 σ_f 在堆芯内为常数，则整个堆芯释出的热功率 $P_{th,c}$ 为

$$P_{th,c}=1.602\times10^{-7}F_CE_fN_f\sigma_f\bar{\phi}V_C,\ \text{W} \tag{4-1-4}$$

式中，$\bar{\phi}$——整个堆芯体积内的平均中子通量。如果计入位于堆芯之外的反射层、热屏蔽和

其他部件的释热量，则反应堆释出的总热功率 $P_{th,t}$ 为

$$P_{th,t} = P_{th,c}/F_C = 1.682 \times 10^{-7} E_f N_f \sigma_f \bar{\phi} V_C,\ W \tag{4-1-5}$$

可见反应堆的热功率与 $\bar{\phi}$ 成正比。

4.1.3 堆芯和元件的功率强度表示方法

堆芯和元件的功率强度是反应堆热工设计的重要指标，下面介绍它们的几种表示方法，在反应堆热工计算中要经常用到它们。

（1）堆芯平均比功率

在整个堆芯内，平均每千克燃料发出的功率，称为堆芯平均比功率，记作 $\overline{P}_W$，用公式表示为

$$\overline{P}_W = \frac{P_{th,t}}{W_f},\ kW/kg \tag{4-1-6}$$

式中，$P_{th,t}$——反应堆总热功率，kW；

W_f——堆芯装载的燃料质量，kg。

若以 M_f 表示裂变元素的分子量，r_f 表示燃料的富集度（kg 裂变物/kg 燃料），并假定每发生一次裂变可用能量为 200 MeV，则可把 $\overline{P}_W$ 表示成为

$$\overline{P}_W = 1.93 \times 10^{13}\ \frac{\sigma_f \bar{\phi} r_f}{M_f},\ kW/kg \tag{4-1-7}$$

堆芯平均比功率是设计反应堆的一项重要指标。比功率大，表示堆芯装载较少的核燃料可以获得较大的热功率。对于目前压水堆核电站，比功率约为 30～40 kW/kg 燃料。就是说，一个热功率为 1 000 MW 的核电站反应堆，需要低富集度燃料约 3×10^4 kg。

（2）堆芯平均功率密度

在整个堆芯内，平均每单位堆芯体积所发出的功率，称为堆芯平均功率密度，记为 $\overline{P}_V$。用公式表示为

$$\overline{P}_V = \frac{P_{th,c}}{V_C},\ kW/m^3 \tag{4-1-8}$$

式中，V_C——堆芯体积，m^3。

堆芯平均功率密度也是反应堆设计的一项重要指标。平均功率密度大，表示较小的堆芯可以发出较大的功率，对于移动式电站，舰船或航空所用反应堆都要求较大的堆芯平均功率密度。压水堆经过几代改进，功率有了相当大的提高，目前的压水堆平均功率密度已达到 1×10^5 kW/m^3，即一个热功率为 1 000 MW 的压水堆，堆芯体积大约为 10 m^3。

（3）堆芯平均燃料体积释热率

在单位时间内，整个堆芯中平均每单位体积的燃料所产生的热量称为平均燃料体积释热率，记作 $\bar{q}_v$，用公式表示为

$$\bar{q}_v = \frac{P_{th,c}}{V_f},\ kW/m^3 \tag{4-1-9}$$

式中，V_f——堆芯内燃料体积，m^3。

（4）堆芯平均元件表面热流密度

在整个堆芯中，单位时间内平均从单位元件表面积上通过的热量称作堆芯平均元件表

面热流密度，记作$\bar{q}_s$，用公式表示为

$$\bar{q}_s = \frac{P_{th,c}}{S_{总}} \tag{4-1-10}$$

式中，$S_{总}$——全部燃料元件释热表面积，m^2。并且有

$$S_{总} = n\pi d_0 H$$

其中：n——堆芯中总的元件根数；

d_0——元件棒包壳外径，m；

H——堆芯高度，m。

根据热平衡，可以写出堆芯平均燃料体积释热率$\bar{q}_v$与堆芯平均元件表面热流密度$\bar{q}_s$之间的关系。

对于棒状元件有

$$\bar{q}_s = \frac{\bar{q}_v d_2^2}{4d_0},\ \mathrm{kW/m^2} \tag{4-1-11}$$

对于板状元件有

$$\bar{q}_s = \bar{q}_v \cdot a,\ \mathrm{kW/m^2} \tag{4-1-12}$$

式中，d_2——燃料芯块外径，m；

d_0——元件棒包壳外径，m；

a——板状元件芯体半厚度，m。

（5）堆芯平均元件棒线功率密度

在整个堆芯内，平均单位长度元件棒发出的功率称为平均元件棒线功率密度，记为$\bar{q}_l$，按定义写为

$$\bar{q}_l = \frac{P_{th,c}}{L},\ \mathrm{kW/m} \tag{4-1-13}$$

式中，L——所有元件的总长度。

根据热平衡，可以写出棒状元件的$\bar{q}_l$、$\bar{q}_s$和$\bar{q}_v$之间的关系：

$$\bar{q}_l = \pi d_0 \bar{q}_s = \frac{\pi}{4} d_2^2 \bar{q}_v,\ \mathrm{kW/m} \tag{4-1-14}$$

应该记住，$\bar{P}_W$、$\bar{P}_V$、$\bar{q}_v$、$\bar{q}_s$和$\bar{q}_l$都是按整个堆芯计算的平均值，并假定裂变能（不包括中微子带走的部分）全都以热能形式从燃料中释放出来。但是，实际上只有部分裂变能在燃料中转化为热能，近年来在大型压水堆设计中，往往取$\bar{F}_U$=95%～98%的总裂变能在燃料中转化为热能。

例题 4-1-1 压水堆燃料的热功率为P_{th}(kW)，反应堆的有效直径为D(m)，有效高度为H(m)，燃料元件总根数为N(根)，元件包壳处直径为d(m)，燃料装载量为W_f(kg)，则

表达式　　　　单位

堆芯平均燃料比功率$\bar{P}_W$为________，________；

堆芯平均功率密度$\bar{P}_v$为________，________；

堆芯平均热流密度$\bar{q}_s$为________，________；

堆芯平均线功率密度$\bar{q}_l$为________，________。

解　P_{th}/W_f，kW/kg；　$4P_{th}/(\pi D^2 H)$，$\mathrm{kW/m^3}$；

$P_{th}/(N\pi dH)$，$\mathrm{kW/m^2}$；　$P_{th}/(NH)$，kW/m。

例题 4-1-2 有一直径为 1 cm，长 1 m 的均匀电阻棒，通过的电流为 30 A，两端电压降 200 V，在冷却剂中处于稳定状态。试将电阻棒的下述参数（包括单位）填写在空格内（结果保留 4 位有效数字）：

热功率：__________；　　线功率：__________；

热流密度：__________；　　体积释热率：__________。

解 热功率：$P=30\times200=6\ 000(\mathrm{W})$；

线功率：$q'=6\ 000/100=60(\mathrm{W/cm})=6\ 000(\mathrm{W/m})$；

热流密度：$q''=6\ 000/(\pi\times100)=6\ 000/314=19.11(\mathrm{W/cm^2})=1.911\times10^5(\mathrm{W/m^2})$；

体积释热率：$q_v=6\ 000/(\pi\times0.5^2\times100)=6\ 000/(\pi\times25)=76.43(\mathrm{W/cm^3})=7.643\times10^7(\mathrm{W/m^3})$。

4.1.4 堆芯内释热率的分布

堆芯内释热率的分布是随燃耗寿期而改变的。在对堆芯作详细的热工分析计算时，堆芯释热率分布随寿期的变化应由物理计算给出。这里所讨论的只是一些具有代表性的，作了若干简化后的释热率的分布。

假定燃料在堆芯内的分布是均匀的，则可以认为 N_f 和 σ_f 是常数。由式(4-1-2)可以看到，堆芯内的体积释热率的分布只取决于注量率 ϕ 的分布。各种几何形状的均匀裸堆（无反射层）中子注量率的分布函数见表 4-1-2。

表 4-1-2 均匀裸堆堆芯热中子注量率分布

几何形状	坐标	中子注量率分布
无限平板	x	$\phi_0\cos\dfrac{\pi x}{H_e}$
有限圆柱体	r,z	$\phi_0 J_0(\dfrac{2.405r}{R_e})\cos(\dfrac{\pi z}{H_e})$
球体	r	$\phi_0\sin(\dfrac{\pi r}{R_e})/\pi(\dfrac{r}{R_e})$

在表 4-1-2 中，He 是堆芯有效高度，m；Re 是堆芯有效半径，m；r、x 和 z 分别为由堆芯几何中心算起的径向、水平方向和轴向的坐标，m；$\phi_0=\phi(0,0)$ 是堆芯几何中心的热中子注量率，n/(s·cm^2)；J_0 是零阶贝塞尔函数。

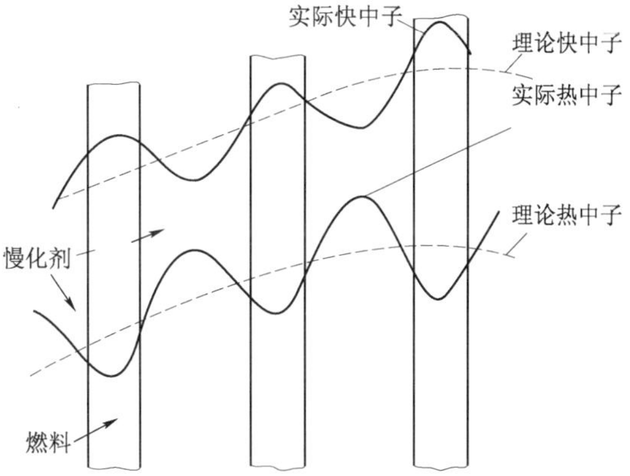

图 4-1-1 非均匀堆燃料和慢化剂内中子注量率分布

对于均匀装载的非均匀堆，特别是对于采用低富集度的 UO_2 细棒或薄片元件的压水堆，在不考虑干扰的情况下，堆内平滑的宏观中子注量率分布（理论通量分布）可以看成是实际通量分布的平均值（见图 4-1-1），故用均匀裸堆的通量分布来近似地表示这种非均匀堆的宏观释热率分布不会产生很大误差。因此，由有限圆柱均匀裸堆的中子注量率分布可以近似写出有限圆柱形非均匀堆的堆芯释热率的分布：

$$q_v(r,z) = q_v(0,0)J_0(\frac{2.405r}{R_e})\cos(\frac{\pi}{H_e}) \tag{4-1-15}$$

式中，$q_v(r,z)$—— 堆芯内任一位置(r,z)处的体积释热率，W/m^3；

$q_v(0,0)$—— 堆芯中心的最大体积释热率；

$q_v(0,0) = 1.602 \times 10^{-7} F_c E_f N_f \sigma_f \phi(0,0)$，$W/m^3$；

$\phi(0,0)$——堆芯中心点上的中子注量率，中子/$(cm^2 \cdot s)$；

R_e——堆芯有效半径，m；

H_e——堆芯有效高度，m；

r、z——分别为圆柱坐标系中的径向和轴向坐标，m。

这里坐标原点$(r=0, z=0)$位于堆芯的中心点。

需要指出的是式(4-1-15)只适用于无干扰的、均匀装载的圆柱形裸堆。实际上反应堆的宏观功率分布(即释热率的分布)都不同程度地偏离该式所表达的分布。例如在动力堆内，由于分区装载、燃耗、控制棒以及空泡等效应的影响，使堆芯的中子注量率分布变得十分复杂，通常需要由数值计算才能确定。但是尽管如此，式(4-1-15)对于热工分析和估算仍然是很有用的。

4.1.5 影响功率分布的因素

式(4-1-15)表明，即使在无干扰、均匀装载的堆芯中，反应堆的宏观功率分布也是不均匀的。如果再考虑到实际反应堆中的控制棒、反射层、燃料分区装载以及其他一些工程上的随机因素的影响，则堆内功率分布就更加复杂化。下面简要讨论这些影响。

(1) 燃料装载对功率分布的影响

早期压水堆中的大多数是均匀装料的。对于大型核电厂反应堆，这种装料方案的一个缺点是堆芯中央区会出现高的功率峰值。此外，即使在寿期末期，最外围的燃料元件也只有中等程度的燃耗，所以平均燃耗比较低。克服这些缺点的一种途径是采用分区装载燃料方案，即堆芯装载三种或多种不同富集度的燃料元件。富集度最高的燃料元件装在最外区，富集度最低的燃料元件装在中央区。既然功率密度近似地正比于热中子注量率与可裂变燃料富集度之积，那么这种装料方案就会降低堆芯内区的功率水平和提高外区功率水平。对于采用三区分批装料的反应堆，图4-1-2给出了换料后平衡堆芯内的典型径向功率分布。图中给出的功率分布是给定点的功率与该点轴向位置处的堆芯平均功率之比。这种装料方案，随着燃耗的加深，峰值功率要降低，而低功率区内的功率却增加了。

(2) 控制棒对功率分布的影响

在某些反应堆设计中，全部剩余反应性是通过插入控制棒抵消的。强吸收材料的存在，在轴向和径向都会扰动中子注量率。但是这不完全是缺点，因为控制棒可以改善径向中子注量率分布。例如在寿期初期，堆芯中央区的某几根控制棒或全部控制棒部分插入堆芯，从而降低了中子注量率峰值。这种影响可用图4-1-3说明。从图上我们看到，在控制棒边界上和反应堆外推边界上，中子注量率基本等于零。中子注量率及功率水平在中央区降低的同时在外区提高了。

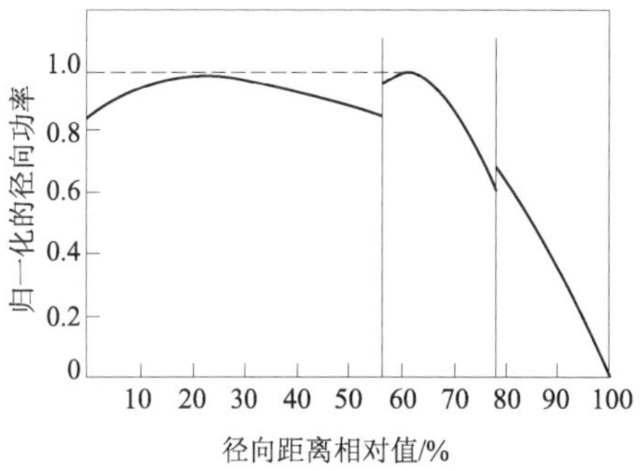

图 4-1-2　压水堆采用三区分批装料时的归一化功率分布

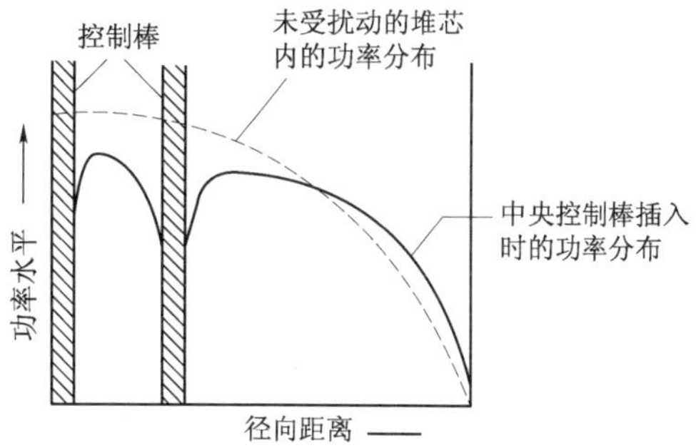

图 4-1-3　圆柱形反应堆带与不带控制棒时的功率分布

插入控制棒，使径向中子注量率分布得到的改善往往超过对轴向分布的不利影响。图 4-1-4 给出了压水堆中常见的情况，控制棒由顶部插入。在寿期初期，局部插入的控制棒使中子注量率斜向堆芯底部。在寿期末期，由于控制棒提出，堆芯顶部燃耗较低的燃料使中子注量率斜向堆芯顶部。正如在图 4-1-4 中所看到的，功率的峰值与平均值之比会比未受扰动的堆芯高。

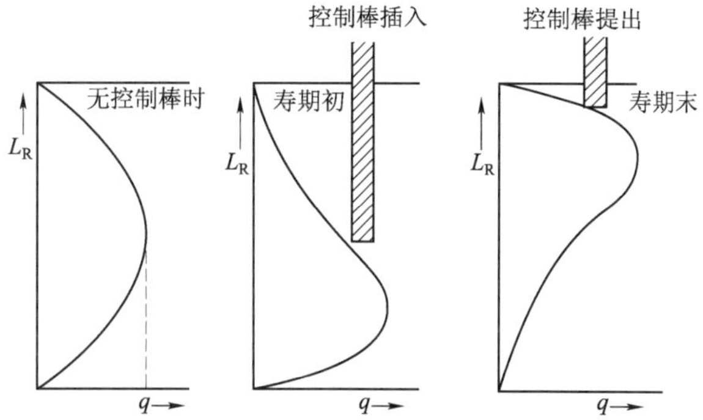

图 4-1-4　控制棒对轴向功率分布的影响

目前，压力壳式压水堆几乎普遍地采用了化学补偿控制。这就意味，如果装置用的是单一富集度装料的堆芯，那么在整个堆芯寿期内，这些反应堆可在控制棒几乎完全提出的情况下以满功率运行。这就减少了控制棒运动所造成的轴向中子注量率畸变。

(3) 结构材料对功率的扰动

没有一种燃料水栅格是完全均匀的，所有的格架、燃料棒包壳、在堆芯边缘处所需要的支承结构等都是附加的结构材料。这些材料是中子的吸收体而不是慢化剂或中子源，所以会引起中子注量率局部降低。如果材料的中子吸收截面低，这种影响较小；但是，如果采用的材料具有高的中子吸收截面，这种影响相当可观。

(4) 水隙和空泡对功率的影响

在压水堆中，轻水既是冷却剂又是慢化剂，设计人员更为关注的也许是附加水隙所引起的局部峰值。这种水隙是指燃料组件之间的间隙、栅格尺寸变化和提出控制棒后所留下的空间。水隙中的水起附加的慢化作用，因而提高了局部的热中子注量率和功率。对于采用不锈钢包壳、低富集度燃料的堆芯，一个圆形水隙对中子注量率的影响如图4-1-5所示。很可能出现尺寸较大的水隙，它们引起的峰值比图上给出的值大得多。反应堆设计时要避免出现这种情况。例如，可采用低吸收截面材料做的挤水棒。目前压水堆均采用细棒束，这样可以避免控制棒提出后引进大的水隙。

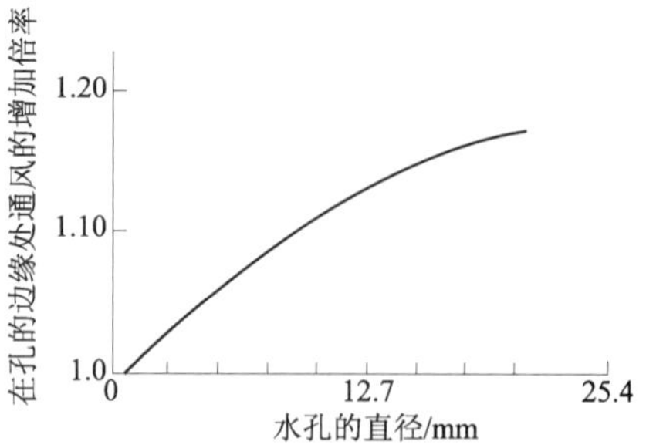

图4-1-5 在一个圆形水孔边缘上的通量峰值

在堆芯最热区出口附近产生蒸汽空泡是正常注量率分布发生畸变的另一个因素，一般说来，堆芯出现蒸汽空泡会使反应性降低，因而降低了空泡区的中子注量率和功率。在冷却剂焓大大高出其正常值的瞬态工况和事故工况下，这类空泡的影响尤为显著。由于产生空泡而引起的功率降低可以使某些瞬变得到缓解。

例题 4-1-3 选择题。

WWER反应堆以100%FP运行了几周，假定此时轴向功率分布关于堆芯$\frac{1}{2}$高度处的轴向中平面呈对称分布。如果在控制棒全提出堆芯的情况下，通过硼化将堆功率降低到50%FP，那么轴向功率峰位置的变化趋势是：( )

A. 功率峰将会向堆芯顶部偏移　　B. 功率峰将会向堆芯底部偏移

C. 功率峰位置维持不变

解 A 因为功率下降导致堆芯出口温度下降，相对于原先的状态来讲，堆芯顶部的冷却剂密度增大，因而堆芯顶部的中子慢化比原来增强了，热中子注量率的峰值将向堆芯顶部偏移，由于热中子反应堆的堆芯局部注量率近似与该热中子注量率成正比，因此堆芯功率峰向堆芯顶部偏移。

4.1.6 单根燃料棒的释热计算

中子注量率在单根燃料元件内并不是常数。在反应堆内，燃料元件一般是垂直地放在非均匀堆芯内，因而它的长度等于堆芯高度H(如图4-1-6所示)。每根燃料棒的横截面积与整个堆芯横截面积相比是如此之小，以致可以忽略燃料棒内注量率的径向变化。但是燃料棒内中子注量率的轴向变化以及随之而来的体积释热率的轴向变化必须予以考虑。这个变化也就是燃料棒所在位置的堆芯内中子注量率的轴向变化。

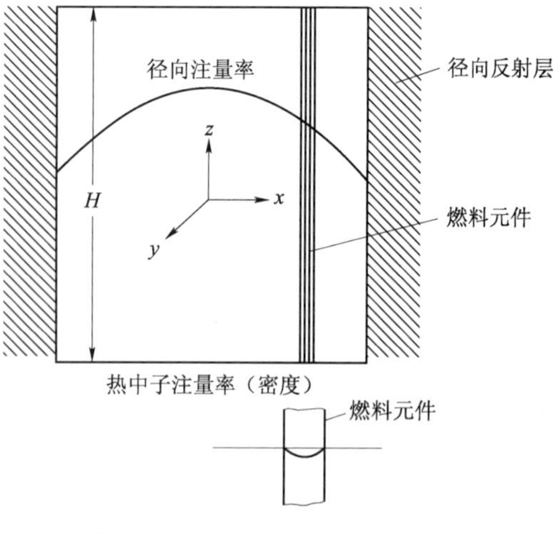

图4-1-6 大堆芯区内细燃料元件棒

根据反应堆物理方面的考虑，中子注量率在某一外推高度H_e处下降到零，即在$z=\pm 0.5H_e$处，$\phi=0$，而$z=0$对应于堆芯中平面。如果ϕ在轴向上的变化是z的纯余弦函数，则单根燃料元件棒内$\phi(r,z)$以及燃料的体积

释热率 $q_v(r,z)$ 的最大值将位于它的中平面上(即 $z=0$)，把它们用 $\phi(r,0)$ 和 $q_v(r,0)$ 来表示。它们当然只是这一根元件棒的最大值。在堆芯中心点上(即 $r=0,z=0$)，燃料元件棒通常具有最高的 $\phi(r,0)$ 和 $q_v(r,0)$ 值，记作 $\phi(0,0)$ 和 $q_v(0,0)$。这里应该指出，由于在水慢化的堆芯内有较大的温升，不均匀燃耗造成的燃料富集度的改变或者部分插入控制棒等原因，反应率要随 z 改变，此时的轴向注量率可能明显地偏离余弦函数。在这种情况下，q_v 和 z 之间应采用另外一些关系式。如果 q_v 的变化很复杂，则可将燃料元件棒沿轴向分成若干段来分段求解，其中每一段 q_v 的变化可以采用 z 的简单线性函数来近似。

下面我们写出单根燃料棒的释热公式，在堆芯径向位置 r 处，一根燃料棒总释热用 $Q(r)$ 表示，它可以按下式求得：

$$Q(r)=\int_{-H/2}^{H/2} q_v(r,z)A_C\cdot dz \tag{4-1-16}$$

式中，H—— 燃料棒长度(堆芯高度)；

$q_v(r,z)$—— 在堆芯径向 r 处，高度 z 处燃料体积释热率；

A_C—— 燃料芯体横截面积。

将式(4-1-15)代入式(4-1-16)，忽略燃料棒内功率沿半径方向的变化，即认为 $J_0(2.405r/R_e)$ 为常量，可得到

$$Q(r)=\frac{2}{\pi}q_v(r,0)A_C H_e\sin\left(\frac{\pi H}{2H_e}\right) \tag{4-1-17}$$

式中，$q_v(r,0)=q_v(0,0)J_0(2.405r/R_e)$ 是在半径 r 处，堆芯中平面上的体积释热率；

$q_v(0,0)$—— 堆芯几何中心(最大)体积释热率；

$J_0(2.405r/R_e)$—— 零阶贝塞尔函数；

H_e—— 堆芯外推高度；

H—— 堆芯实际高度；

R_e—— 堆芯外推半径。

对于大型堆芯，$H\approx H_e$，则式(4-1-17)简化为

$$Q(r)=\frac{2}{\pi}q_v(r,0)A_C H \tag{4-1-18}$$

4.1.7　非均匀堆的总热量

对于具有大量燃料棒的非均匀反应堆，燃料棒都是等长度的，其长度等于堆芯高度。核电厂压水堆内，燃料棒直径很小而棒数很多，采用均匀化方法可以求得整个反应堆的总释热，这样计算总释热误差很小。所谓均匀化就是把 $q_v(r,z)$ 的值做一变换，把它分配给一根燃料棒所占的堆芯体积上面，这样堆芯发热就变成连续的，然后进行积分可以求得整个堆芯内总释热。

另一种方法是按面积均匀化，把方程(4-1-16)或方程(4-1-17)计算的 $Q(r)$ 值均匀分配给一根燃料棒所占的堆芯面积上，然后对全部燃料棒所占面积求和(积分)，就可以得到堆芯总释热为

$$Q_T=0.289nA_C Hq_v(0,0) \tag{4-1-19}$$

式中，$q_v(0,0)=1.602\times10^{-7}F_cE_f\sigma_f\phi(0,0)$，$W/m^3$

4.2 反应堆内热量的输出过程

4.2.1 堆内热传输过程

核燃料吸收中子后发生裂变反应，裂变能绝大部分释放在燃料芯体内。把裂变能转化成电能要经过一系列过程，用框图 4-2-1 表示。

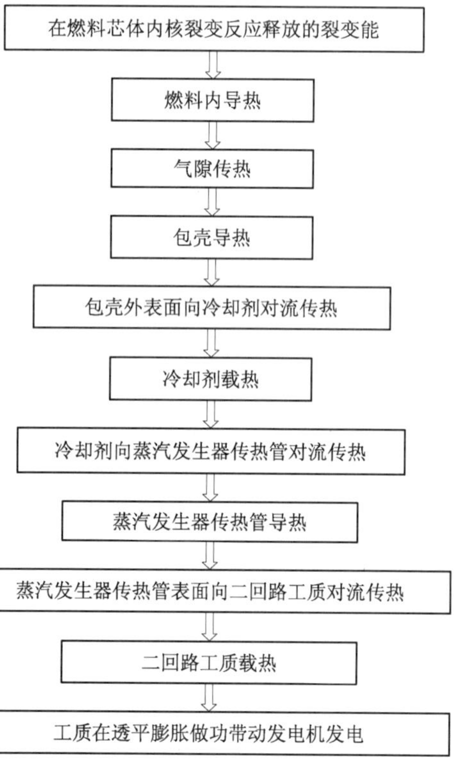

图 4-2-1 裂变能转化成电能的过程图

堆芯燃料核反应释热量传输到堆外，按照传热方式，可以分为三种类型：燃料内导热，包壳导热和蒸汽发生器传热管的导热，它们都属于固体内的导热，利用傅里叶定律或通过求解热传导微分方程可以得到它们的温度分布。包壳外表面向冷却剂传热，冷却剂向蒸汽发生器传热管的传热和传热管向工质的传热都属于对流传热，应用牛顿传热定律来计算。按照传热过程，依次经过燃料元件内部(包括燃料芯块、间隙和包壳)的导热，包壳外表面与冷却剂之间的传热(包括单相对流、沸腾传热和热辐射等传热模式)，冷却剂的输热过程。下面将分别就这些过程作介绍。

例题 4-2-1 填空题：

在压水堆燃料芯块的核反应释热量传输到反应堆外，按顺序排列需经过以下三个过程：

(1) 燃料元件内部的____________，包括______________________________；

(2) 包壳与冷却剂之间的____________，形式有______________________________；

(3) 冷却剂的____________。

解　(1) 导热，芯块中心到芯块边缘，经过间隙到包壳的外表面；

(2) 对流换热，单相对流，过冷沸腾传热；

(3) 输热带到堆外。

4.2.2　堆内的导热过程

(1) 有内热源的情况

燃料元件的导热是指燃料芯块内产生的热量通过热传导到燃料元件包壳的外表面这样一个过程。所以，燃料元件的导热问题实际上是一个具有内热源的固体的热传导问题。在稳态工况且热导率不随温度而变化时，具有内热源的导热微分方程式是

$$\nabla^2 t + \frac{q_v}{k} = 0 \tag{4-2-1}$$

式中，∇^2—— 拉普拉斯算符；

t—— 温度(℃)；

q_v—— 体积释热率(W/m^3)；

k—— 热导率[W/(m·℃)]。

1) 对于具有内热源的圆柱形燃料芯块，如图 4-2-2 所示，如果忽略轴向导热，则式(4-2-1)可以写成

$$\frac{d^2 t}{dr^2} + \frac{1}{r}\frac{dt}{dr} + \frac{q_v}{k_u} = 0 \tag{4-2-2}$$

当内热源均匀分布时解以上方程得到圆柱形燃料芯块的中心和表面之间的温差为

$$t_o - t_u = q_v \frac{r_u^2}{4k_u} \tag{4-2-3}$$

或

$$t_o - t_u = q \frac{r_u}{2k_u} \tag{4-2-4}$$

$$t_o - t_u = q_l \frac{1}{4\pi k_u} \tag{4-2-5}$$

式中，t_o—— 燃料芯块的中心温度，℃；

t_u—— 燃料芯块的表面温度，℃；

r_u—— 燃料芯块的半径，m；

q_l—— 燃料芯块的线功率，W/m；

q—— 燃料芯块的表面热流密度，W/m^2；

q_v—— 燃料芯块的体积释热率，W/m^3；

k_u—— 燃料芯块的热导率，W/(m·℃)。

q_l，q 和 q_v 之间的关系是

$$q_l = 2\pi r_u q = \pi r_u^2 q_v \tag{4-2-6}$$

2) 对于具有内热源的平板形燃料芯块，如图 4-2-3 所示，若忽略轴向导热，则式(4-2-2)可以写成

$$\frac{d^2 t}{dx^2} = -\frac{q_v}{k_u}$$

同样，当内热源均匀分布时解上式，得到平板形燃料芯块的中心和表面之间的温差为

$$t_o - t_u = q_v \frac{\delta_u^2}{2k_u} = q \frac{\delta_u}{2k_u} \tag{4-2-7}$$

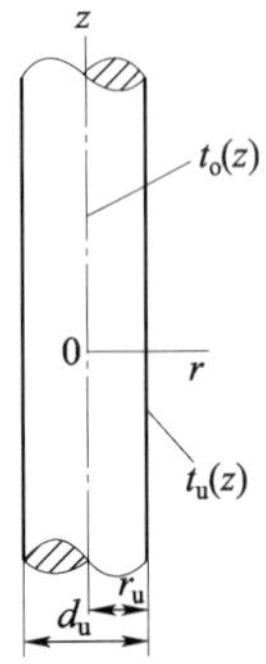

图 4-2-2 圆柱形燃料芯块示意图

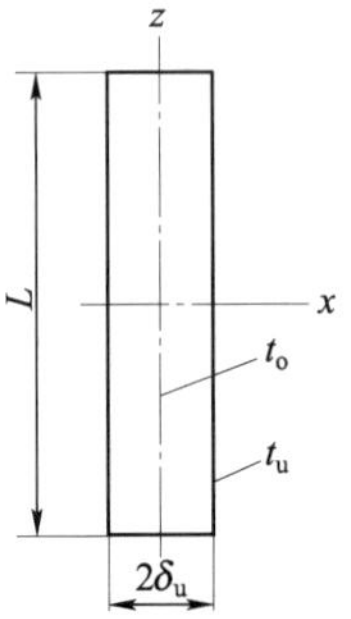

图 4-2-3 平板形燃料芯块示意图

式中，t_o—— 平板形燃料芯块的中心温度，℃；

t_u—— 平板形燃料芯块的表面温度，℃；

q—— 平板形燃料芯块表面热流密度，W/m²；

q_v—— 平板形燃料芯块体积释热率，W/m³；

δ_u—— 平板形燃料芯块的半厚度，m。

(2) 无内热源的情况

包壳近似地符合这种情况。

1) 对于平板[见图 4-2-4(a)]，由傅里叶定律给出

$$q = -k_c \frac{dt}{dx}$$

解此方程可得平板形包壳内外表面之间的温差为

$$t_u - t_{cs} = q \frac{\delta_c}{k_c} \tag{4-2-8}$$

式中，q—— 包壳表面热流密度，W/m²；

δ_c—— 包壳厚度，m；

k_c—— 包壳的热导率，W(m·℃)；

t_u—— 燃料芯块的表面温度，即包壳内表面温度，℃；

t_{cs}—— 包壳外表面温度，℃。

2) 对于圆筒壁[见图 4-2-4(b)]，由傅里叶定律给出

$$Q = -k_c F \frac{dt}{dr}$$

解此方程可得圆筒形包壳内外表面之间的温差为

$$t_u - t_{cs} = \frac{Q}{2\pi k_c L} \ln \frac{r_{cs}}{r_u} = \frac{q_l}{2\pi k_c} \ln \frac{r_{cs}}{r_u} = \frac{q_l}{2\pi k_c} \ln \frac{d_{cs}}{d_u} \tag{4-2-9}$$

式中，Q—— 通过圆筒形包壳外表面的总热功率，W；

q_l—— 线功率，W/m，$q_l = Q/l$；

k_c—— 包壳的热导率，W/(m·℃)；

F—— 垂直于导热方向的面积，m^2；

r_u, r_{cs}, d_u, d_{cs}—— 分别表示芯块的半径，包壳的外半径，芯块的直径和包壳的外直径，m。

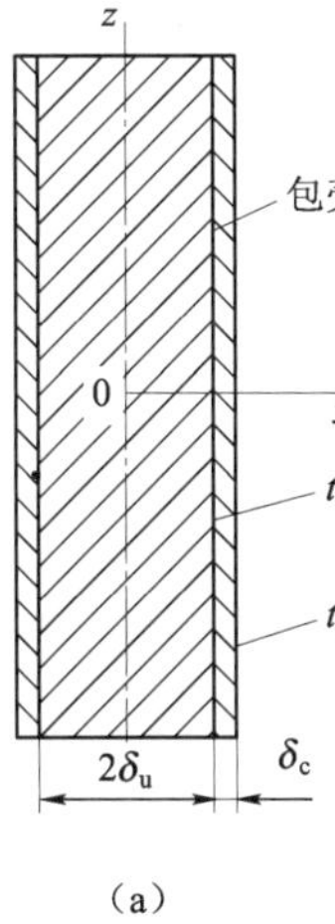

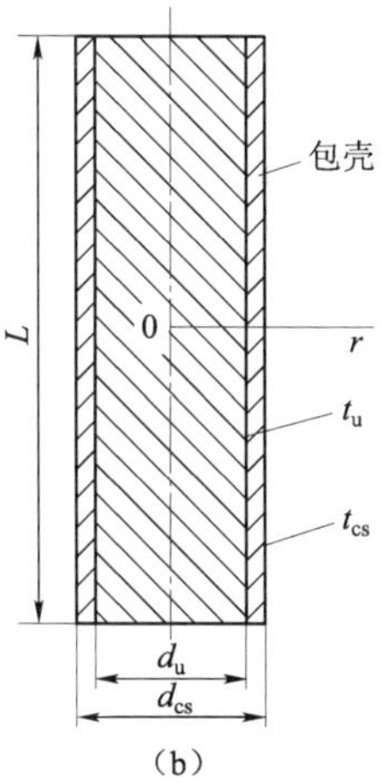

图 4-2-4(a)　板状燃料元件示意图　　图 4-2-4(b)　棒状燃料元件示意图

4.2.3　堆内的对流放热(也称对流换热)过程

放热过程是燃料元件包壳表面与冷却剂之间直接接触时的热交换，即热量由包壳的外表面传递给冷却剂的过程。一般说来，在这种热交换过程中起主要作用的是由流体(冷却剂)位移所产生的对流。对流放热(见图 4-2-5)过程中所传递的热量可用牛顿冷却定律求得，即

$$Q = hF\Delta\theta_f$$

式中，Q——包壳外表面传递给冷却剂的热功率，W；

h——对流放热系数，W/(m^2·℃)；

F——传热表面积，m^2；

$\Delta\theta_f$——膜温压，℃。

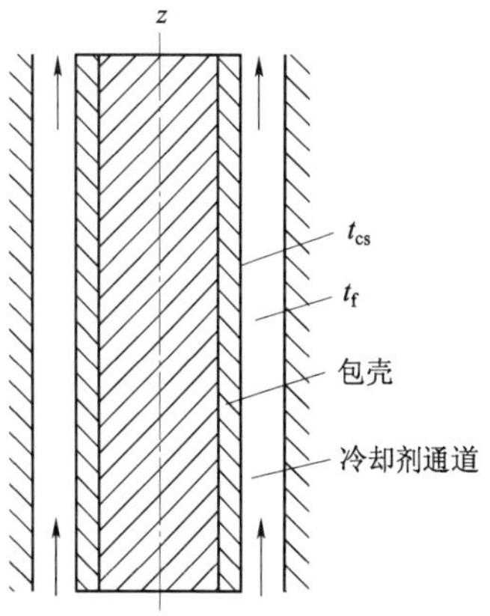

图 4-2-5　燃料元件放热过程示意图

在位置 z 处：$\Delta\theta_f = t_{cs}(z) - t_f(z)$，这里 $t_f(z)$ 是在位置 z 处的冷却剂的温度(℃)；$t_{cs}(z)$ 是在位置 z 处的包壳外表面的温度(℃)。对单位长度的燃料元件而言，上式可改写为

$$q_l(z) = h(z)F_1[t_{cs}(z) - t_f(z)]$$

所以

$$t_{cs}(z) - t_f(z) = \frac{q_l(z)}{h(z)F_1} \tag{4-2-10}$$

式中，$q_l(z)$—— 位置 z 处单位长度燃料元件的线功率，W/m；

F_1—— 单位长度燃料元件的外表面，m^2/m；

$h(z)$—— 位置 z 处包壳与冷却剂间的放热系数，W/(m^2·℃)。

用式(4-2-10)求包壳的外表面温度 $t_{cs}(z)$ 时，关键在于求出 h，当 h 被确定后，$t_{cs}(z)$ 就可

求得。对不同性质的冷却剂以及不同的工况，计算 h 的公式是不同的。下面介绍一些计算放热系数 h 的经验表达式。

(1) 强迫对流放热

1) 流体在圆形通道内强迫对流的放热系数

计算这种情况下的放热系数 h 的经验表达式较多，其中形式较简单且应用最广泛的是迪图斯(Dittus)-贝尔特(Boelter)系式：

$$Nu = 0.023Re^{0.8}Pr^{0.4} \tag{4-2-11}$$

上式的适用范围是：$10^4 < Re \leqslant 1.2\times10^5$，$0.6 \leqslant Pr \leqslant 120$。除此之外，还应满足下述两个限制条件：一是壁面与流体间的膜温压不能太大；二是管长(L)应大于内径(d)的50倍，即 $L/d \geqslant 50$。否则，就必须引进相应的校正系数。

对具有大的膜温压的情况，可以用下列关系式

$$Nu = 0.027Re^{0.8}\cdot Pr^{0.33}\left(\frac{\mu_f}{\mu_w}\right)^{0.14} \tag{4-2-12}$$

式(4-2-12)的适用范围除膜温压外，其余同式(4-2-11)。μ_f 是按主流温度取值的流体的黏度(Pa·s)；而 μ_w 是按壁面温度取值的流体的黏度(Pa·s)；其余物性均以流体主流温度作为定性温度。

如果通道的横截面不是圆形的，则在应用式(4-2-11)及式(4-2-12)时，其中的定性尺寸要用当量直径代替。

对 $L/d < 50$、截面变化、热流方向、高温压、弯管、粗糙度等的修正，可参看有关的传热学书籍，这里就不一一列举了。

2) 水纵向流过平行棒束时的放热系数

在采用棒束燃料组件的水冷堆中遇到的情况，就是水纵向流过平行棒束时的对流放热问题。对这一特定情况，韦斯曼(Weisman)推荐了下列关系式：

$$Nu = CRe^{0.8}Pr^{1/3} \tag{4-2-13}$$

式中，C 是一个常数，它取决于栅格的排列，由下式给出：

对于正方形栅格　当 $1.1 \leqslant \frac{P}{d} \leqslant 1.3$，$C = 0.042\frac{P}{d} - 0.024$；

对于三角形栅格　当 $1.1 \leqslant \frac{P}{d} \leqslant 1.5$，$C = 0.026\frac{P}{d} - 0.006$

上式中 P 是栅距(m)，d 是棒径(m)。从上式不难看出较稀疏的栅格给出较高的放热系数。倘若在无限栅格内水所占的面积和总的横截面积之比是相同的话，则三角形栅格和正方形栅格这两者所给出的放热系数基本上相同。

(2) 自然对流放热

流体的自然对流或自由对流是指流体内部密度梯度引起流体运动过程，而密度梯度通常是由流体本身的温度场所引起的。它取决于流体内部是否存在温度梯度，因而其运动的强度也就取决于温度梯度的大小。

在反应堆工程中，自然对流放热对堆的冷却及事故的分析，都具有重要的意义。自然对流换热同强迫对流换热一样，也可用牛顿冷却定律来计算换热量，但自然对流既然是由温度梯度引起的，则在运动微分方程中必须考虑由温度梯度而引起的浮升力和流体本身的重力。自然对流放热准则关系式一般形式是：

$$Nu = f(Gr \cdot Pr) = C(Gr \cdot Pr)_m^n \tag{4-2-14}$$

式中，Gr——葛拉晓夫数；

Pr——普朗特数。

式中的系数 C 和幂指数 n 取决于物体的几何形状、放置方式以及热流方向和 $Gr \cdot Pr$ 的范围等。而 m 是指取 $T_m(T_f + T_w)/2$ 作为定性温度。式中，T_w 表示壁面温度、T_f 表示流体主流温度。

自然对流的放热极其复杂，通道的几何形状影响比较大，迄今尚无一个像强迫对流那样能够适用于各种几何形状通道的普遍公式，一般只能从实验得到在某些特定条件下的经验关系式。

4.2.4　沸腾传热和冷凝传热

在核电厂，通过水在蒸汽发生器内沸腾变成蒸汽，实现了核燃料的裂变能转换成电能的过程。在液体容积内生成蒸汽的过程称为沸腾。液体沸腾分为流动沸腾（管道内流动）和大容积沸腾（或池式沸腾）。大容积沸腾是指由浸没在原来静止的大容积液体内的受热面产生的沸腾。当液体处于饱和温度以下产生的沸腾叫做过冷沸腾；当液体处于饱和温度时发生的沸腾叫做饱和沸腾。为了发生沸腾，总是要求壁面有一定过热度，也就是说壁面温度要高于给定压力下液体的饱和温度。实验证明：这个过热度是由液体的物理性质、液体纯度、压力以及固体表面的性质决定的。液体越纯，发生沸腾所需的初始过热度越高。在液体内会有不溶性气体，悬浮颗粒，或加热表面上凹凸不平，这些都是形成气泡的核心，即容易产生气泡，这样会降低初始沸腾过热度。

（1）大容积沸腾

在加热面温度受控的情况下，由实验证实，大容积沸腾工况可以用一条表面热流密度随壁面温度变化的沸腾曲线来表示。图 4-2-6 示出了水在大气压下的大容积沸腾曲线。它可以描述为以下几个区。

单相自然对流区（AB）：在容器中已建立起温度梯度，热量靠自然对流传到自由表面，继而再通过蒸发传至蒸汽空间。

泡核沸腾开始（ONB）：此时壁面的过热度足够大，足以使得加热面上产生气泡，该点发生在 AB 与 $B'C$ 的交点附近，如水在大气压或稍高于大气压下就是这种情形。此外，当壁面过热度大大超过维持充分展开的泡核沸腾所需的过热度时，表面热流密度为常数，导致表面温度有一个急剧的下降，从 B 下降到 B'，后者是由于伴随着流体压力下降很多而产生的。例如低于 0.1 MPa 的水以及液态金属尤其如此。

泡核沸腾区（$B'C$）：在加热面上产生气泡，在低热流密度下，开始时只在一些点上产生。当热流密度增加后，由于气泡聚合，到达高热流密度时，在接近加热面附近形成蒸汽片或蒸汽柱。

临界热流密度（CHF 或 D 点）：这是泡核沸腾的上限。当加热面的热流密度达到此值时，由于液体和蒸汽流的相互作用，使加热面上的液体供应受到限制，因而使加热表面的冷却恶化。

过渡沸腾（DE）：本区的特征是在加热面上存在一层不稳定的蒸汽膜，该蒸汽膜以多少有点规则的间隔释放出一些大的蒸汽片。这时的加热面是间断润湿的。只有在壁面温度可以受控制的条件下，才能对这个区进行研究。

膜态沸腾区(EF)：整个受热面为稳定的汽膜所覆盖，传热强度在 E 点达到最低值。此后随着壁温的进一步升高，传热强度因辐射传热的增强而又有所提高。

以上各区沸腾工况不同，传热机理和传热关系式也不相同。

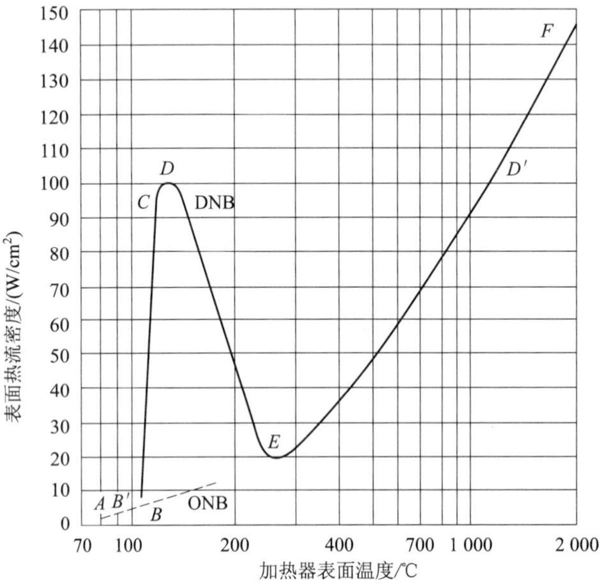

AB	单向自然对流	DNB	偏离泡核沸腾
$B'C$	泡核沸腾	DE	过渡沸腾
ONB	泡核沸腾开始	EF	膜态沸腾

图 4-2-6　大气压下水的大容积沸腾曲线

例题 4-2-2　1）画出定压池式沸腾曲线的特性曲线并说明各区段的传热工况；当达到偏离泡核沸腾点后，若热流密度继续增加，那么此时温差会如何变化？并在定压池式沸腾特性曲线中标出这种变化点。

2）假定在反应堆中可近似采用该池式沸腾曲线，哪个区间在反应堆中最有效？

解　1）见图 4-2-7。

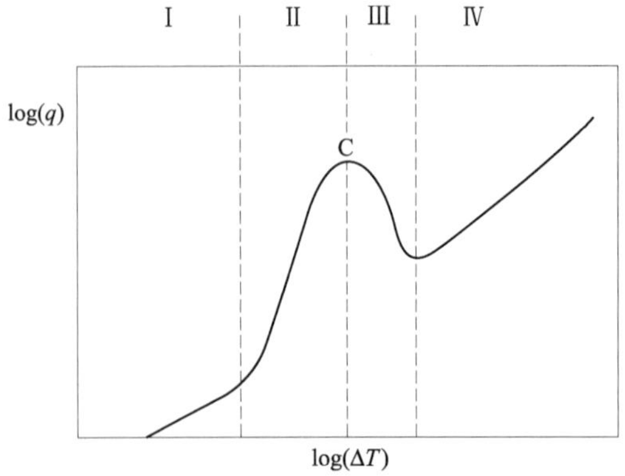

图 4-2-7　定压池式沸腾曲线的特性曲线

Ⅰ：单相液体自然对流传热工况；

Ⅱ：泡核沸腾工况；

C：临界热流密度工况；

Ⅲ：过渡沸腾传热工况；

Ⅳ：膜态沸腾工况。

2）过了DNB点（C点），热流密度微小的升高，温差便会阶跃升高。如图4-2-8所示，热流密度的微小升高，温差便会沿虚线跳跃至D点。

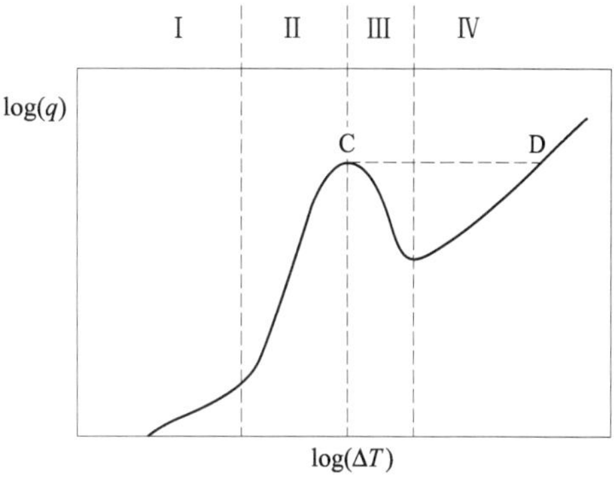

图 4-2-8　温差变化图

区间Ⅱ的传热最有效。

（2）流动沸腾

上面的各种工况是对大容积沸腾而言的，对于流动沸腾，亦称对流沸腾，也存在着类似的各种工况。流动沸腾和大容积沸腾的区别在于，前者是在流动系统中产生的沸腾，流体的流动可以是自然循环，或者是靠泵的驱动而产生的强迫循环。下面以垂直管内流动沸腾为例，来对这种工况做进一步说明。图4-2-9表示一根垂直加热管道，在低热流密度情况下，欠热水从底部向上流过。调节水的流速，使它通过管道全程时完全转变成蒸汽。在管道内遇到各种流型和传热工况。沿高度方向上有八个区，以$A,B,\cdots,H$表示。在横向从左至右依次表示壁温、流体温度、沸腾工况、流型、传热工况、含汽率和表面传热系数，下面介绍各区流动和传热情况。

液体的单相对流传热（A区）：流入管内的水受壁面加热，其平均温度T_f和壁温T_w逐渐升高。邻近加热壁面的水形成一层热边界层，在水中建立起径向温度梯度。当壁面过热度$\Delta T_w=(T_w-T_s)$小于生成气泡所必须的过热度$\Delta T_{w,ONB}$时，因过热不足，壁面上还不能生成汽泡，仍是单相水流动和传热工况。含汽率等于零，表面传热系数很低。在本区内液体虽然被加热升高了温度，但仍低于它的饱和温度，且壁温仍低于产生气泡所必需的过热度。

泡核沸腾：泡核沸腾又分为欠热泡核沸腾（B区）和饱和泡核沸腾（C区和D区）。随着壁面温度升高，壁面上汽化核心开始生成气泡，把该点叫作泡核沸腾起始点，这时壁温虽已超过液体的饱和温度几度，但是水的平均温度仍低于饱和温度。泡核沸腾开始后，传热增强。在欠热沸腾区，邻近壁面液体温度高于饱和温度，在管道中心，液体温度仍低于饱和温度，也低于液体平均温度。在欠热沸腾前一段，单个气泡附着在壁面上。由于这一段含汽很少，是一种壁面含汽效应。在欠热沸腾后半段，生成气泡增多，并开始脱离壁面冲到液体中，慢慢冷凝或碎裂，在这一段是容积含汽效应。该段传热增强，液体温度接近饱和温度。表面传热系数开始上升。

欠热沸腾的特征是在加热面上蒸汽是在那些有利于生成气泡的点上以气泡形式形成的。这些气泡在跃离加热面后，按平衡态模型，通常认为它们在过冷液芯内被凝结，其总的效应是系统内没有净蒸汽产生。而在C区和D区中，流体的主流温度达到饱和值，所产生的蒸汽泡不再消失，有净蒸汽产生。

液体进入$C+D$区时，它的平均温度已升到饱和温度，开始了饱和沸腾。但是在液体核

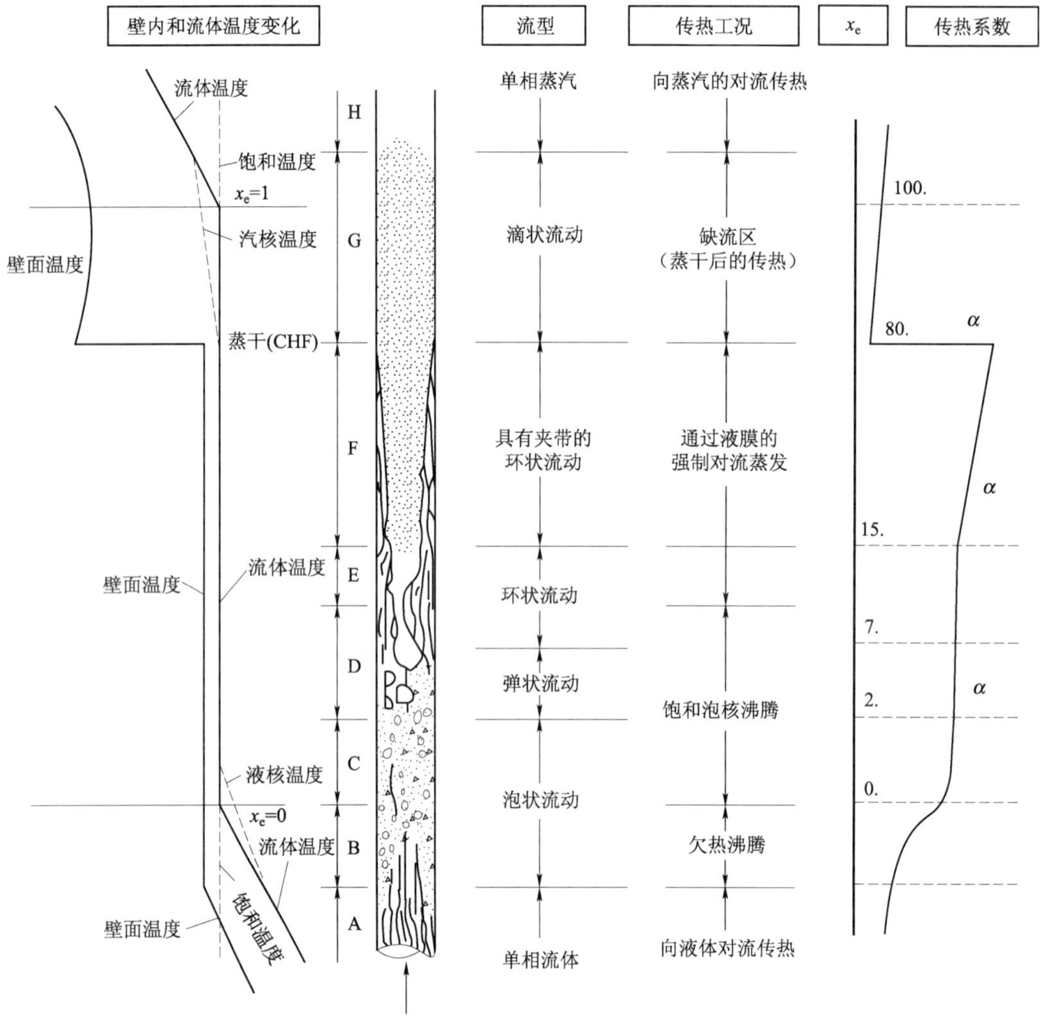

图 4-2-9 流动沸腾的流型和传热区域

心内稍低于液体饱和温度，图中用虚线表示。在 C 区为泡状流动，D 区开始弹状流动，后边为环状流动。从 C 区开始表面传热系数已经很高。在 C 区和 D 区壁温基本不变，液体温度等于饱和温度并保持不变。从 D 区开始含汽率上升较快。

詹斯(Jens)和洛特斯(Lottes)将水在 0.7～17.2 MPa 压力下过冷泡核沸腾时的实验数据整理成如下的关系式：

$$t_w = t_s + 25\left(\frac{q}{10^6}\right)^{0.25}\exp\left(\frac{-p}{6.2}\right) \tag{4-2-15}$$

式中，q—— 热流密度，W/m²；

p—— 压力，MPa；

t_w—— 壁面温度，℃；

t_s—— 流体的饱和温度，℃。

式(4-2-15)也适用于饱和泡核沸腾工况。

汤姆(Thom)等人把水在 5.17～13.79 MPa 压力下过冷泡核沸腾时的实验数据整理成下式：

$$t_w = t_s + 0.0225q^{0.5} \times \exp\left(\frac{-p}{8.69}\right) \tag{4-2-16}$$

式(4-2-16)的符号意义和量纲同式(4-2-15)，用式(4-2-16)算出的温压比式(4-2-15)算出的要大些。

两相强迫对流区（E 区和 F 区）：随着含汽量增加，两相流型从泡状流或弹状流转变到环状流型。在壁面上液膜内产生气泡，气泡脱离并进入蒸汽区，把壁面的热量带到汽区。随着过程进展，液膜变薄，传热变得很强烈，表面传热系数很大，使得壁面和液体温差变小，壁温略有下降。当壁温低于产生气泡的过热度时，泡核沸腾终止，壁面所加热量以液膜导热和对流方式传给蒸汽区。所以该区叫作强制对流蒸发传热。当液膜减薄并蒸干时进入下一区。

缺液区(G 区）与干饱和蒸汽区(H 区)：在含汽量的某个临界值上，发生液膜完全蒸发，这个转换叫做“蒸干”或“烧干”，对于具有可控表面热流量的通道，这时就会伴随着出现壁温的升高，所以一般把环状流动时的液膜中断或“烧干”称为沸腾临界，从烧干点到开始向 H 区转变之间的区域称为缺液区。当烧干工况开始，覆盖在通道壁上的液膜开始破碎，并形成细小的“液流”，如果这时继续增加热流密度，将会导致加热壁温度的波动和升高。这是由于在这种工况下通道壁面交替地被水蒸气冲刷或被任意流过的“液流”再润湿的结果。当热流密度继续增加，导致壁面温度大大超过饱和温度，“液流”完全蒸干，壁面出现干燥。接下去就是干饱和蒸汽区，在该区内全部是单相蒸汽。

无论是大容积沸腾还是流动沸腾，对实际应用来说，最有意义的区段是 $B'C$ 泡核沸腾区（图 4-2-6)，它是在热力设备中经常遇到的工况，该区段由沸腾起始点 ONB 一直延伸到发生沸腾临界的 D 点，在这一区内在较低的壁面温度下，可获得很高的热流密度。ONB 和 D 点这两种工况对实际应用都是很重要的。因此在这里将对它们再作一些介绍。

泡核沸腾起始点 ONB

泡核沸腾起始点也是最初气泡产生点（或气泡成核起始点)。根据气泡形成的力学和热力学条件，加热面的壁面温度 t_w 低于液体的饱和温度 t_s 时，气泡是不可能产生的，而且只有当壁面温度 t_w 超过液体饱和温度 t_s 一定数值后，才可能产生气泡。$t_w - t_s$ 称为壁面过热度。这可以由气泡在水中稳定存在的力学及热学条件上看出来。如图 4-2-10 所示，气泡内的压力为 p_v，周围液体（水）的压力为 p_l，汽液间的表面张力为 σ，气泡的半径为 r，则根据力学平衡：

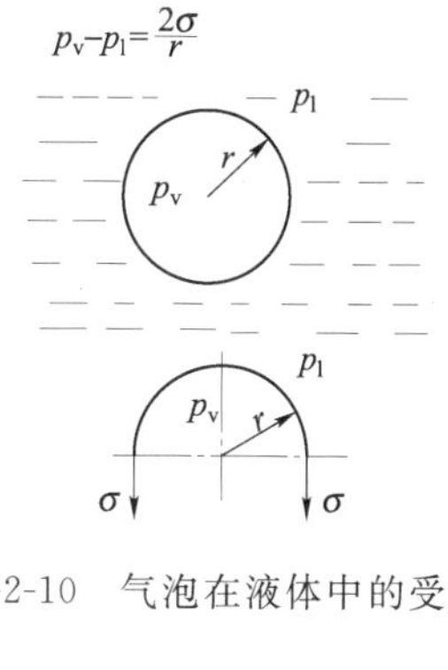

图 4-2-10　气泡在液体中的受力图

$$(p_v - p_l)\pi r^2 = \sigma \cdot 2\pi r$$

所以

$$p_v - p_l = \frac{2\sigma}{r}$$

再根据热学条件：气泡既然能以半径 r 稳定存在于水中，不缩小也不长大，则在汽和液的交界面上没有热量交换，必须是气泡内蒸汽的温度 t_v 等于气泡边界上液体的温度 t_f。令 t_v 是 p_v 下的饱和温度 $t_{s,v}$，它高于 p_l 下的饱和温度 t_s（因为 p_v 大于 p_l）。所以 $t_f=t_v=t_{s,v}>t_s$，也就是气泡边界上液体的温度 t_f 高于主流液体（处于 p_l 下）的饱和温度 t_s。所以气泡边界上的液体是在压力 p_l 下的过热液体。t_f-t_s 称液体过热度。

同理，气泡在壁面上产生并稳定附在壁面上，壁面的温度 t_w 也必须高于液体的饱和温度 t_s。

下面我们来看一下，在过冷沸腾下气泡是如何产生、如何脱离壁面的，并在计算上确定它。

观察一个具有高热流密度的冷却剂通道，过冷液体自左流入，液体温度、流体流动形式和空泡份额变化的情况如图 4-2-11 所示。一般可以区分为单相液体区、过冷沸腾第一区（高过冷区）、过冷沸腾第二区（低过冷区）和饱和沸腾区四个区域。

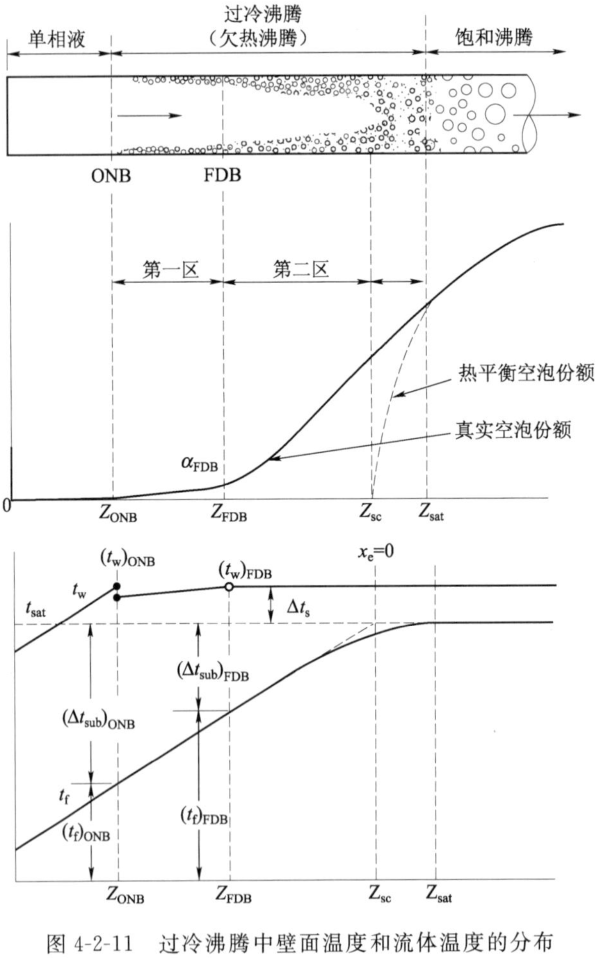

图 4-2-11　过冷沸腾中壁面温度和流体温度的分布

单相状态的过冷液体流入加热通道后，液体被加热，温度逐渐升高，但在壁面温度 t_w 未达到 Z_{ONB} 点壁面温度 $t_{w,ONB}$ 以前，壁面不会产生气泡。而 $t_{w,ONB}$ 要比该系统压力液体的饱和温度 t_s 高 Δt_{sup}。Z_{ONB} 点称为最初气泡产生点或气泡成核起始点或过冷沸腾起始点。该点处主流液体的整体温度 $t_{f,ONB}$ 仍低于饱和温度 t_s，但壁面附近形成气泡的液体必定处于过热状态。在过冷沸腾起始点 Z_{ONB} 处，由于气泡产生，吸收潜热，扰动了壁面附近的液体层，改善了传热，因此 Z_{ONB} 处的壁温可以有一些下降。

随着液体继续行进，热量不断加入，液体温度继续升高，但壁面温度一般认为保持 $t_{W,ONB}$ 值而不改变。壁面上的气泡逐渐增多和变大，但仍黏附壁面而不脱离、或沿壁面略有滑动，此时的空泡份额可称为壁面空泡份额。只有当到达 Z_{FDB} 点时，液体的温度达到 $t_{f,FDB}$，在壁面上气泡聚集增多，直径也变得较大，气泡开始脱离壁面而进入到主流液体，但 $t_{f,FDB}$ 仍然低于 t_s。Z_{FDB} 点称为充分发展过冷沸腾起始点或气泡脱离壁面起始点、净蒸汽产生点或简称充展沸腾起始点。

因为在 Z_{FDB} 点以前壁面上的空泡份额数值很小，Z_{ONB} 点到 Z_{FDB} 点之间空泡份额增长较慢，可以将其呈线性关系增长。但当到达 Z_{FDB} 点以后，空泡份额迅速增加。气泡进入过冷主流液体后被冷凝以致破灭，随着热量不断加入，气泡不断产生和增加。毗邻壁面移动的气泡聚合而长大，不断脱离壁面、进入主流液体。因而从总体上说，主流液体中已有蒸汽，即有一定数量的空泡份额。当到达 Z_{SC} 点时，从热平衡计算来看，液体已达到饱和温度，但实际上要到达 Z_{sat} 点时，才真正开始达到饱和沸腾。从图可以看出，在 Z_{sc} 点时热力学平衡质量含汽率 x_e 刚好等于零，而实际上空泡份额数值相当大。

就上所述，我们知道过冷沸腾区可以分成两个区。第一个区由过冷沸腾起始点到充分发展过冷沸腾起始点，第二区由充分发展过冷沸腾起始点到饱和沸腾起始点。因此对于过冷沸腾需要：① 确定过冷沸腾起始点的位置及相应的主流液体温度 $t_{f,ONB}$；② 确定充分发展过冷沸腾起始点的位置及相应的主流液体温度 $t_{f,FDB}$。对于空泡份额来说，要确定壁面空泡份额 α_{FDB}，第一区内的空泡份额和第二区的空泡份额。

（3）沸腾临界

沸腾临界的特点是由于沸腾机理的变化引起放热系数的陡降，导致受热面的温度骤升。刚刚达到沸腾临界时的热流密度称为临界热流密度。

沸腾临界一般和发生沸腾临界时流型有着密切的关系，根据流动工况的不同，通常把沸腾临界区分两类，即过冷或低含汽量下的沸腾临界和高含汽量下的沸腾临界。

图 4-2-6 中 D 点的工况，由于受热面上逸出的气泡数目太多，以致阻碍了液体的补充，于是在加热面上就形成一个蒸汽隔热层，从而使传热性能恶化，加热面的温度骤升。所产生的这一物理现象就称为沸腾临界。从沸腾曲线上看，D 点以后，是由泡核沸腾开始转向不稳定的过渡沸腾。因此，这也称为偏离泡核沸腾（DNB），这时对应的热流密度就是临界热流密度（CHF）。

图 4-2-6 中的曲线是在加热面的温度可以严格地加以控制的情况下得到的。而在反应堆中，q 是自变量，此时 AB 和 $B'C$ 沸腾曲线基本不变，若将热流密度值提高到超过 D 点，则与 D 点相应的温度（≈135 ℃）会跃迁到下一个膜态沸腾区的稳定工作 D' 所对应的温度（≈1 150 ℃），这样大的温度阶跃，足以导致加热面迅速“烧毁”，所以这种沸腾临界有时也称为“快速烧毁”。

在高含汽量下，当冷却剂的流型为环状流时，如果由于沸腾而产生过分强烈的汽化，液体层就会被破坏，从而导致沸腾临界，这种沸腾临界有时也称为“烧干”（或称干涸）这是对应的热流密度就是临界热流密度。高含汽量下的临界热流密度，主要取决于流动参数，而与近表面参数的关系很小。发生沸腾临界时,加热面温度虽然上升,但由于环状流工况具有快速流动的蒸汽核心,因而它具有较大的放热系数,所以这种沸腾临界下的壁温的升高比低含汽量下的沸腾临界要慢,一般尚不会使金属材料马上烧损。因此这种沸腾临界又称为“慢速烧毁”。

有关沸腾工况的更详细的描述可参看参考文献[4]和参考文献[5]。

例题 4-2-3 选择题。

1. 在反应堆堆芯中,泡核沸腾能够改善传热,相比以下几种机制,对改善传热贡献最大的是:( )

A. 蒸汽泡的形成使得沿燃料棒的冷却剂流动减弱

B. 蒸汽泡的形成使得沿燃料棒的冷却剂流动增强

C. 沿燃料棒表面形成了蒸汽覆盖层

D. 蒸汽泡的运动引起冷却剂的迅速交混

2. 如果过冷的反应堆冷却剂进入燃料通道,在出口处变为过热蒸汽,那么从燃料棒底部到顶部,对流传热系数的变化趋势是:( )

A. 不断增大

B. 先增加,然后减小

C. 不断减小

D. 先减小,然后增加

解 1. D;2. B

例题 4-2-4 某反应堆处在稳定功率运行时,某根燃料棒轴向 A 点处,冷却剂刚好开始欠热泡核沸腾(ONB),已知对于欠热泡核沸腾和低含气率下的饱和泡核沸腾,可用以下公式计算包壳的外壁温度:

$$T_{WO} = T_S + 25(q''/10^6)^{0.25} \times e^{\left(-\frac{p}{6.2}\right)}$$

A 点处的参数如下:

燃料棒包壳的外径 $d=0.01$ m;

线功率密度 $q'=40$ kW/m;

冷却剂的换热系数 $h=5\times104$ W/m^2 · ℃;

堆芯平均压力 $p=15.5$ MPa。

试求 A 点处的冷却剂的欠热度 ΔT_A。

解 假设 A 点处冷却剂的温度为 T_A 假设燃料棒的线功率密度与热流密度的关系是:$q'=\pi d q''$,因此:

$$q''=q'/(\pi d)=40\times1\ 000/(3.141\ 6\times0.01)=1.273\times10^6(\mathrm{W/m^2})$$

根据牛顿冷却定理得:

$$T_w - T_A = q''/h = 1.273\times10^6/(5\times10^4)=25.46\ ℃$$

将有关数据代入外壁温度的计算公式得:

$$T_w - T_S = 25\times\left(\frac{q''}{10^6}\right)^{0.25}\times\exp\left(-\frac{p}{6.2}\right)=25\times1.273^{0.25}\times\exp(-2.5)=2.18\ ℃$$

A 点处的欠热度 ΔT_A 为:

$$\Delta T_A = T_S - T_A = (T_W - T_A)-(T_W - T_S)=25.46-2.18=23.28\ ℃$$

（4）冷凝传热

1）冷凝的基本概念

蒸汽转变成液体的过程称为冷凝。在容器内部或在表面上都能实现汽态向液态的转变过程。固体物质或液体的微粒、带电粒子、容器表面凹凸都会成为冷凝核心。

蒸汽冷凝时要释放相变热，因此，冷凝过程是和传热相联系的。冷凝过程仅仅在蒸汽的亚临界状态才是可能的，并且采用对蒸汽冷却或加压方式把蒸汽冷凝成凝结水。在动力工程中，经常遇到的是蒸汽在冷凝传热表面上的凝结。如果传热管表面温度低于给定压力下的饱和温度，那么在固体传热表面上产生饱和或过热蒸汽的冷凝，此时传热表面上形成冷凝液膜或液滴。

冷凝有两种形态，第一种形态是凝结液相在传热表面上形成稳定的液膜，我们把这种形态叫作膜态冷凝。第二种形态是凝结液相在传热表面上形成不连续的液滴，这种形态叫作滴状冷凝。膜态冷凝时凝结液能够湿润传热表面，滴状冷凝时凝结液不湿润传热表面。在冷凝装置稳态工作时，冷凝过程是膜态冷凝，传热表面一直处于湿润状况，在冷凝装置处于启动状态时，出现滴状冷凝。

滴状冷凝比膜状冷凝传热性能好得多，这是因为在膜态冷凝时，冷凝液膜把蒸汽和传热表面隔开，该液膜有很大热阻。而滴状冷凝时液膜断裂，使蒸汽和传热表面直接接触，所以传热效果好得多。因此，为了改善冷凝装置传热效率，在冷凝器中加入疏液剂，可以产生人工的滴状冷凝。

2）影响冷凝传热的因素

过热蒸汽的影响：如果壁温低于饱和温度，那么过热蒸汽的冷凝过程与饱和蒸汽的冷凝过程相似。由于过热蒸汽与饱和蒸汽之间有一个过热量 q_s，所以从过热蒸汽冷凝到饱和液放出的热量 γ' 大于饱和蒸汽冷凝到饱和液的相变热 h_{fg}，因此过热蒸汽的冷凝传热比饱和蒸汽的冷凝传热稍高一些。

表面状态的影响：蒸汽冷凝时的传热取决于表面状态。如果表面粗糙或表面上有氧化膜，由于液膜流动阻力增加，使液膜变厚，这样传热系数减小，而冷凝传热恶化。

蒸汽中非凝结气体含量的影响：在蒸汽中含有空气或其他非凝结气体时，冷凝传热急剧下降。这是因为只有蒸汽才能在壁面上凝结，而非凝结气体保留在壁面附近，大大阻碍蒸汽向壁面流动，因而显著降低传热效率。

蒸汽流动方向和速度的影响：在蒸汽速度足够大时，蒸汽流对冷凝液膜产生冲击作用，如果蒸汽流动方向和液膜方向相同，蒸汽流加速液膜流动，使液膜减薄，传热系数增大。如果两者反向流动，使液膜增厚，传热系数则减小。

受热表面布置的影响：在设计冷凝器时，要特别注意受热表面的布置。水平管比垂直管传热强度大，其原因是水平管液膜薄。对于管束结构的冷凝器，必须考虑蒸汽在管间流动速度的影响。

例题 4-2-5　一台凝汽器在稳定运行状态下运行。已知从汽轮机排入该凝汽器的乏汽量为 M_{exh}(kg/s)，乏汽的干度为 x，汽化潜热为 r(kJ/kg)，凝结水无过冷度。循环水流过该凝汽器时，定压比热为 C_w(kJ/kg·℃)，流量为 M_w(kg/s)，试写出循环水温升 ΔT_w 的表达式。

解　乏汽排入凝汽器后，通过凝结传热的方式，放出汽化潜热，变成饱和水。因此，乏汽单位时间内放出的热量为：

$$Q_1 = rxM_C(\text{kJ/s})$$

式中，M_C——凝结的乏汽量。

当凝汽器处在稳定运行状态下运行时，凝结的乏汽量 M_C 与排入凝汽器的乏汽量 M_{exh} 相等，即

$$M_C = M_{exh}$$

循环水单位时间内吸收的热量为：

$$Q_2 = C_w M_w \Delta T_w(\text{kJ/s})$$

当凝汽器处在稳定运行状态下运行时，乏汽单位时间里放出的热量与冷却水单位时间里吸收的热量相等，即

$$Q_1 = Q_2$$

将上述 Q_1 和 Q_2 的表达式代入上式，整理得：

$$\Delta T_w = \frac{rxM_C}{C_w M_w}$$

4.2.5 堆内的输热过程

输热过程指的是，当冷却剂流过堆芯时，将堆内裂变过程中所释放的热量带出堆外的过程。冷却剂从堆芯进口到位置 z 处的输热量为：

$$Q(z) = WC_p\Delta t_f(z) = A_f V\rho C_p \Delta t_f(z) = W\Delta H_f(z) \tag{4-2-17}$$

式中，$Q(z)$——从冷却剂通道进口至堆芯位置 z 处所传出的热功率，W；

W——冷却剂的质量流量，kg/s；

C_p——冷却剂的比热容，J/(kg·℃)；

ρ——冷却剂的密度，kg/m³；

V——冷却剂的流速，m/s；

A_f——冷却剂的流通截面积，m²；

$\Delta H_f(z)$——从冷却剂通道进口至位置 z 处的冷却剂焓升，J/kg；

$\Delta t_f(z)$——从冷却剂通道进口至堆芯位置 z 处冷却剂的温升(℃)，即

$$\Delta t_f(z) = t_f(z) - t_{f,in} = \frac{Q(z)}{WC_p} \tag{4-2-18}$$

这里，$t_f(z)$——在位置 z 处的冷却剂温度，℃；

$t_{f,in}$——冷却剂的进口温度，℃。

式(4-2-17)给出了堆内几个有关热工参数的相互关系；它可以用来求出 $t_f(z)$，同时也可以作为分析堆内某些工况的依据。

4.2.6 热平衡方程

(1) 简化的热平衡方程计算反应堆热功率：$P_{th}=mC_p\Delta T$

对于稳态运行工况，测量出进入反应堆的冷却剂总质量流量 m，分别测量出反应堆进口和出口处的冷却剂温度 T_{fin} 和 T_{out}，然后按平均温度($T_{out}+T_{fin}$)/2 和反应堆平均压力从水的物性表中查得冷却剂平均比定压热容，就可按下式计算出反应堆的热功率：

$$P_{th} = mC_p(T_{out} - T_{fin})$$

（2）主回路和二回路热平衡

二回路总的热平衡方程式为：

$$N_{\mathrm{P}}^{1\mathrm{K}} = N_{\mathrm{P}}^{2\mathrm{K}}$$

式中，$N_{\mathrm{P}}^{1\mathrm{K}}$——根据一回路冷段和热段冷却剂参数计算的反应堆热功率；

$N_{\mathrm{P}}^{2\mathrm{K}}$——根据蒸汽发生器出口蒸汽参数和进口给水焓计算的反应堆热功率。

根据一回路冷却剂参数计算的反应堆热功率 $N_{\mathrm{P}}^{1\mathrm{K}}$ 可以表示为：

$$N_{\mathrm{P}}^{1\mathrm{K}} = \sum_{i=1}^{4} G_i^{\mathrm{net}} \cdot (i_i^{\mathrm{exit}} - i_i^{\mathrm{inlet}}) + 0.5 \cdot Q_{\mathrm{loss}} - \Delta P_{\mathrm{P}} \cdot \overline{F}_{\mathrm{P}}$$

式中，G_i^{net}——第 i 环路冷却剂的质量流量，kg/s；

i_i^{exit}，i_i^{inlet}——分别为第 i 环路热腿和冷腿端冷却比焓；

ΔP_{P}——冷却剂流经堆芯的总压降，Pa；

$\overline{F}_{\mathrm{P}}$——堆芯平均温度和压力条件下流经堆芯的冷却剂体积流速，$\mathrm{m^3/s}$；

Q_{loss}——反应堆、冷却剂环路、蒸汽发生器和 MSIV 前 SG 管线等总的热损失。

根据蒸汽发生器出口蒸汽参数和进口给水焓计算的反应堆热功率 $N_{\mathrm{P}}^{2\mathrm{K}}$ 可以表示为：

$$N_{\mathrm{P}}^{2\mathrm{K}} = \sum_{i=1}^{4} (G_i^{\mathrm{ff}} - G_i^{\mathrm{bf}}) \cdot [i''_i \cdot (1-x) + i'_i \cdot x - i_i^{\mathrm{ft}}] + \sum_{i=1}^{4} G_i^{\mathrm{bf}} \cdot (i'_i - i_i^{\mathrm{ft}}) + Q_{\mathrm{loss}} - \sum_{i=1}^{4} F_i \Delta P_i$$

式中，G_i^{ff}——第 i 号蒸汽发生器主给水流量，kg/s；

G_i^{bf}——第 i 号蒸汽发生器排污水流量，kg/s；

i''_i——第 i 号蒸汽发生器内的饱和蒸汽比焓，J/kg；

i'_i——第 i 号蒸汽发生器内的饱和水比焓，J/kg；

i_i^{ft}——第 i 号蒸汽发生器进口给水比焓，J/kg；

x——蒸汽湿度；

F_i——第 i 环路冷却剂体积流速，$\mathrm{m^3/s}$；

ΔP_i——第 i 环路压差，Pa。

注：以上热平衡计算将稳压器的热功率忽略不计。另外，根据 1 号机组热态热损失试验，反应堆装置热损失约为 1.96 MW。

计算反应堆热功率可以通过多种方法，例如，可以通过 NFME 的测量参数计算，也可以通过 ICIS 的测量参数求取，也可以根据一、二回路冷却剂参数求取。将各种方法进行平均权重，可以得出如下计算热功率的计算式：

$$N = \sum_{k=1}^{n} N_k^{\mathrm{P}} \cdot W_k$$

式中，n——计算堆热功率所用的方法的数量；

W_k——第 k 种方法的权重系数；

N_k^{P}——用第 k 种方法计算求得的反应堆热功率。

注：以上参数的具体求取方法参见参考文献[10]。

例题 4-2-6　选择题。符号定义如下：

M_{RCS}——反应堆冷却剂系统的质量流量；M_{FW}——蒸汽发生器给水的总质量流量；

T_O——堆芯冷却剂出口温度； T_I——堆芯冷却剂入口温度；
T_{FW}——蒸汽发生器给水温度； h_{FW}——蒸汽发生器给水比焓；
h_{STM}——蒸汽发生器出口蒸汽比焓； C_P——比热容。

除了考虑其他的修正以外，忽略蒸汽发生器排污，以下四个公式中，计算反应堆热功率时通常可采用的公式有：（ ）

A. $M_{RCS}(h_{STM}-h_{FW})$

B. $M_{RCS}C_P(T_O-T_I)$

C. $M_{FW}(h_{STM}-h_{FW})$

D. $M_{RCS}(T_O-T_I)$

解 B、C

例题 4-2-7 假设田湾核电厂反应堆在稳态工况下，其燃料元件热点处的燃料芯块体积释热率 $q_v=8.4\times10^8$ W/m³，热点包壳外表面温度 $T_C=340$ ℃，包壳外表面与冷却剂之间的对流传热系数 $h=4.2\times10^4$ W/m²·℃，已知燃料芯块的直径 $d_u=7.57$ mm，燃料芯块中心孔直径 $d_O=1.5$ mm，包壳外径 $d_C=9.1$ mm，试求该热点处冷却剂平均温度 T_f。

解 对单位高度的燃料棒而言，稳态运行时，芯块总释热与冷却剂从包壳外表面带走的热量应当相等。即由热平衡可知：

$$\frac{\pi}{4}(d_u^2-d_o^2)q_v=\pi d_e h(T_c-T_f)$$

整理得：

$$\begin{aligned}T_f&=T_c-\frac{(d_u^2-d_o^2)q_v}{4d_c h}\\&=340-\frac{(0.007\,57^2-0.001\,5^2)\times8.4\times10^8}{4\times0.009\,1\times4.2\times10^4}\\&=309.8\end{aligned}$$

例题 4-2-8 1. 已知堆芯冷却剂入口平均温度 $T_i=293.1$ ℃，堆芯出口冷却剂平均温度 $T_o=328.3$ ℃，假定旁通流量占总流量的百分比为 3.69%。求反应堆冷却剂从压力容器入口到压力容器出口的温升。（忽略冷却剂从压力容器入口到堆芯入口的温升和旁路部分的温升以及反应堆内冷却剂压力的影响。）

2. 某反应堆以 100%FP 运行时，堆芯冷却剂进、出口温差 $\Delta T=37.4$ ℃，堆芯冷却剂平均温度 $T_{avg}=310$ ℃。在发生全厂断电事故后，反应堆停堆，最终进入自然循环，此时堆芯进、出口温差 $\Delta T=24.93$ ℃，堆芯冷却剂平均温度 $T_{avg}=310$ ℃，假定衰变热功率为 2%FP，冷却剂的比定压热容 C_p 维持不变，求堆芯自然循环的冷却剂质量流量为满功率时堆芯冷却剂质量流量的百分比。

解 1. 假定反应堆额定热功率为 P、反应堆总流量为 G_0、冷却剂的比定压热容为 C_p、压力容器冷却剂进出口温升为 ΔT。则由热平衡关系：

$$P=G_0C_P\Delta T=G_1C_p(T_o-T_i)$$

得到：

$$\Delta T=(T_o-T_i)\frac{G_1}{G_0}$$

$$= (T_o - T_i)\frac{G_0(1-3.69\%)}{G_0}$$

$$= 35.2 \times 0.9631 = 33.9\ ℃$$

2. 由热平衡：

$$P = \dot{m}C_p\Delta T$$

$$0.02P = \dot{m}_1 C_p \Delta T_1$$

所以：

$$\frac{\dot{m}_1}{\dot{m}} = 0.02\frac{\Delta T}{\Delta T_1} = 0.02 \times \frac{37.4}{24.93} = 3\%$$

例题 4-2-9　某反应堆在 $t=0$ 时正常停堆。当 $t=t_0$，余热排出系统投入运行。随后，余热排出系统热交换器冷却水的入口温度、质量流量和定压比热分别为 $T_{in,0}$（℃）、W_0（kg/s）和 $C_{p,0}$（kJ/kg·℃），并且一直保持不变；假设反应堆的衰变热功率与一回路热量的变化之和可用下式计算：

$$P(t) = At - B$$

其中 $P(t)$ 为停堆 t 秒后堆芯的功率（kW），t 为时间（s），A 和 B 为常数；蒸汽发生器的功率可以忽略，不考虑热量传递的时间滞后，也不考虑通过其他途径传递的热量和热量损失。

试写出从 $t=t_0$ 到 $t=t_1$ 通过余热排出系统热交换器排出的热量 $Q_{t_0-t_1}$ 的表达式。

试写出余热排出系统热交换器冷却水的出口温度随时间的变化规律 $T_{out}(t)$ 的表达式。

解　求 $Q_{t_0-t_1}$ 的表达式：

在 dt 时间内，反应堆一回路系统的热平衡方程为：

堆芯发出的热量＋一回路储热量的变化＝余热排出系统的热量＋SG 排出的热量＋散热

依题意，SG 排出的热量＝散热＝0。因此：

堆芯发出的热量＋一回路的储热量的变化＝余热排出系统排出的热量

在 dt 时间内，堆芯发出的热量＋一回路的储热量的变化为：$P(t)$dt

因此，从 $t=t_0$ 到 $t=t_1$，余热排出系统热交换器排出的热量为：

$$Q_{t_0\to t_1} = \int_{t_0}^{t_1} P(t)\mathrm{d}t = \frac{A}{1-B}(t_1^{1-B} - t_0^{1-B})$$

在 dt 时间内，冷却水吸收的热量为：

$$W_0 C_{p,0} \mid T_{out}(t) - T_{in,0} \mid \mathrm{d}t$$

在 dt 时间内，余热排出系统热交换器两侧的热平衡方程为

冷却水吸收的热量＝热交换器排出的热量

在 dt 时间内，反应堆一回路系统的热平衡方程为

热交换器排出的热量＝反应堆发出的热量＋一回路的储热量的变化

因此，在 dt 时间内热交换器冷却水吸收的热量＝在 dt 内反应堆发出的热量＋一回路的储热量的变化，即：

$$W_0 C_{p,0} \mid T_{out}(t) - T_{in,0} \mid \mathrm{d}t = P(t)\mathrm{d}t$$

$$T_{out}(t) = T_{in,o} + \frac{P(t)}{W_0 C_{p,0}} = T_{in,0} + \frac{At^{-B}}{W_0 C_{p,0}}$$

4.3 燃料元件传热计算和温度分布

燃料元件传热特性是反应堆热工专业研究的重要内容之一。在本节要给出燃料元件横截面上的温度分布和燃料元件及冷却剂的轴向温度分布。

4.3.1 燃料元件横截面上的温度分布

反应堆的燃料元件有棒状、板状和套管等形状，不同形状的燃料元件其横截面上温度分布也不相同。这里只介绍棒状元件的温度分布。

(1) 燃料芯块温度

反应堆在稳态运行时，燃料内体积热源强度为常值，燃料温度不随时间变化，因而热导率也是常值。这样求解燃料内温度场实际上就是解稳态有热源的热传导微分方程，即泊松方程：

$$\nabla^2 t + \frac{q_v}{\lambda_F} = 0$$

通过积分并把边界条件代入得到燃料芯体内温度分布

$$t(r) = t_0 - \frac{q_v r^2}{4\lambda_F} \tag{4-3-1}$$

式中，$t(r)$——半径 r 处的燃料温度；

t_0——燃料中心温度；

λ_F——燃料热导率；

r——燃料径向变量。

将燃料芯体半径 a 代入式(4-3-1)就得到燃料表面温度 t_S

$$t_S = t_0 - \frac{q_v a^2}{4\lambda_F} \tag{4-3-2}$$

或

$$t_0 - t_S = \frac{q_v a^2}{4\lambda_F} \tag{4-3-3}$$

式(4-3-3)表明，燃料中心到表面温降与体积释热率 q_v 和半径平方 a^2 成正比，与热导率成反比。

(2) 包壳温度

由于包壳内 r 发热相对燃料内裂变热小得多，所以在求解包壳内温度分布时一般忽略其发热，这样描述包壳热传导微分方程用拉普拉斯方程，即

$$\nabla^2 t = 0$$

通过积分并把边界条件代入得到包壳内温度表示式

$$t(r) = t_S - \frac{t_S - t_C}{\ln\left(1 + \frac{c}{a}\right)} \ln\left(\frac{r}{a}\right) \tag{4-3-4}$$

式中，$t(r)$——包壳内($a \leqslant r \leqslant a + c$)温度函数；

t_S——包壳内表面温度值(即燃料芯体表面温度)；

t_C——包壳外表面温度值；

c——包壳厚度。

(3) 燃料元件传热总热阻

反应堆在稳态运行时，燃料芯体产生的热量由燃料内导热传给燃料表面，再由燃料传给包壳，经包壳导热传到包壳外表面，最后由包壳外表面依靠对流传热传给冷却剂。忽略轴向导热和燃料表面与包壳内表面之间的温降，在单位长度上利用热平衡关系式可以写出

$$\pi a^2 q_v = 4\pi\lambda_F(t_0 - t_S) = \frac{2\pi\lambda_C(t_S - t_C)}{\ln\left(1 + \frac{c}{a}\right)} = 2\pi(a + c)\alpha(t_C - t_f)$$

由上式得到三个温差表达式：

燃料中心到燃料表面的温差

$$t_0 - t_S = \frac{q_v a^2}{4\lambda_F} \tag{4-3-5}$$

包壳内表面到包壳外表面的温差

$$t_S - t_C = \frac{q_v a^2 \ln\left(1 + \frac{c}{a}\right)}{2\lambda_C} \tag{4-3-6}$$

包壳外表面到冷却剂平均温度的温差

$$t_C - t_f = \frac{q_v a^2}{2(a + c)\alpha} \tag{4-3-7}$$

上面三式相减得到燃料中心到冷却剂的总温差(降)：

$$t_0 - t_f = q_v a^2 \left[\frac{1}{4\lambda_F} + \frac{\ln\left(1 + \frac{c}{a}\right)}{2\lambda_C} + \frac{1}{2(a + c)\alpha}\right]$$

或

$$q_S = \frac{q_v a^2}{2(a + c)} = \frac{t_0 - t_C}{\frac{a + c}{2\lambda_F} + \frac{(a + c)\ln\left(1 + \frac{c}{a}\right)}{\lambda_C} + \frac{1}{\alpha}} \tag{4-3-8}$$

式(4-3-8)与电学中电流、电压和电阻的关系式类似。

式中，q_S——热流密度，相当于电学中的电流；

$t_0 - t_C$——从燃料中心到冷却剂的总温差(温压)，相当于电压；

$\frac{a + c}{2\lambda_f} + \frac{(a + c)\ln\left(1 + \frac{c}{a}\right)}{\lambda_C} + \frac{1}{\alpha}$ 相当于电学中串联总电阻。

我们把上式称为燃料棒传热的总热阻。

(4) 燃料包壳间隙的传热

以二氧化铀陶瓷燃料制成的棒状元件，在燃料包壳之间留有一定间隙，其目的是为了便于燃料装配，容纳燃料膨胀和部分裂变气体。间隙内充有氦气。间隙尺寸虽小但是温差很大，间隙传热计算是非常复杂的。目前，在计算间隙传热时使用三种模型。

1) 气隙导热模型

该模型假定燃料芯体处于包壳中心，它们互不接触，在它们之间存在一个同心圆环气

隙,热量通过气隙靠导热方式传递。由于环隙宽度远远小于直径,按平板的导热公式计算,即:

$$q_s = \alpha_{间隙}(t_s - t_{c,in}) \tag{4-3-9}$$

式中,q_s——燃料表面热流密度;

$\alpha_{间隙}$——间隙传热系数。

$$\alpha_{间隙} = \frac{\lambda_g}{r_1 - r_2} \tag{4-3-10}$$

式中,λ_g——间隙混合气体(氦气和裂变气体)热导率;

r_1——包壳内半径;

r_2——燃料外半径。

对新燃料运行初期,使用气隙导热模型较为合适。

2) 气隙导热和接触导热混合模型

当反应堆运行一定时间之后,燃料和包壳部分突起点相互接触,在整个燃料-包壳间隙内除了部分点接触外,其余大部分仍是气隙,这时应该使用混合模型,其形式为:

$$q_s = (\alpha_{气层} + \alpha_{接触})(t_s - t_{c,in}) \tag{4-3-11}$$

式中,$\alpha_{气层}$——间隙内气层传热系数;

$\alpha_{接触}$——接触点的传热系数。

有关 $\alpha_{气层}$ 和 $\alpha_{接触}$ 的计算可以参考有关文献。

3) 间隙热导经验数据

间隙热导经验数据是根据大量堆内、堆外实验得到的。一些研究认为,对于充氦气的压水堆棒状元件,在正常运行工况间隙热导率不小于 1 W/ cm^2 · ℃。当燃耗在 10 000 MWD/tU 附近间隙热导率可能最低,但是不会小于 0.5 W/ cm^2 · ℃。目前国外压水堆设计一般取 0.567 W/ cm^2 · ℃。

4.3.2 冷却剂和燃料元件轴向温度分布

堆芯内冷却剂和燃料元件的轴向温度分布取决于堆芯中子注量率 $\phi(r,z)$或体积释热率 $q_v(r,z)$的分布。实际上 ϕ 和 q_v的轴向分布非常复杂,只有在理想情况下它们的轴向分布写成简单函数(如余弦)分布。对此情况可以用解析方法求出冷却剂和燃料元件轴向温度分布的数学表达式,否则只能用数值方法计算它们。下面仅考虑简单情况,给出冷却剂、包壳表面和燃料表面和燃料中心温度沿轴向的分布。为此首先作如下假设:

- 燃料体积释热率 $q_v(r,z)$沿轴向为余弦分布,堆芯高为 H,外推高度为 H_e,堆芯中心为轴向坐标原点,这样 $q_v(r,z)$写成

$$q_v(r,z) = q_v(r,0)\cos\frac{\pi z}{H_e} \tag{4-3-12}$$

- 假定燃料、包壳材料、冷却剂的热物性和对流传热系数沿轴向为常数值;
- 忽略燃料元件的轴向导热;
- 不考虑沸腾传热。

(1) 冷却剂轴向温度分布

由式(4-2-18)改写为

$$t_f(z)=t_{f,in}+\frac{Q(z)}{WC_p} \tag{4-3-13}$$

对式(4-3-12)从 $-\frac{H}{2}$ 到 Z 积分，则有

$$Q(z)=\frac{q_v(0)A_C H_e}{\pi}\left(\sin\frac{\pi z}{H_e}+\sin\frac{\pi H}{2H_e}\right) \tag{4-3-14}$$

将式(4-3-14)代入式(4-3-13)就可以得到冷却剂沿轴向的分布

$$t_f(z)=t_{f,in}+\frac{q_v(0)A_C H_e}{\pi WC_p}\left(\sin\frac{\pi z}{H_e}+\sin\frac{\pi H}{2H_e}\right) \tag{4-3-15}$$

当 $z=H/2$ 时，由上式得到堆芯出口温度

$$t_{f,o}=t_{f,in}+\frac{2q_v(0)A_C H_e}{\pi WC_p}\sin\frac{\pi H}{2H_e} \tag{4-3-16}$$

忽略外推高度，即 $H\approx H_e$ 时，

$$t_{f,o}=t_{f,in}+\frac{2q_v(0)A_C H}{\pi WC_p} \tag{4-3-17}$$

式中：$t_{f,in}$——冷却剂进口温度；

$q_v(0)$—堆芯中平面上体积发热率；

A_C——燃料芯体横截面积；

H——堆芯高度；

W——质量流量；

C_p——冷却剂比定压热容。

类似于推导冷却剂温度轴向分布的方法可得到包壳表面温度轴向分布、燃料表面温度轴向分布和燃料中心温度轴向分布。

(2) 包壳表面温度的轴向分布

$$t_c(z)=t_{f,in}+\frac{q_v(0)A_C H}{\pi WC_p}\left(1+\sin\frac{\pi z}{H}\right)+\frac{q_v(0)A_C}{\alpha\Omega}\cos\frac{\pi z}{H} \tag{4-3-18}$$

式中，α——对流传热系数；

Ω——燃料元件周长。

(3) 燃料表面温度的轴向分布

$$t_s(z)=t_{f,in}+\frac{q_v(0)V_F}{\pi WC_p}\left(1+\sin\frac{\pi z}{H}\right)+q_v(0)V_F R_E\cos\frac{\pi z}{H} \tag{4-3-19}$$

式中，V_F——一根燃料元件的燃料体积；

R_E——从燃料表面到冷却剂总热阻。

$$R_E=\frac{\ln\left(1+\frac{c}{a}\right)}{2\pi\lambda_C H}+\frac{1}{2\pi(a+c)\alpha H} \tag{4-3-20}$$

(4) 燃料中心温度的轴向分布

$t_0(z)$的形式与(4-3-19)完全相同，只不过在总热阻一项增加燃料内部热阻，即：

$$t_0(z)=t_{f,in}+\frac{q_v(0)V_F}{\pi WC_p}\left(1+\sin\frac{\pi z}{H}\right)+q_v(0)V_F R_E\cos\frac{\pi z}{H} \tag{4-3-21}$$

其中：

$$R_E = \frac{1}{4\pi\lambda_F H} + \frac{\ln\left(1+\frac{c}{a}\right)}{2\pi\lambda_C H} + \frac{1}{2\pi(a+c)\alpha H} \tag{4-3-22}$$

4.3.3 燃料元件内最高温度及其位置

燃料元件最高包壳表面温度和燃料中心温度是衡量反应堆安全运行的重要参数之一，因此在燃料元件温度场计算时需要给出它们的数值和所在的位置。设 t_{cm}、t_{om}分别表示包壳表面和燃料中心的最高温度，Z_c和 Z_0分别代表它们所在的位置。求解方法是利用对函数求极值的方法，即对式(4-3-18)和式(4-3-21)微分并令其为零，则可以求得 Z_c和 Z_0，然后将它们分别代入式(4-3-18)和式(4-3-21)即可得到包壳表面和燃料中心最高温度的表示式。下面将略去求解过程，只给出公式。

(1) 包壳表面最高温度位置 Z_c

$$Z_c = \frac{H_e}{\pi}\arctan\frac{H_e}{\frac{1}{2}C_p W\left[\frac{1}{\alpha(a+c)}\right]} \tag{4-3-23}$$

(2) 包壳表面最高温度 t_{cm}

$$t_{cm} = t_{f,in} + \frac{q_v A_C H_e}{\pi W C_p}\sin\frac{\pi H}{2H_e} + \sqrt{\left(\frac{q_v(0)A_C H_e}{\pi W C_p}\right)^2 + \left(\frac{q_v(0)A_C}{2\pi(a+c)\alpha}\right)^2} \tag{4-3-24}$$

(3) 燃料中心最高温度位置 Z_0

$$Z_0 = \frac{H_e}{\pi}\arctan\frac{H_e}{WC_p\left\{\frac{1}{4\lambda_F} + \frac{1}{2}\left[\frac{1}{\lambda_c}\ln(1+\frac{c}{a}) + \frac{1}{\alpha(a+c)}\right]\right\}} \tag{4-3-25}$$

(4) 燃料最高温度 t_{0m}

$$t_{0m} = t_{f,in} + \frac{q_v(0)A_C H_e}{\pi W C_p}\sin\frac{\pi H}{2H_e} +$$

$$\sqrt{\left(\frac{q_v(0)A_C H_e}{\pi W C_p}\right)^2 + \left\{q_v(0)A_c\left[\frac{1}{4\pi\lambda_F} + \frac{\ln(1+\frac{c}{a})}{2\pi\lambda_c} + \frac{1}{2\pi(a+c)\alpha}\right]\right\}^2} \tag{4-3-26}$$

各式中的符号如前。

将 $q_v(z)$、$t_f(z)$、$t_c(z)$、$t_s(z)$和 $t_0(z)$沿轴向变化的趋势以及 t_{cm}、t_{0m}值和它们的位置 Z_c、Z_0表示在图4-3-1上。由图看出，当 $q_v(z)$为余弦分布时，$t_f(z)$沿轴向单调上升，在中平面上曲线斜率最大；$t_c(z)$是由 $t_f(z)$和$[t_c(z)-t_f(z)]$两部分叠加的，在堆芯下半段($Z<0$)，它们都随 Z 增大而增加，因此 $t_c(z)$是单调增加，在 $Z=0$ 处，$[t_c(z)-t_f(z)]$达到最大值。过了中平面，$[t_c(z)-t_f(z)]$随 Z 增大而减小，而 $t_f(z)$仍然是增加的，在一定范围内 $t_f(z)$增加趋势大于$[t_c(z)-t_f(z)]$下降趋势，所以综合效应使 $t_c(z)$仍是上升的，但上升速率较下半段缓慢。到某一高度 Z_c 时，$t_f(z)$增加速率与$[t_c(z)-t_f(z)]$减小速率相等，则 $t_f(z)$达到最大值 t_{cm}，超过 Z_c 后 $t_f(z)$增加速率小于$[t_c(z)-t_f(z)]$的减小速率，所以总效应使得 $t_c(z)$逐渐下降。$t_s(z)$和 $t_0(z)$也类似于 $t_c(z)$的变化规律，只是 t_{sm}和 t_{om}比 t_{cm}更靠近堆芯中平面($Z=0$)。这是因为 $t_s(z)$较 $t_c(z)$又增加了一个余弦函数$[t_s(z)-t_c(z)]$，而 $t_0(z)$在 $t_s(z)$的基础上又增加了$[t_0(z)-t_s(z)]$的余弦函数。所以 $Z_c>Z_s>Z_0$。

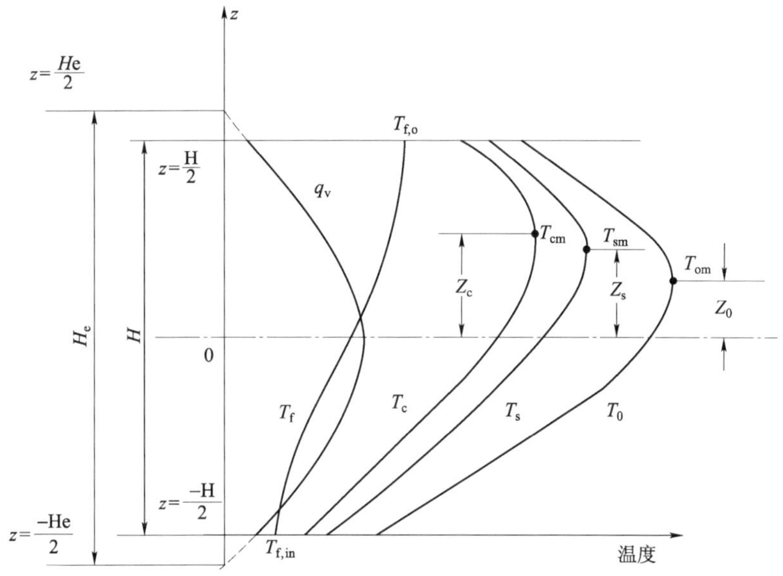

图 4-3-1　沿堆芯轴向 q 的余弦分布和各种温度分布

例题 4-3-1　判断题。

(　) 1. 反应堆处在稳定功率运行时，堆芯中线功率密度越大的地方，局部反应性越大，核反应率也越大。

(　) 2. 随着燃耗的加深，燃料芯块不断肿胀，芯块半径持续增大，因此，在燃料循环的末期，芯块与包壳的间隙减小，间隙的导热性增强，芯块的平均温度降低。

(　) 3. 反应堆处在稳定功率运行时，对于某燃料棒上某处，其线功率密度越大，则热流密度也越高，燃料棒芯块的平均温度也越高。

解　1. 错误　　　　2. 错误　　　　3. 正确

例题 4-3-2　假定单根棒状燃料元件的体积释热率 q'''沿轴向为余弦函数分布。燃料芯块为 H，外堆高度为 H_e。试在给出的坐标图上定性地分别画出体积释热率 q'''、芯块中心温度 T_m、芯块圆柱表面温度 T_s、包壳表面温度 T_c及冷却剂温度 T_f沿轴向的分布曲线。

解　见下图或参见图 4-3-1。

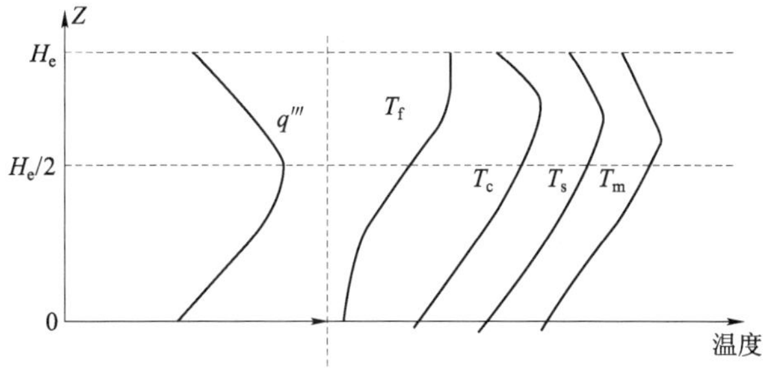

例题 4-3-3 请定性画出田湾核电厂反应堆稳定功率运行时，从燃料棒中心到冷却剂的径向功率分布 $P(r)$，温度分布 $T(r)$，和热中子注量率分布 $\phi_{th}(r)$。

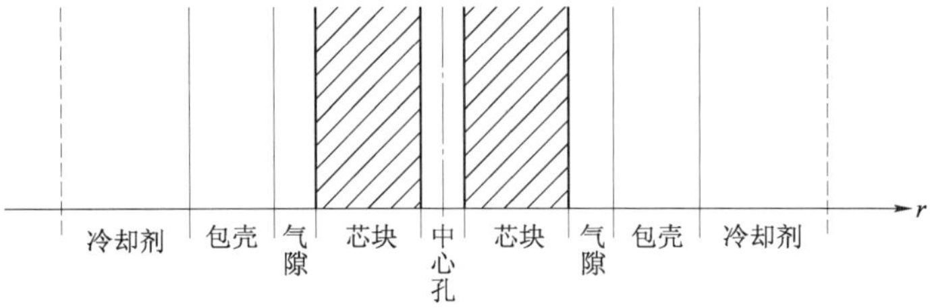

解 见下图。

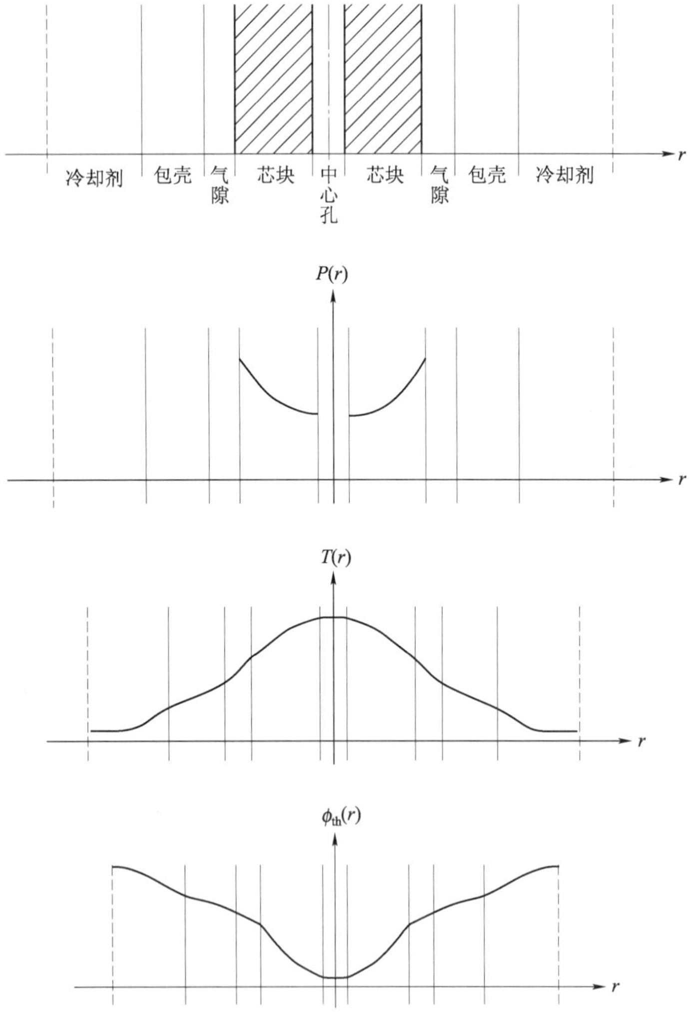

例题 4-3-4 假定田湾核电站反应堆分别在以下临界状态下稳定运行了足够长时间：

在核加热点以下(0%FP)；满功率(100%)。

请画出这两种工况下，从燃料棒中心到冷却剂流道中心的径向温度 $T(r)$分布曲线。

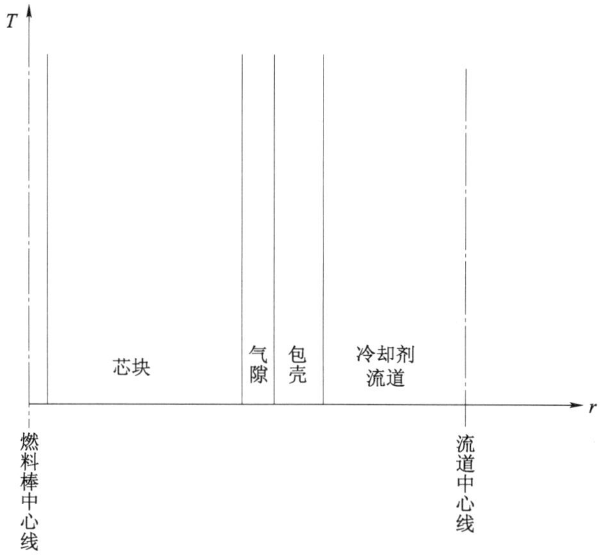

解

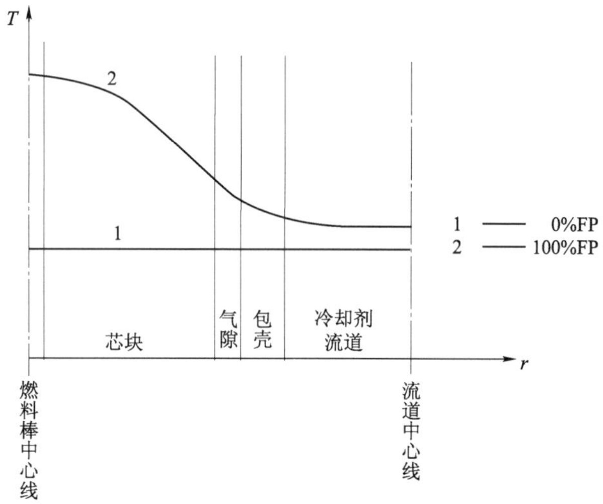

例题 4-3-5　假定某核电站在正常满功率运行时，热棒的线功率密度分布为如下图所示的余弦分布：$q'(z)=q'_{max}\cos\left(\frac{\pi z}{L_{Re}}\right)$。其中，余弦函数的半波长 $L_{Re}=4$ m；热棒的最大线功率密度 $q'_{max}=41.8$ kW/m。热棒的轴向高度 $L_R=3.65$ m。

已知该热棒所在的热通道的参数如下：

a) 该热通道是封闭的；

b) 在热通道的进口，冷却剂的质量流量 $W=0.3$ kg/s，冷却剂的温度 $T_{in}=293$ ℃；

c) 热通道的平均压力 $p=15.5$ MPa；

d) 在热通道的出口，冷却剂刚好整体饱和沸腾。

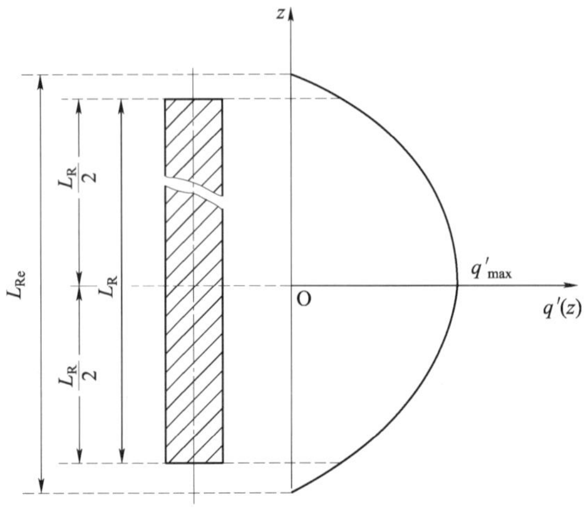

试计算下列问题：

1）从热通道进口（$Z=-L_R/2$）到高度 Z 处，冷却剂吸收的热量 Q 是多少？

2）热通道出口处（$Z=-L_R/2$）的质量含汽率是多少？

在 15.5 MPa 下的过冷水的密度和比焓如下表所示。

温度/℃	密度/(kg/m^3)	比焓/(kJ/kg)
280	765.41	1 232.8
290	747.32	1 284.3
300	727.71	1 337.7
310	705.97	1 393.7
320	681.48	1 453.1
330	653.08	1 517.3
340	618.23	1 589.6

在 15.5 MPa 下的饱和水和饱和蒸汽的密度和比焓如下：

$$\rho' = 584.76\ \text{kg/m}^3 \qquad h' = 1\ 621.2\ \text{kJ/kg}$$

$$\rho'' = 107.18\ \text{kg/m}^3 \qquad h'' = 2\ 596.6\ \text{kJ/kg}$$

提示：$\int \cos(ax)\mathrm{d}x = \dfrac{\sin(ax)}{a} + C$

解 1）计算冷却剂吸收的热量 $Q(z)$：

$$Q(z) = q'_{\max}\int_{-L_R/2}^{z}\cos\left(\frac{\pi z}{L_{Re}}\right)\mathrm{d}z$$

$$= \frac{q'_{\max}L_{Re}}{\pi}\left[\sin\left(\frac{\pi z}{L_{Re}}\right)+\sin\left(\frac{\pi L_R}{2L_{Re}}\right)\right]$$

2）写出该热通道的热平衡方程：

$$Q = W_{out}h_{out} - W_{in} \times h_{in}$$

由于该热通道是封闭通道，因此：

$$W = W_{out} = W_{in} = 0.3\ \text{kg/s}$$

所以，热通道的热平衡方程可以写为：

$$Q = W(h_{out} - h_{in})$$

由 p=15.5 MPa 和 T_{in}=293 ℃查表，并插值得：

$$h_{in} = 1\ 300.32\ \text{kJ/kg}$$

由于在热通道的出口刚好饱和沸腾，因此

$$h_{out} = (1 - x)h' + xh''$$

这里 h'=1 621.2 kJ/kg；h''=2 596.6 kJ/kg。

令 $z=L_R/2$，并将有关数据代入 1)中求出的 $Q(z)$表达式，得到冷却剂从热通道进口到出口所吸收的热量：

$$Q = \frac{41.8 \times 4 \times 2}{\pi}\sin\left(\frac{1.825\pi}{4}\right) = 105.44\ \text{kW}$$

由 $Q=W(h_{out}-h_{in})$和 $h_{out}=(1-x)h'+xh''$，得到含汽率 x：

$$x = \frac{\frac{Q}{W} + h_{in} - h'}{h'' - h'} = \frac{\frac{105.44}{0.3} + 1\ 300.32 - 1\ 621.2}{2\ 596.6 - 1\ 621.2} = 3.14\%$$

例题 4-3-6　假设在热点处燃料包壳表面的最大热流密度 q_{max}=106 W/m²，该点处冷却剂温度 T_f=310 ℃，包壳与冷却剂的对流传热系数 α=3.704×104 W/m²·℃。燃料芯块最高温度 T_p与芯块外表面温度之差 ΔT_p=750 ℃，芯块与包壳之间的气隙层的温降 ΔT_G=230 ℃，包壳的内外表面温差 ΔT_c=40 ℃，试求该热点处燃料芯块最高温度 T_p和包壳最高温度 T_c。

解　包壳到冷却剂的温差 ΔT_{cf}可由下式求出：

$$q_{max} = \alpha\Delta T_{cf}$$

$$\Delta T_{cf} = q_{max}/\alpha = 106/(3.704 \times 104) = 27\ ℃$$

$$T_p = T_f + \Delta T_{cf} + \Delta T_c + \Delta T_G + \Delta T_p = 310 + 27 + 40 + 230 + 750 = 1\ 357\ ℃$$

$$T_c = T_f + \Delta T_{cf} = 310 + 27 + 40 = 377\ ℃$$

复习思考题

1. 什么是燃料-包壳间隙热导？它取决于哪些因素？

2. 为什么说间隙热导率在反应堆运行中是变化的？

3. 解释大容积沸腾曲线和流动沸腾图。

4. 什么叫泡核沸腾？它有什么特点？

5. 什么是泡核沸腾起始点？泡核沸腾换热的机理是什么？

6. 压水堆核电厂正常运行有没有可能出现泡核沸腾？请举例。

7. 什么叫过渡沸腾？什么叫膜态沸腾？

8. 什么叫沸腾危机？沸腾危机可以分为哪两种？

9. 偏离泡核沸腾和干涸两种沸腾危机中，哪一种使壁面温度升高的幅度大？为什么？

10. 什么叫冷凝？冷凝有哪两种形式？

11. 每次核裂变释放能量有多少？它们怎样分配？

12. 反应堆运行时，从燃料到冷却剂包含哪些传热过程？

13. 对棒状燃料元件的燃料体积释热率 q_v、表面热流密度 q_s 和线功率密度 q_l 之间的关系是怎样的？

14. 均匀裸堆功率分布是什么样的？影响功率分布的因素有哪些？

15. 核电厂内由裂变能转变成电能经过哪些过程？可归结为哪三种传热方式？

16. 棒状燃料元件在燃料芯体和包壳内径向温度分布的规律是怎样的？

17. 说明冷却剂、燃料元件包壳表面和燃料芯体中心轴向温度的分布情况。请解释为什么 $Z_c > Z_s > Z_0$？

18. 请分别写出沿燃料棒均匀加热以及非均匀加热条件下的热平衡方程。

第五章 反应堆稳态工况下的水力计算

堆内释放出的热量，通常是由流动的冷却剂带出堆外的。堆芯的输热能力以及作用在堆内构件上的作用力与冷却剂的流动特性密切相关。因此，在反应堆热工分析中，不仅要弄清楚堆内的热源分布和传热特性，而且也要弄清楚与堆内冷却剂流动有关的流体力学方面的问题。

本部分的主要课程目标包括：

(1) 掌握单相流流动压降及其影响因素。

(2) 掌握两相流流型、两相流特征参数。

(3) 了解两相流流动压降。

(4) 掌握及应用一回路系统中的压力平衡。

(5) 掌握自然循环原理和影响因素。

(6) 了解通道断裂时的临界流现象。

(7) 了解堆芯冷却剂流量分配的计算。

(8) 掌握流动不稳定性类型和产生原理。

(9) 了解水锤和气蚀现象。

5.1 稳态工况下水力计算的任务简介

水力计算通常分为稳态工况水力计算和瞬态工况水力计算。在稳态工况下，堆内冷却剂各点的流速是不随时间变化的，它们仅仅是空间位置的函数；而在瞬态工况（例如反应堆失流事故、冷却剂丧失事故）下，堆内冷却剂各点的流速则不仅是空间位置的函数，而且还是时间的函数。本章只讨论反应堆稳态工况下的水力计算。稳态工况水力计算的内容，概括说来，主要包括以下几个方面：

(1) 计算冷却剂的流动压降，以便确定：

1) 堆芯各冷却剂通道内的流量。它是计算堆芯各冷却剂通道内冷却剂的焓升、燃料元件的温度和临界热流密度的必不可少的参量，它直接影响堆的输热能力。在反应堆设计中，总是尽量设法使堆芯冷却剂的流量分布与发热分布相匹配，这样就可以最大限度地输出堆内释出的热量，从而可以提高反应堆的允许运行功率。

2) 合理的堆芯冷却剂流量和合理的一回路管道、部件的尺寸以及冷却剂循环泵所需要的功率。在大多数动力堆系统中，冷却剂是靠泵或风机强迫循环的，为了克服冷却剂所流经的包括反应堆堆芯、管道、蒸汽发生器等通道在内的一回路的压力损失，必须给循环的冷却剂提供相应的驱动压头，为此就需要消耗唧送功率。唧送功率的大小与一回路冷却剂的流量和压力损失有关。为了降低冷却剂的唧送功率，提高反应堆的经济性，就必须相应地降低冷却剂的流量和增大一回路管道和部件的尺寸。然而这些措施又与强化堆芯传热、降低一回路部件的制造成本相矛盾。因此，合理地确定堆芯冷却剂的流量和一回路管道的尺寸，往往是要在反应堆的经济性和堆芯传热特性二者之间取其折中。

(2) 对于采用自然循环冷却的反应堆(如沸水堆)，或利用自然循环输出停堆后的衰变热，需要通过水力计算确定在一定的反应堆功率下的自然循环水流量，配合传热计算，定出堆的自然循环能力。

(3) 对于存在汽水两相流动的装置，像沸水堆或蒸汽发生器，要分析其系统内的流动稳定性。在可能发生流量漂移或流量振荡的情况下，还应在分析系统水动力特性的基础上，寻求改善或消除流动不稳定性的方法。

根据本课程培训要求，我们将对以上所述内容进行简要介绍。

5.2 单相冷却剂的流动压降计算

在 2.2 节中可以看出，单相流体一维稳定流动的动量守恒和能量守恒式相同。可以统一表示成：

$$-\frac{\mathrm{d}P}{\mathrm{d}Z}=-\frac{\mathrm{d}P_{\mathrm{f}}}{\mathrm{d}Z}-\frac{\mathrm{d}P_{\mathrm{el}}}{\mathrm{d}Z}-\frac{\mathrm{d}P_{\mathrm{a}}}{\mathrm{d}Z} \tag{5-2-1}$$

这就是描述单相流体压降的关系式。

若对上式沿流道长度进行积分，就可得到：

$$\Delta P = P_1 - P_2 = \Delta P_{\mathrm{f}} + \Delta P_{\mathrm{el}} + \Delta P_{\mathrm{a}}$$

如果再考虑局部压降(也称形阻压降)，上式成为：

$$P_1 - P_2 = \Delta P_{\mathrm{el}} + \Delta P_{\mathrm{a}} + \Delta P_{\mathrm{f}} + \Delta P_{\mathrm{c}} \tag{5-2-2}$$

上式等号左边的 P_1 和 P_2 分别表示流体在所给定的通道截面 1 和 2 处的静压力。等号右边的第一项 ΔP_{el} 表示流体自截面 1 流至截面 2 时由流体位能改变而引起的静压力变化，该项通常称为提升压降，若流体的位能是增加的，则提升压降为正值，若流体的位能是减少的，则提升压降为负值。等号右边的第二项 ΔP_{a} 表示因流体速度发生变化而引起的静压力变化，该项称为加速压降，流体速度的改变，可以是流通截面发生变化引起的，也可以是流体密度发生变化引起的。为了便于分析，通常把由摩擦引起的压力损失区分为两类，一类是流体沿等截面直通道流动时由沿程摩擦阻力的作用而引起的压力损失，这类压力损失称为摩擦压降，在上式中用 ΔP_{f} 表示；另一类是流体流过有急剧变化的固体边界时，例如当流体通过截面突然扩大或突然缩小、弯管、接管、阀门、燃料组件定位架等处时，所出现的集中压力损失，这类压力损失称为形阻压降(也称为局部压降)，在上式中用 ΔP_{c} 表示。如果能算出式(5-2-2)等号右边各项的值，就可以得到流体在给定的截面 1 和截面 2 之间的压力变化。

5.2.1 提升压降

单相流体的提升压降，只有在所给定的两个截面的位置之间有一定的垂直高度差时才会显示出来。对水平通道来说不存在提升压降问题。单相流体流经非水平通道时的提升压降可用下式表示：

$$\Delta p_{el} = \int_{z_1}^{z_2} \rho g \sin\theta \mathrm{d}L \tag{5-2-3}$$

式中，Δp_{el}——提升压降，Pa；

ρ——流体的密度，kg/m^3；

g——重力加速度，m/s^2；

θ——通道轴线与水平面间的夹角；

z_1、z_2，L——分别为截面 1、截面 2 的轴向坐标和通道的长度，m。

假定压力变化时流体的密度保持不变(如液体)，或者密度的相对变化较小，例如气体在通道内的压力变化与系统的压力相比很小，且温度变化也不十分大的情况，则式(5-2-3)中的 ρ 可用流体沿通道全长的算术平均值 $\bar{\rho}$ 来近似表示，于是式(5-2-3)积分后得到

$$\Delta p_{el} = \bar{\rho} g (z_2 - z_1) \tag{5-2-4}$$

对于反应堆的情况，压力不算太高，温度不算太低，可以把气体冷却剂当作理想气体处理，即认为它服从理想气体状态方程式

$$p/\rho = RT$$

式中，p——气体的压力，Pa；

ρ——气体的密度，kg/m^3；

T——温度，K；

R——气体常数，R=8 310/M(J/kg・K)，这里 M 表示气体的分子量。

于是气体的平均密度 $\bar{\rho}$ 可由下式求得

$$\bar{\rho} = \bar{p}/R\bar{T} \tag{5-2-5}$$

式中，$\bar{p}=(p_1+p_2)/2$；$\bar{T}=(T_1+T_2)/2$，p_1 和 T_1、p_2 和 T_2 分别表示气体在截面 1 和截面 2 处的压力(Pa)和温度(K)。因为 P_2 是待求量，可以看出，求解气体冷却剂的提升压降时需要经过多次迭代。在一般状态下，气体的密度都很小，因此所产生的提升压降与总压降相比不大，为简单起见，在计算气体总压降时往往略去气体的提升压降。

5.2.2 加速压降

由于流体密度改变而产生的加速压降，其表达式为

$$\Delta p_a = \int_{V_1}^{V_2} \rho V \mathrm{d}V \tag{5-2-6}$$

符号 V_1，V_2 分别表示流体在截面 1 和截面 2 处的速度，因为 $\rho V=G$ 为一常数，(对于等截面流道)式(5-2-6)积分得

$$\Delta p_a = G(V_2 - V_1) \tag{5-2-7}$$

式中，G 是质量流速(kg/m^2・h)，若把 ΔP_a 表示成流体密度或比体积的函数，则可写成

$$\Delta p_a = G^2\left(\frac{1}{\rho_2} - \frac{1}{\rho_1}\right) = G^2(v_2 - v_1) \tag{5-2-8}$$

液体冷却剂在只有温度改变而不产生沸腾时密度变化很小，所以液体冷却剂沿等截面直通道流动时，可忽略加速压降。式中 v_2、v_1 为截面 2 和截面 1 处的比体积。

由式(5-2-8)求得的 Δp_a，没有包含截面变化引起的加速压降，后者包含在后面讲的局部压降之中。

5.2.3 摩擦压降

计算单相流的摩擦压降，普遍采用达西(Darcy)公式，即

$$\Delta p_f = f\frac{L}{D_e}\frac{\rho V^2}{2} \tag{5-2-9}$$

式中，Δp_f——摩擦压降，Pa；

f——摩擦系数，无因次；

L——通道长度，m；

D_e——通道的当量直径，m；

ρ——流体的密度，kg/m^3；

V——流体的速度，m/s。

上面的 f 称为达西-韦斯巴赫(Weisbach)摩擦系数，它与流体的流动性质(层流与湍流)、流动状态(定型流动即充分展开的流动与未定型流动)、受热情况(等温与非等温)、通道的几何形状、表面粗糙度等因素有关。流体在圆形通道内作定型层流流动时，其摩擦系数完全可以用解析方法导出，其结果可以表示为

$$f = 64/Re = 64/(D_e V\rho/\mu) \tag{5-2-10}$$

式中，Re 是雷诺数，流体在圆形通道内作层流流动时 $Re<2\ 300$，μ 是流体的黏度(Pa·s)。在流体的湍流流动中，沿通道流通截面上的流体速度的分布规律比较复杂，要用解析方法导出摩擦系数的关系式相当困难。在一般情况下，湍流摩擦系数关系只有通过实验才能确定。在动力堆内所使用的燃料元件包壳，均具有最佳的冷拉管特性，对于粗糙圆形通道，在湍流区也可采用下面的便于计算的经验公式

$$f = 0.005\ 5\left[1 + \left(20\ 000\frac{\varepsilon}{D} + \frac{10^6}{Re}\right)^{1/3}\right] \tag{5-2-11}$$

5.2.4 局部压降

流体流经局部地区的运动非常复杂，所产生的压降一般只能由实验确定，只有个别情况，例如截面突然扩大，才能由理论分析给出结果。迄今为止，关于局部压降的实验研究绝大多数属于湍流流动，很少涉及层流，所以下面只讨论湍流流动时的局部压降。

由于局部地区的流程一般都很短，因而流体在局部地区的提升压降和沿程摩擦压降均可忽略。如果流体在局部地区的速度变化为零(进、出口截面相等)，那么局部压降就只有形阻压降了。

局部压降的计算公式都采用如下的形式：

$$\Delta p_c = K\frac{\rho V^2}{2} \tag{5-2-12}$$

式中，K 为局部阻力系数，由实验确定。关于截面突然扩大情况下的局部压降计算，我们在这里不进行理论推导了。仅将它的理论推导的结论，即计算公式介绍如下：

图 5-2-1 表示通道中流体的截面突然扩大，在忽略了截面 1-1 和截面 2-2 之间的高度变化和沿程摩擦阻力后，可以写出

$$p_1 - p_2 = \frac{\rho}{2}(V_2^2 - V_1^2) + \Delta p_{c,e} \tag{5-2-13}$$

式中，等号右边的第一项为局部加速压降；第二项 $\Delta p_{c,e}$ 为截面突然扩大的形阻压降，该项可借助于动量方程和连续性方程求得为：

$$\Delta p_{c,e} = \left(1 - \frac{A_1}{A_2}\right)^2 \frac{\rho V_1^2}{2} = K_e \frac{\rho V_1^2}{2} \tag{5-2-14}$$

式中，$K_e = [1-(A_1/A_2)]^2$ 称为突然扩大形阻系数，也称为博尔达(borda)-卡诺(Carnot)系数，把 $\Delta p_{c,e}$ 代入式(5-2-12)整理后得到

$$p_1 - p_2 = \left[\left(\frac{A_1}{A_2}\right)^2 - \frac{A_1}{A_2}\right]\rho V_2^2 = \left(\frac{1}{A_2^2} - \frac{1}{A_1 A_2}\right)\frac{W^2}{\rho} \tag{5-2-15}$$

因为 $A_1 < A_2$，所以方程(5-2-15)右边是负值，这表明 $p_1 < p_2$，即流体在面积扩大的情况下将产生一个负的压降，也就是说流体的静压力有一个净的回升。

对于截面突然缩小情况如图 5-2-2 所示。

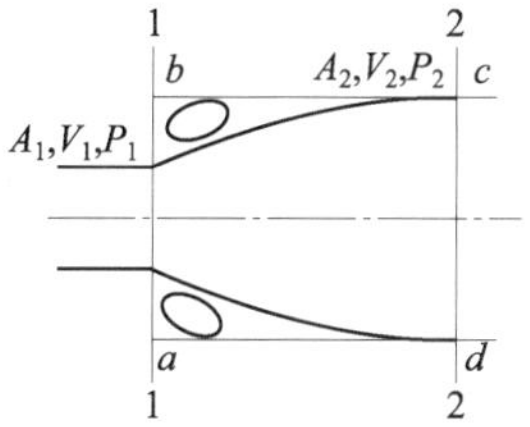

图 5-2-1　流通截面突然扩大

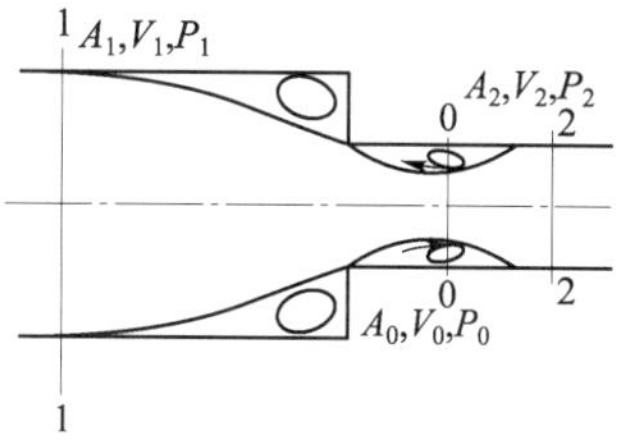

图 5-2-2　流通截面突然缩小

由动量守恒方程可以得到流体在截面 1-1 和截面 2-2 之间的压力变化为

$$p_1 - p_2 = \frac{\rho}{2}(V_2^2 - V_1^2) + \Delta p_{c,c} \tag{5-2-16}$$

式中，$\Delta p_{c,c}$ 为突然缩小的形阻压降，类似于式(5-2-14)，该压力损失项可以写成如下的表达式

$$\Delta p_{c,c} = K_c \frac{\rho V_2^2}{2} \tag{5-2-17}$$

对于截面突然缩小的形阻压降习惯上用下游速度表示。式中的 K_c 称为突然缩小形阻系数，一般表示成

$$K_c = a\left[1 - \left(\frac{A_2}{A_1}\right)^2\right] \tag{5-2-18}$$

式中，a 是一个无因次经验系数，其数值在 0.4～0.5，今采用 0.4。把 $\Delta p_{c,c}$ 和 K_c 值代入式(5-2-11)得

$$p_1 - p_2 = \frac{\rho(V_2^2 - V_1^2)}{2} + 0.4\left[1 - \left(\frac{A_2}{A_1}\right)^2\right]\frac{\rho V_2^2}{2} \tag{5-2-19}$$

再应用连续性方程，即 $W = A_1 V_1 \rho = A_2 V_2 \rho$，把式(5-2-19)化简后得到

$$p_1 - p_2 = 0.7\left(\frac{1}{A_2^2} - \frac{1}{A_1^2}\right)\frac{W^2}{\rho} \tag{5-2-20}$$

因为 $A_2 < A_1$，故式(5-2-20)的右边是正值。由此可见 $p_2 < p_1$，即流体在截面突然缩小时导致一个静压降。

除了上述两种形阻压降外，冷却剂在流经系统中的弯管、接管和阀门时也会产生压力损

失。为了计算一回路系统的总压力损失，还需给出这些局部的形阻压降。由于造成局部压降损失的水力现象的实质是一样的，可以认为各种局部压力损失的计算公式都有相同的形式，即

$$\Delta p_c = K\frac{\rho V^2}{2} \tag{5-2-21}$$

式中的形阻系数 K 根据各种具体情况由实验测定。各种弯管与接管、阀门的形阻系数请查阅有关参考文献。必须指出，K 是对应于该局部某一速度而言的，因此在选用 K 时，应注意它与速度间的关系，与 K 相应的这一速度在参考文献中都有标明。

在棒状燃料组件的设计中，为了保持所需要的栅距以及防止反应堆运行过程中产生振动和弯曲，通常在棒束内沿高度方向安装适当数量的定位件。定位件的形式是多种多样的，可以把它们归并为两种类型：(1)不同几何形状的横向定位架；(2)缠绕在单棒上的螺旋形定位绕丝。图 5-2-3 是这两类典型定位件的示意图。由于定位架和定位绕丝在结构上以及在棒束上安放的位置各不相同。因此，通常采用两种不同的方法来计算它们的压降损失。

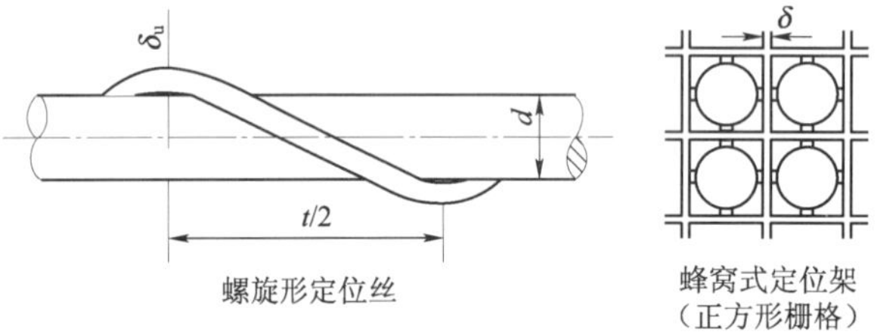

图 5-2-3　典型的燃料元件组件定位件

冷却剂流过定位架的压力损失，属于流通截面突然变化的情况。然而由于定位架的结构比较特殊，采用截面突然扩大或突然缩小两个连续变化来计算它们的压力损失并不十分准确，因此往往依靠实验来确定。

在计算定位架形阻压降的各种经验公式中，以雷梅(Rehme)推荐的经验公式用得最广泛，该公式表示如下：

$$\Delta p_{gd} = K_d\psi^2\frac{\rho V_b^2}{2} = K_{gd}\frac{\rho V_b^2}{2} \tag{5-2-22}$$

式中：Δp_{gd}——定位架形阻压降，Pa；

ψ——定位架在垂直主流方向的投影面积与棒束中自由流通截面积之比；

V_b—棒束中平均流速，m/s；

K_{gd}—定位架形阻系数($K_{gd}=K_d\psi^2$)，经验常数 K_d 为棒束中雷诺数 Re_b 的函数。

根据雷梅的实验数据得到的经验系数 K_d 随 Re_b 的变化见图 5-2-4，Re_b 是棒束的雷诺数，它由下式确定

$$Re_b = \frac{\rho V_b D_e}{\mu} \tag{5-2-23}$$

式中，D_e——棒束的当量直径。

在用绕丝作定位件的棒束中，定位绕丝是沿着每一根棒的全部高度上缠绕的，显然所产生的压力损失也应该是沿着棒束组件全部高度上的分布。雷梅用修正棒束组件摩擦系数的

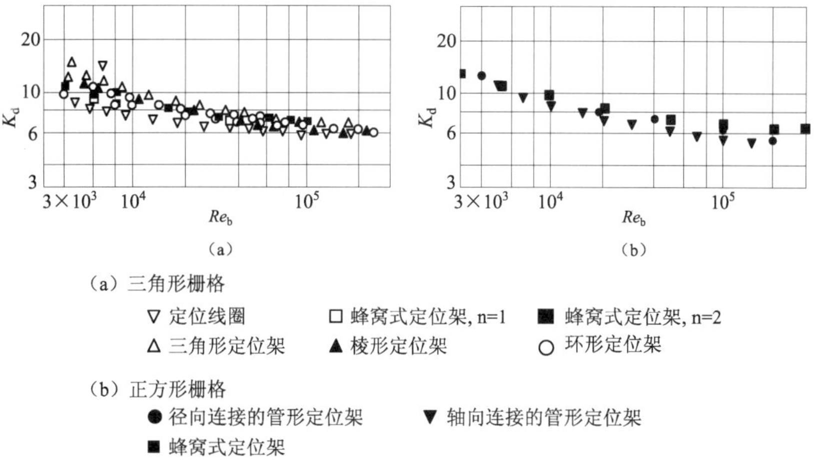

图 5-2-4　经验系数 K_d 随棒束组件中 Re 的变化

方法，把冷却剂流过定位绕丝所产生的压力损失归并在摩擦压力损失项中，这时的总摩擦压力损失 $\Delta p_{f,s}$ 同燃料元件的栅距 P 与燃料棒的直径 d 之比 (P/d)、螺旋定位绕丝的节距 t 以及棒束组件中的燃料元件的数目有关。计算总摩擦压力损失的公式如下：

$$\Delta p_{f,s} = f_s \frac{U_b}{U_t} \frac{\rho V_e^2}{2} \frac{L}{D_e} \tag{5-2-24}$$

式中，f_s——修正的摩擦系数；

U_b/U_t——棒束组件中燃料元件棒和定位绕丝的湿周长与总湿周长(包括盒壁)之比；

V_e——棒束内冷却剂的有效流速(考虑定位绕丝产生的涡流影响在内)，m/s。

f_s 是用修正雷诺数计算，其方程为

$$f_s = \frac{64}{Re_s} + \frac{0.0816}{Re_s^{0.133}} \tag{5-2-25}$$

式中，$Re_s = \rho V_e D_e / \mu$。

V_e 为有效流速，它用下式计算

$$\left(\frac{V_e}{V_n}\right)^2 = \left(\frac{P}{d}\right)^{0.5} + \left[7.6 \frac{\bar{d}_s}{t}\left(\frac{P}{d}\right)^2\right]^{2.16} \tag{5-2-26}$$

式中，$\bar{d}_s$——定位绕丝的平均直径；

V_n——棒束组件中冷却剂的名义流速。

V_n 用下式计算

$$V_n = \frac{\dfrac{W}{\rho}}{B^2 - \dfrac{\pi}{4}(d^2 + \bar{d}_s^{\,2})n} \tag{5-2-27}$$

式中，W——棒束组件的质量流量，kg/s；

B——棒束组件的宽度，m；

n——一个组件中的燃料棒数。

式(5-2-25)～式(5-2-27)的适用范围是：$Re_s = 10^3 - 3\times10^5$；$t/\bar{d}_s = 6 \sim 45$。

例题 5-2-1 高温水以恒定流量 $W=5$ kg/s 流经下图所示管线，已知截面 1 上平均压力为 $P_1=1\times10^5$ Pa，截面 2 在截面 1 的下方，其中心线高度差为 5 m。截面 1 流通面积为 1×10^{-3} m²，截面 2 的流通面积是截面 1 的 6 倍。设高温水的密度为 $\rho=900$ kg/m³。

1）定性说明截面 1 至截面 2 压力变化的来源。

2）如果忽略摩擦压降，定量说明截面 1 至截面 2 压力变化的来源及其变化量。

解 （1）从截面 1 到截面 2 的压力变化来源于四个部分：

1）由于垂直位置的变化引起的负的提升压降；

2）沿管线摩擦压降引起的压头的降低；

3）由于弯管和管道截面变化的形阻压降引起压头的降低；

4）从截面 1 到截面 2 处流动速度降低引起的负的加速压降。

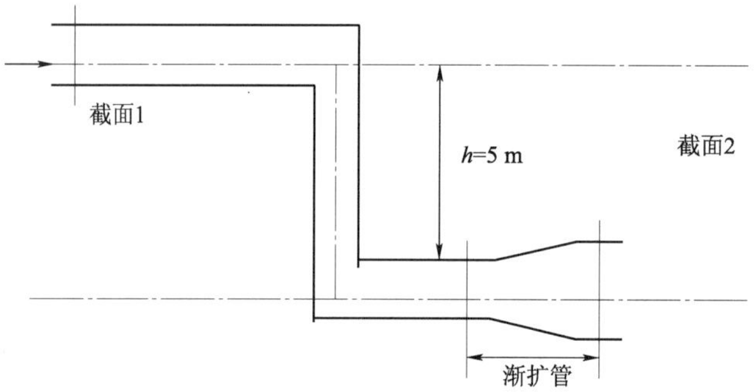

（2）若忽略摩擦压降和形阻压降，压力的变化只有提升压降和加速压降

提升压降为 $\Delta p_{el}=\rho g(Z_2-Z_1)=900\times9.8\times5=0.441\times10^5$

加速压降为 $\Delta p_a=\frac{\rho}{2}\cdot\frac{W^2}{\rho^2}\left(\frac{1}{A_1^2}-\frac{1}{A_2^2}\right)=\frac{5^2}{2\times900\times1\times10^{-6}}\left(1-\frac{1}{36}\right)=0.135\times10^5$

所以总的变化量为 $\Delta P=0.576\times10^5$ Pa。

例题 5-2-2 选择(选择最优的组合)。

影响系统中单向流的阻力损失的因素是：(　　)

A. 流体速度、管径、管子内壁的粗糙度

B. 流体的压力，管径，管子长度

C. 管子内壁的粗糙度、流体的速度、流体的温度

D. 流体的比体积、流体的温度、流体的压力

解 A

例题 5-2-3 假定可将堆芯划分成两个封闭的等效上升通道，即旁通通道和加热通道，如下图所示。上升通道的上方是上腔室通道，下方是下腔室通道。

试推导出旁通通道和加热通道的质量流量比的表达式。

已知旁通通道(下标 $i=1$)和加热通道(下标 $i=2$)的下列参数(均采用国际单位)：

K_i：进口、出口和定位格架等的形阻系数之和；

f_i：非等温流动的摩擦阻力系数；

L_i：流道的长度；

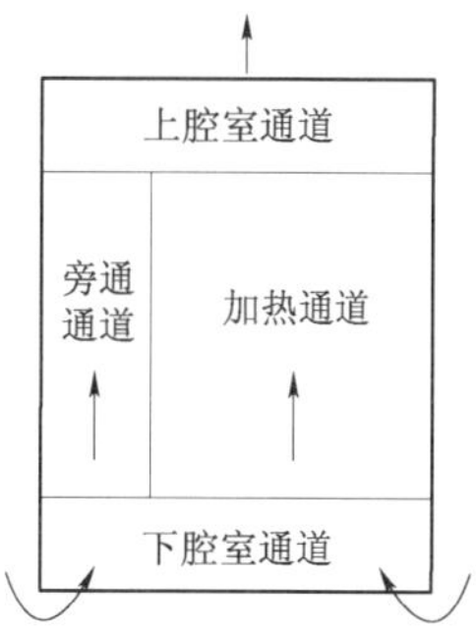

D_i:流道的当量直径;

ρ_i:流道中水的平均密度;

S_i:流通面积。

假设条件如下:

a) 堆芯处在正常稳态工况;

b) 旁通通道和加热通道的提升压降相等;

c) 不考虑旁通通道和加热通道中的加速压降;

d) 旁通通道和加热通道的形阻压降和摩擦压降均按流道中水的平均密度计算;

e) 在上腔室通道和下腔室通道中的水均匀混合。

解　假设整个堆芯的质量流量为 W,旁通通道的质量流量份额为 ξ。形阻压降和摩擦压降的计算公式分别为:$\Delta p_c=\dfrac{KG^2}{2\rho}$;$\Delta p_f=\dfrac{fLG^2}{2D\rho}$。其中,$K$ 为局部形阻系数;G 为质量流速;ρ 为流体的密度;f 为摩擦阻力系数;L 为流道的长度;D 为流道的当量直径。

旁通通道的质量流量为 ξW,加热通道的质量流量为$(1-\xi)W$。

旁通通道的质量流率:$G_1=\xi W/S_1$

加热通道的质量流率:$G_2=(1-\xi)W/S_2$

旁通通道的总压降为:$\Delta p_{1,t}=\Delta p_{1,f}+\Delta p_{1,a}+\Delta p_{1,e}+\Delta p_{1,c}$

其中,下标 f 表示摩擦压降;a 表示加速压降;e 表示提升压降;c 表示局部形成阻压降;t 表示总压降。

加热通道的总压降:

$$\Delta p_{2,t}=\Delta p_{2,f}+\Delta p_{2,a}+\Delta p_{2,e}+\Delta p_{2,c}$$

上述两个通道的总压降相等:

$$\Delta p_{1,t}=\Delta p_{2,t}$$

再利用已知条件 $\Delta p_{1,a}=\Delta p_{2,a}=0$,$\Delta p_{1,e}=\Delta p_{2,e}$,易得:

$$\Delta p_{1,f}+\Delta p_{1,c}=\Delta p_{2,f}+\Delta p_{2,c}$$

$$\Delta p_{1,f}+\Delta p_{1,c}=\frac{(K_1+f_1L_1/D_1)G_1^2}{2\rho_1}$$

$$\Delta p_{2,f}+\Delta p_{2,c}=\frac{(K_2+f_2L_2/D_2)G_2^2}{2\rho_2}$$

代入 $G_1=\xi W/S_1$ 和 $G_2=(1-\xi)W/S_2$,整理得到:

$$\frac{\xi}{1-\xi}=\frac{S_1}{S_2}\sqrt{\frac{\rho_1(K_2+f_2L_2/D_2)}{\rho_2(K_1+f_1L_1/D_1)}}$$

5.3　两相流及两相流动压降

多种物相在同一个系统内一起流动称为多相流。空气、水、冰的混合物在一起的流动就是多相流的一个例子。在多相流中,各个物相之间均存在着分辨相区的界面。组成多相流的各个物相的化学成分可能相同,也可能不同,通常把组成物相的化学成分称为组分。由相同化学成分组成的多相流称为单组分多相流,否则,则称为多组分多相流。在多相流中最简单的组合是两相流,是指由两种不同物质或者相同物质的两种不同物相的流动。例如汽水混合物、空气水混合物的流动都是两相流,前者称为单组分两相流,后者称为双组分两相流。某些双组分的流动,由互不混合的一种相构成,一般也作为两相流来处理。

两相流可以分成绝热的和非绝热的两种。在动力堆系统内所碰到的基本上都是非绝热的两相流,例如在沸水堆的冷却剂通道内以及在蒸汽发生器的上升管内,都是汽液两相的非绝热流动。在采用液体冷却剂的反应堆内,当流动着的液体冷却剂有一部分发生相变时(从液相变为汽相)也会变成两相流,例如在压水堆内,在正常运行工况下,通常允许燃料元件表面产生过冷沸腾以及在最热通道内发生饱和沸腾;在事故工况下,则有更多的冷却剂通道会发生程度不等的饱和沸腾,在这些工况下,冷却剂的流动就由原来的单相流变成两相流了。

两相流的存在明显地改变了冷却剂的传热性能和流动特性,伴随相变所产生的气泡还会减弱冷却剂(兼作慢化剂)的慢化能力。因此,两相流的研究对反应堆系统的设计和运行是非常重要的。熟悉和掌握两相流的变化规律和计算方法,就可以使设计的反应堆系统具有良好的热工和流体动力学特性,从而避免因对这个问题认识不足而带来的种种问题。如果没有有关汽液两相流的基本知识,要弄清楚反应堆的稳态和瞬态特性也是很困难的。

在动力反应堆内,用得最多的液体冷却剂是水,因此本节将主要探讨汽水两相的加热流动。

5.3.1 两相流流型

在受热通道中,汽-水混合物的汽相和液相同时流动,可以形成各式各样的形态,即所谓流动结构,这些流动结构通常就称之为流型。确定两相流的流型与在单相流中区别是层流还是湍流是同样重要的。因为在两相流中,流型与系统的压力、流量、含汽量、壁面的热流量以及通道的几何形状和流动方向有着密切的联系,流型的变更通常表征着动量传递和传热特性的改变,因而不同的流型在通道内会形成不同的流动工况,产生不同的流动压降、不同的传热方式和沸腾临界。

尽管人们通过对两相流的研究已经积累了丰富的知识,但对流型的划分和命名,特别是鉴别从一种流型过渡到另一种流型的条件,迄今尚未形成统一的看法,往往因人而异。虽然如此,但在垂直加热通道中,一般都公认存在下述四种主要流型(见图5-3-1)。

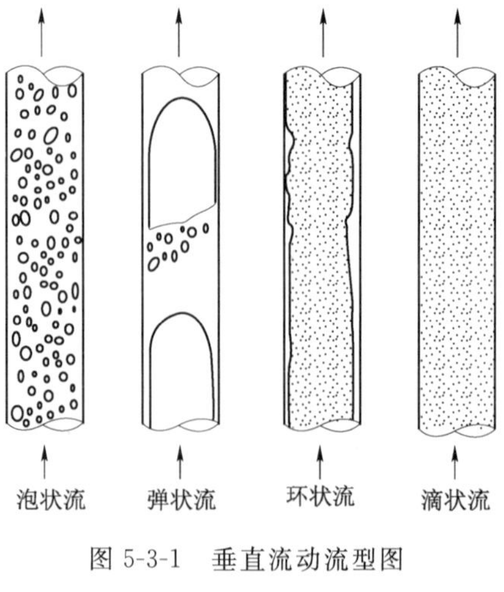

图5-3-1 垂直流动流型图

泡状流:液相是连续相,汽相以气泡的形式弥散在液相中,两相同时沿通道流动。这种流型一般发生在过冷沸腾区或饱和沸腾低含汽量区。

弹状流:也称塞状流或块状流,它是柱形气泡和块状液团在通道的中心部分交替出现的流动。这种流动实际上是泡状流向环状流的过渡阶段,因此弹状流是一种不稳定的过渡流型,它一般出现在饱和沸腾中等含汽量区。

环状流:在这种流型中,液相在管壁上形成一个环形的连续流，而连续的汽相则在管道的中心部分流动，在液环中还弥散着气泡，在汽相中夹带着液滴。这种流型出现在饱和沸腾高含汽量区。如果汽相沿着壁面呈环形连续流，而液相在中心部分流动，则称这种流动结构为反环状流，它是环状流的一个特例。

滴状流：在这种流型中，通道内的流体变成许多细小的液滴悬浮在蒸汽主流中随着蒸汽流动。而且越接近通道的出口，液滴的数量越少，液滴的尺寸也越小，直到形成单相蒸汽时为止。

水平流动下的流型组合比垂直流动时的情况略为复杂，因为流场在重力作用下，导致较显著的相分布不均匀性。在低流量下，稠密相力图聚集在流道下部，极端情况下会构成分层流动。常见的水平同向流动流型如图 5-3-2 所示，即弥散泡状流、层状流、间歇流和弥散环状流。

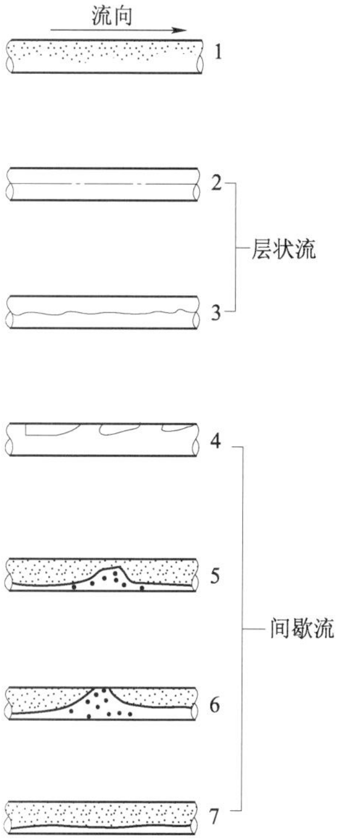

图 5-3-2　水平两相流动流型分类图

1—弥散泡状流；2—纯层状流；3—波状层状流；4—塞状流；5—半弹状流；6—弹状流；7—弥散环状流

弥散泡状流：气泡弥散在连续液相中，由于浮力影响，气泡集中弥散在流道顶部。随着流速增大气泡呈泡沫状均匀弥散于整个流道。

层状流：又可细分为纯层状流和波状层状流。纯层状流下，重力使两相完全分离，两相交界面光滑。气相在流道上部流动，液相在流道底部流动。随着气相流速增大，气液相交界面呈波状，便进入波状层状流。

间歇流：又可细分为塞状流，半弹状流和弹状流。间歇流是液相和气相各自呈不同的构形在流道内交替出现。塞状流时气泡呈弹状且偏置于流道顶部流动。弹状流时液相呈连续相，夹杂有小液滴的气块处于流道顶部并与泡沫状液块相间。这两种流型的间歇性都可能导致压力突然变化，引起工程中最感困惑的流道振荡破坏。半弹状流与弹状流的差异仅是泡沫状液块界面呈波状且不与流道顶部相接触。

弥散环状流：水平弥散环状流的基本特征与垂直流动下的相同。一般不出现纯环状流动，气芯中往往夹带着大量弥散流液滴。其主要差异是因为在重力作用下液膜周向厚度不均匀，流道底部处膜厚大于顶部处的液膜厚度。

图 5-3-3 为典型的水平加热流道流型变迁图，流型变化过程与垂直蒸汽管道大致相同，对于均匀加热热流密度较低、入口流速较小的情况的水平流

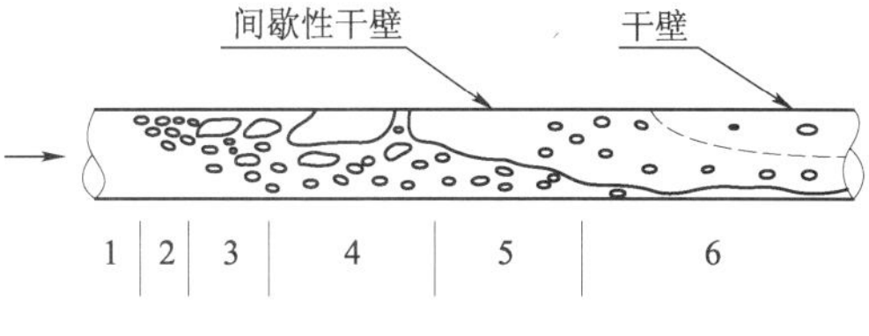

图 5-3-3　水平流道内的流型

1—单相液体；2—泡状流；3—塞状流；4—弹状流；5—波状流；6—环状流

道，重力效应显著，导致相分布不对称性，出现了层状流动。相分布不对称性和流体受热导致波状层状流区、流道顶部会发生间断性再湿和干涸。在环状流区，顶部会出现逐渐扩大的干涸区。如果入口速度较高，则重力效应相对减弱，相分布趋于对称，流型变迁更接近垂直蒸发管中的情况。

5.3.2 两相流特性参数

两相流系统的流动压降计算、传热计算、流动稳定性分析，除了要涉及具体流型之外，还必须确定通道中每一处两相间数量上的比例关系，为此引入了含汽量、空泡份额和滑速比的概念。

(1) 含汽量(即质量含汽率)

在汽液两相混合物中，定义了三种含汽量，分别称为静态含汽量 x_s，真实含汽量 x 和热力学平衡含汽量(平衡态含汽量)x_e。

1) 静态含汽量 x_s

对于不流动的系统，即在汽相和液相都没有运动的系统内，静态含汽量 x_s定义为：

$$x_s = \frac{\text{汽液混合物内蒸汽的质量}}{\text{汽液混合物的总质量}} \tag{5-3-1}$$

如图 5-3-4 所示，考虑一个长度为 Δz 的体积元，根据上述定义可以写出

$$x_s = \frac{\Delta z \rho_g A_g}{\Delta z \rho_f A_f + \Delta z \rho_g A_g} = \frac{\rho_g A_g}{\Delta \rho_f A_f + \rho_g A_g} \tag{5-3-2}$$

式中，ρ_g，ρ_f，A_g和 A_f分别表示蒸汽的密度、液体的密度、蒸汽占据的截面积和液体占据的截面积。不言而喻，x_s值的变化范围是 $0 \leqslant x_s \leqslant 1$。

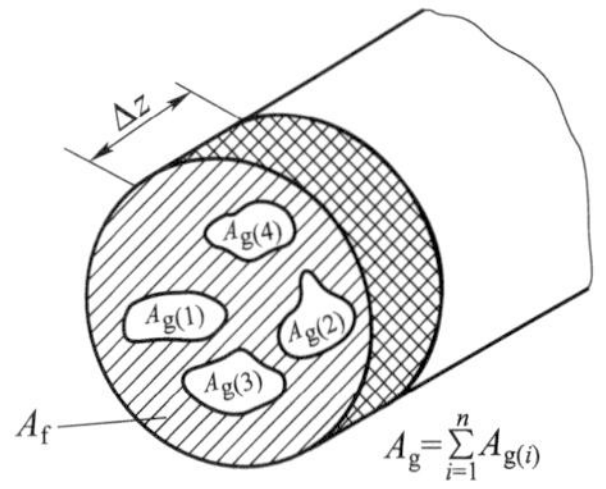

图 5-3-4 通道内的空泡分布

2) 真实含汽量 x

对于流动通道，任何一个横截面上的真实含汽量 x 定义为

$$x = \frac{\text{蒸汽的质量流量}}{\text{汽液混合物的总质量流量}} \tag{5-3-3}$$

若用 V_g、V_f分别表示蒸汽的流速和液体的流速，则上式又可写成

$$x = \frac{\rho_g V_g A_g}{\rho_f V_f A_f + \rho_g V_g A_g} \tag{5-3-4}$$

真实含汽量 x 对分析过冷沸腾和烧干后的沸腾工况十分重要，因为在这两个区域内按热力学非平衡态模型，汽液两相间处于热力学不平衡状态，热力学平衡态含汽量在这些区域内是不适用的。

3) 平衡态含汽量 x_e

若汽液两相处于热力学平衡状态，则 x_e由下式确定

$$x_e = (H - H_{fs})/H_{fg} \tag{5-3-5}$$

式中，H 是汽液两相混合物的焓，H_{fs}是液体的饱和焓，H_{fg}是汽化潜热。平衡态含汽量可以为负，也可以为正和大于 1。若 x_e为负，则说明流体是过冷的；若 x_e大于 1，则说明流体已为过热蒸汽。

从上面的分析可以看出，在过冷沸腾区显然 x_e不等于 x。

(2) 空泡份额 α(也称截面含汽率)

在静止的汽液混合物中,α 被定义为蒸汽的体积与汽液混合物总体积的比值,即

$$\alpha = V_{ug}/(V_{uf} + V_{ug}) \tag{5-3-6}$$

式中,V_{ug}——汽液混合物内蒸汽的体积;

V_{uf}——汽液混合物内液体的体积。

而在流动系统中,在所考虑的区段内的空泡份额 α 是该区段蒸汽的体积与汽液混合物总体积之比。对于长度为 Δz 的微元段(见图 5-3-4)来说可以写出

$$\alpha = A_g \Delta z/(A_f + A_g)\Delta z$$

式中,A_g 和 A_f 分别是蒸汽和液体在通道内所占据的流通面积。因为 $A_g + A_f = A$,所以上式简化为

$$\alpha = A_g/A \tag{5-3-7}$$

式中,A 是通道的总流通面积。由此可见,α 在数值上恰好等于蒸汽所占据的通道截面积的份额。

(3) 滑速比 S

在两相流中,蒸汽的平均速度和液体的平均速度可以相等,也可以不相等。若其中蒸汽的平均速度是 V_g,液体的平均速度是 V_f,则定义 V_g 与 V_f 之比为滑速比 S,即

$$S = V_g/V_f \tag{5-3-8}$$

在垂直向上流动的两相系统中,由于蒸汽的密度小,受到浮升力的作用,因而蒸汽的运动速度要比液体快,这样在蒸汽和液体之间便产生了相对滑移,所以 $V_f < V_g$,$S > 1$。

如果混合物的总质量流量为 W_t,则蒸汽的质量流量为 xW_t,而液体的质量流量为 $(1-x)W_t$。因为

$$xW_t = A_g V_g \rho_g; \quad (1-x)W_t = A_f V_f \rho_f$$

所以

$$S = \frac{V_g}{V_f} = \frac{x}{1-x}\frac{A_f}{A_g}\frac{\rho_f}{\rho_g} \tag{5-3-9}$$

5.3.3 两相流压降

与分析单相流一样,动量方程同样是分析两相流压降的基础。但是由于研究两相流压降的复杂性,本节只简要介绍用于两相流压降计算的两种模型。

(1) 均匀流模型

均匀流模型也称为"摩擦系数"模型或"雾状流"模型,它是把两相流看作是一个具有从每一相物性导出的平均物性的假想单相流。均匀流模型的基本假设是:

1) 汽相和液相的流速相等($S=1$);

2) 两相间处于热力学平衡状态;

3) 使用合理确定的单相摩擦系数。

根据对流动结构的考察,一般认为这个模型适用于分析泡状流和滴状流,特别是对流速大和压力高的情况尤为准确。

(2) 分离流模型

分离流模型假定汽液两相完全分开,每相均以各自的平均流速沿通道的不同部分流动,

这样的一种流动结构就称为分离流模型，在分离流模型中，汽相的平均流速和液相的平均流速一般是不相等的，当两相的平均流速相等时，分离流模型和均匀流模型就不存在差别了。分离流模型所依据的基本前提是下列假设：

1）气相和液相的流速各自保持不变，但不相等；

2）两相间处于热力学平衡状态；

3）用经验关系式或简化的概念寻求两相流摩擦压降倍数 Φ_{f0}^2 和空泡份额 α 与独立流动变量之间的表达式。

考查环状流流动结构与分离流模型的假设是近似的，所以用分离流模型分析环状流合适。

例题 5-3-1 选择题。

假定某流体系统中的质量流量保持不变，在单相流和两相流的流动工况下，两者的流动阻力的比较是：（ ）

A. 单相流的流动阻力损失大

B. 两相流的流动阻力损失大

C. 由于流动阻力损失取决于质量流量，所以两者的流动阻力损失相同

D. 只要不出现整体沸腾，两相流的阻力损失小

解 B 一般来说两相流的平均速度比单相流大，由于摩擦阻力损失和流动速度的平方成正比，因而两相流的流动阻力损失大。

5.4 一回路流动压降和水泵功率

5.4.1 一回路压力平衡

上面我们讨论了流体在系统中任意给定的两个流通截面之间的压降计算方法。在反应堆的热工水力分析中，除了需要计算系统中各点的冷却剂的压力数值之外，往往还需要知道冷却剂在反应堆一回路系统内循环流动时的总压降。例如在计算冷却剂循环泵所消耗的功率，以及确定堆的自然循环能力时都需要总压降的数值。

计算反应堆回路的总压降通常采取的步骤是，首先根据流体在回路中的受热情况（加热、冷却、等温）把回路划分成若干段，算出每一段内的各种压降之和，然后再把各段的压降相加，即得到整个回路的总压降。假设把回路划分成 i 段，则总压降的数学表达式可以写成

$$\Delta p_{\mathrm{t}} = \sum_i (\Delta p_{\mathrm{el}} + \Delta p_a + \Delta p_f + \Delta p_{\mathrm{c}})_i \tag{5-4-1}$$

或者

$$\Delta p_{\mathrm{t}} = \sum_i \Delta p_{\mathrm{el},i} + \sum_i \Delta p_{a,i} + \sum_i \Delta p_{f,i} + \sum_i \Delta p_{\mathrm{c},i} \tag{5-4-2}$$

式(5-4-2)左边的 Δp_{t} 表示回路中的总压降，右边的各项依次表示回路中的提升压降、加速压降、摩擦压降、局部压降的总和。对于闭合回路来说，系统中所产生的加速压降之和为零。即 $\sum_i \Delta p_{a,i}=0$。这样式(5-4-2)就变成

$$\Delta p_t = \sum_i \Delta p_{el,i} + \sum_i \Delta p_{f,i} + \sum_i \Delta p_{c,i} \tag{5-4-3}$$

知道了回路内的总压降 Δp_t(Pa)后，就可以求出水泵的有效功率 N_e 为

$$N_e = \frac{V_u \Delta p_t}{1\ 000} = \frac{W \Delta P_t}{1\ 000\ \rho_f}, \text{kW} \tag{5-4-4}$$

式中，V_u——冷却剂的体积流量，m^3/s；

W——冷却剂的质量流量，kg/s；

ρ_f——冷却剂（液体）的密度，kg/m^3。

由于水泵本身有损失，如泵的总效率为 η，则水泵的轴功率 N 为

$$N = \frac{N_e}{\eta} = \frac{W \Delta p_t}{1\ 000 \rho_f \eta}, \text{kW} \tag{5-4-5}$$

5.4.2　田湾核电站 WWER-1000/428 一回路水力计算结果

冷却剂泵组流量-压头曲线如图 5-4-1 所示，图中横坐标为冷却剂泵流量（m^3/h），纵坐标为冷却剂泵压头（mH_2O）。

图 5-4-1 中曲线 1，2，3 所示为冷却剂泵在交流供电频率为 50 Hz，冷却剂参数为额定参数时的设计压头曲线和压头的允许偏差上限和下限曲线，压头偏差考虑到了加工误差和压头测量误差。反应堆四环路运行时，一回路压力损失特性及其上限和下限值如图中曲线 4，5，6 所示。从热工水力计算结果及图 5-4-1 可知，四台主泵在额定压头和一回路额定管路特性运行的条件下，环路冷却剂平均流量为 21 570 m^3/h。在泵的压头特性和管路特性有偏差的情况下，流量偏差在 ± 500 m^3/h 的范围内。在考虑到有电网频率偏差的情况下，冷却剂流量在 $21\ 500^{+1\ 000}_{-1\ 200}$ m^3/h 的范围内。

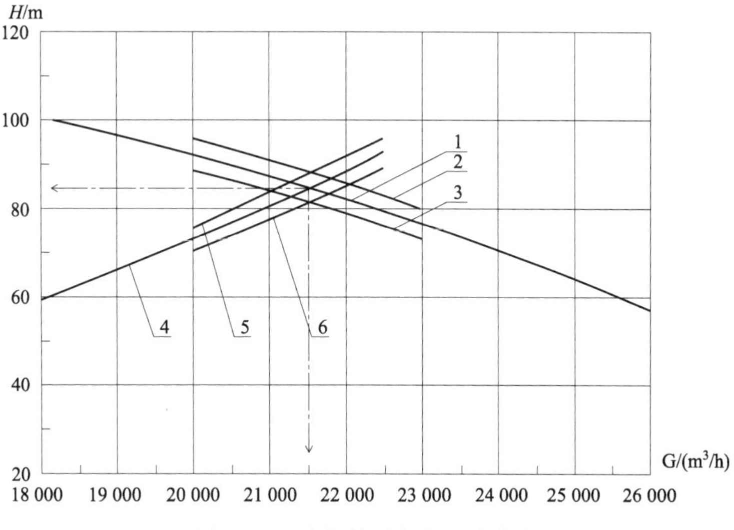

图 5-4-1　冷却剂泵流量-压头曲线

通过反应堆的冷却剂流量为四个环路冷却剂流量之和，在四台主泵运行的条件下，流经反应堆的平均流量为 86 280 m^3/h。在考虑到偏差的情况下，流经反应堆的流量在

$86\,000^{+2\,800}_{-3\,800}$ m³/h的范围内。在进行热工水力分析时，根据堆芯冷却可靠性分析，流经反应堆的冷却剂最小流量为 80 000 m³/h；而根据反应堆水力特性分析，流经反应堆的冷却剂最大流量为 88 000 m³/h。

表 5-4-1 所示为在额定冷却剂泵压头和管路特性的情况下，冷却剂温度随反应堆功率的变化情况。在考虑到主泵和管路特性偏差时，一回路冷却剂参数允许偏差范围如表 5-4-2 所示。反应堆偏环运行参数如表 5-4-3 所示。

表 5-4-1　四环路运行时，反应堆和蒸汽发生器主要参数随功率的变化

参　数	数　值				
反应堆功率/%Nnom	0(MKY)	30	50	75	100
流经反应堆的冷却剂流量/(m³/h)	86 360	86 240	86 120	85 960	85 760
反应堆入口冷却剂温度/℃	276.5	281.0	284.0	287.0	290.4
反应堆出口冷却剂温度/℃	276.5	290.5	298.5	310.0	320.2
热通道出口冷却剂温度/℃	276.5	293.8	305.2	318.0	330.5
一回路压力/MPa	15.7	15.7	15.7	15.7	15.7
蒸汽发生器内压力/MPa	6.08	6.11	6.16	6.25	6.38

表 5-4-2　热工水力参数偏差范围

参　数	数　值					
反应堆功率/MW	3 000[a]			3 120[b]		
流经反应堆的冷却剂流量/(m³/h)	80 000	86 000	88 800	80 000	86 000	88 800
一回路压力/MPa	15.7			15.4		
蒸汽发生器蒸汽集管压力/MPa	6.18			6.38		
蒸汽发生器传热表面状态/MPa	无表面沾污和堵管			有表面沾污和堵管		
反应堆入口冷却剂温度/℃	287.4	287.7	287.8	291.9	292.9	292.4
反应堆出口冷却剂温度/℃	319.4	317.7	316.7	324.6	323.1	322.5

注：[a] 按最低温度分析；[b] 按最高温度分析。

表 5-4-3　偏环运行工况下的热工水力特性

参　数	数　值		
运行主泵的数目	3	相对 2 台	相邻 2 台
反应堆功率/(MW,%Nnom)	2 010/67	1 500/50	1 200/40
泵运行环路冷却剂流量/(m³/h)	24 130	25 700	25 730
泵停运环路冷却剂流量/(m³/h)	8 400	5 350	5 350
流经反应堆冷却剂流量/(m³/h)	62 300	39 430	39 520
冷段冷却剂温度/℃	288.8	288.8	287.4
泵运行环路热段冷却剂温度/℃	311.7	312.7	305.8
泵停运环路热段冷却剂温度/℃	278.1	277.4	277.3

续表

参　数	数　值		
泵运行环路功率/MW	635.9	676.6	536.6
泵停运环路功率/MW	102.3	73.4	63.4
泵运行环路蒸汽集管压力/MPa	6.22	6.24	6.18
泵停运环路蒸汽集管压力/MPa	6.08	6.08	6.08

田湾核电站反应堆冷却剂在四台反应堆冷却剂泵的作用下通过四个入口接管进入压力容器，沿吊篮外壁与压力容器内壁之间的环形通道向下流到容器底部，然后改变流向，向上进入堆芯，带走燃料核裂变产生的热量。冷却剂向上流经燃料组件之后，进入保护管组件，最后到达堆芯吊篮的出口接管，而后进入蒸汽发生器进行换热，换热后的冷却剂又进入冷却剂泵。反应堆冷却剂的流程分成以下几个区：

(1) 反应堆入口部分；

(2) 堆芯；

(3) 反应堆出口部分；

(4) 环路热段部分；

(5) 环路冷段部分；

(6) 蒸汽发生器部分；

(7) 反应堆冷却剂泵。

这里主要举例介绍冷却剂在反应堆堆芯和压力容器的压降计算。

反应堆堆芯和压力容器的压降主要由摩擦压降和形阻压降构成，可用下列形式的方程表示：

$$\Delta p = 10^{-6}(\zeta_{TP} + \zeta_{M}) \cdot \left(\frac{G}{3\ 600 \cdot S}\right)^2 \frac{\rho}{2} \tag{5-4-6}$$

式中，Δp——压降，MPa；

ρ——局部温度下的流体密度，kg/m^3；

G——冷却剂体积流速，m^3/h；

S——冷却剂流动当量面积，m^2；

ζ_{TP}——管路摩擦压降系数；

ζ_{M}——局部形阻压降系数。

由于堆芯和容器几何形状的复杂性，很难得到形阻和摩阻系数的精确分析值，因此，必须通过几何相似模型的水力模拟实验或通过实际核电厂的实验得到这些系数的实验值。

一回路水力通道压力损失系数如表 5-4-4 所示。

表 5-4-4　一回路水力损失系数(四台泵运行，冷段冷却剂平均速度)

区　段	水力损失系数
燃料组件段	12.15±0.96
一回路水力通道	15.5±0.55

对于冷却剂流经的一回路，各区段的压降计算值如表 5-4-5 所示。

表 5-4-5 冷却剂流经一回路的压降

区 段	压降/MPa	温度/℃
反应堆入口段(包括下降段和燃料组件支承段)	0.205	291
堆芯	0.147	291～321
反应堆出口段(包括保护管组件和堆芯吊篮对应部分)	0.040	321
反应堆(不包括入口管嘴和出口管嘴)	0.392	291～321
反应堆(包括入口管嘴和出口管嘴)	0.447	291～321
环路冷段(包括反应堆入口管嘴)	0.055	291
环路热段(包括反应堆出口管嘴)	0.039	321
蒸汽发生器	0.134	291～321
冷却剂泵压头	0.620	291

另外，作用在燃料组件，堆芯围板及保护管组件上的水力负载计算结果如表 5-4-6 所示。水力负载的具体算法请参见参考文献[11]。

表 5-4-6 燃料组件，围板及保护管组件上的水力负载

名 称	数 值			
运行的主泵数目	3		4	
一回路冷却剂温度/℃	60	150	150	306
燃料组件上的作用力/kN	7.85	6.32	10.8	8.05
堆芯围板上的作用力/kN	2.21	2.01	3.55	2.84
保护管组件上的作用力/kN	125.8	117.6	208.4	185.1

例题 5-4-1 已知某压水堆核电厂反应堆冷却剂泵的出口直径为 787 mm，若泵入口的质量流量 m=4 700 kg/s，假定泵的出、入口的压差 ΔP=1 MPa，取冷却剂水的密度 ρ=740 kg/m^3，求该泵的驱动功率。

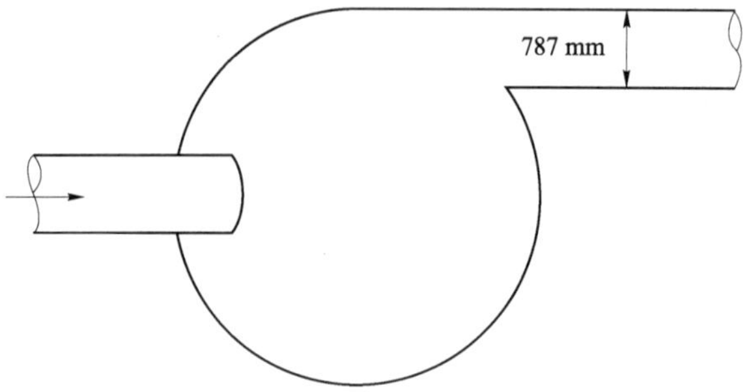

解　由质量守恒可知，泵的入口和出口的质量流量应当相等，即有以下的连续性方程：

$$m_{\text{in}} = m_{\text{out}}$$

于是泵的出口处冷却剂流速为：

$$v = \frac{m_{\text{in}}}{A\rho} = \frac{m_{\text{in}}}{\rho\pi d^2/4}$$

$$= \frac{4\ 700}{\frac{\pi \times 0.787^2}{4} \times 740} = 13.06\ \text{m/s}$$

泵的驱动功率：

$$W = \Delta PAv$$

$$W = 10^6 \times \frac{\pi \times 0.787^2}{4} \times 13.06$$

$$W = 6\ 353\ \text{kW}$$

例题 5-4-2　判断正误并解释理由（对的画"○"，不对画"×"）。

在一个冷却水系统中，一台泵正在运行，可降低系统管道压头损失的情形有：

（　　）A. 启动与运行泵串联的第二台泵。

（　　）B. 启动与运行泵并联的第二台泵。

（　　）C. 用长为 6 m、直径为 300 mm 的管道替换掉长 6 m、直径 250 mm 的管道。

（　　）D. 用长为 6 m、直径为 250 mm 的管道替换掉长 3 m、直径 250 mm 的管道。

解　A（×）　B（×）　C（○）　D（×）

解释正确和错误的理由：

A. 启动第二台泵将增加系统的流量和流速，因压头损失与流速的平方成正比，故系统的压头损失只会增加，因此 A 是错误的。

B. 解释与 A 类似。

C. 因压头损失与管径成反比，管径增大将使系统的压头损失减小，因此 C 是正确的。

D. 因压头损失与管子的长度成正比，管子加长将使系统的压头损失增加，因此系统的压头损失增加。

5.5　自然循环

自然循环是指在闭合回路内依靠热段（向上流）和冷段（向下流）中的流体密度差所产生的驱动压头来实现的流动循环。对于反应堆系统来说，如果堆芯结构和管道系统设计得合理，就能够利用这种驱动压头推动冷却剂在一回路中循环，并带出堆内产生的热量（裂变热或衰变热）。不论是单相流动系统还是包含有两相的流动系统，产生自然循环的原理都是相同的。

5.5.1　自然循环的建立

图 5-5-1 表示一个沸腾堆堆芯的自然循环回路，它由下降段 AB，上升段 CE 以及连接它们的上腔室和下腔室组成。其中上升段由加热段 CD（堆芯）和一个在它上面的不加热的吸力腔组成。为了便于分析，假定堆芯径向的中子注量率分布是均匀的，即堆芯所有燃料元件

冷却剂通道内的释热量都等于平均通道的释热量。轻度过冷水以 W_{in} kg/s 的流量自下降段经由下腔室进入上升段。在加热段(不沸腾段加过冷沸腾段)长度 L_{n0} 内被加热达到饱和状态,而后在饱和沸腾段长度 L_B 内再继续被加热并产生蒸汽,此后上升段中的流体就是汽水混合物了(这里把过冷沸腾段内的流体作为单相液流看待)。由于汽水混合物的密度比水小,因此在下降段中由单相水产生的提升压降(负值)的绝对值比上升段中汽水混合物单相的提升压降(正值)的绝对值来得大,二者相加(代数和),其差额部分就是回路的驱动压头。在该压头的推动下,水就沿着下降段向下流,而汽水混合物则沿着上升段向上流,形成自然循环。所产生的蒸汽在上腔室内从液体中分离出来,然后被送往动力装置,其流量为 W_g。其余的饱和水,流量为 W_f,与从动力装置返回的流量为 W_{fd} 的较冷的给水混合,沿着下降段向下流,进行再循环。

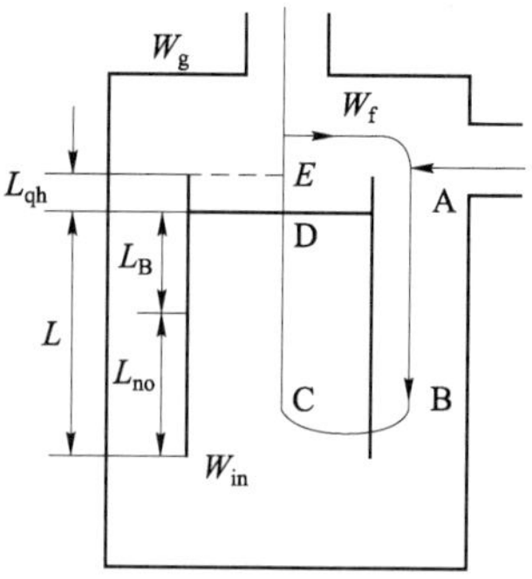

图 5-5-1　沸腾堆堆芯的自然循环回路

显然,在自然循环情况下,$\Delta p_t=0$,于是式(5-4-3)变成

$$\sum_i \Delta p_{el,i} = \sum_i \Delta p_{f,i} + \sum_i \Delta p_{c,i} \tag{5-5-1}$$

若用 Δp_d 表示驱动压头,$\Delta p_d = \sum\limits_i \Delta p_{el,i}$,用 Δp_{up} 和 Δp_{do} 分别表示上升段内和下降段内的压力损失之和,则式(5-5-1)可以改写为

$$\Delta p_d = \Delta p_{up} + \Delta p_{do} \tag{5-5-2}$$

式(5-5-2)表明,在自然循环回路中,由流体的提升压降所提供的驱动压头,完全用于克服回路中的流动阻力。如果驱动压头比给定流量下的系统压力损失小,流量就会自动降低,直到建立起另一个新的平衡工况为止。通常把克服了上升段压力损失后的剩余驱动压头称为有效压头,用 Δp_e 表示,这样就可以写出下列方程

$$\Delta p_e = \Delta p_d - \Delta p_{up} \tag{5-5-3}$$

比较式(5-5-2)和式(5-5-3)得到

$$\Delta p_e = \Delta p_{do} \tag{5-5-4}$$

式(5-5-4)称为水循环基本方程式。显而易见,堆芯内的质量平衡为

$$W_{fd} = W_g \tag{5-5-5}$$

$$W_g + W_f = W_{in} \tag{5-5-6}$$

上升段出口含汽量 $x_{e,ex}$ 按定义

$$\begin{aligned} x_{e,xe} &= W_g/(W_g + W_f) = W_{fd}/(W_{fd} + W_f) \\ &= W_{fd}/W_{in} \end{aligned} \tag{5-5-7}$$

如果系统对外界没有热损失,则在上升段的进口处有如下的热平衡方程

$$W_{in} H_{in} = W_f H_{fs} + W_{fd} H_{fd} \tag{5-5-8}$$

式中,H_{in} 是再循环水流量 W_f 和给水流量 W_{fd} 混合后的平均焓,也就是上升段的进口焓;H_{fs} 是再循环水的饱和焓;H_{fd} 是给水焓。上述方程稍加变动后便可求得 H_{in},即

$$H_{in} = (1 - x_{e,es}) H_{fs} + x_{e,ex} H_{fd} \tag{5-5-9}$$

上升段传递给流体的总热量 Q_t 可由系统的热平衡求得

$$Q_t = W_{in}[(H_{fs} + x_{e,ex} H_{fg}) - H_{in}] \tag{5-5-10}$$

或

$$Q_t = W_g(H_{gs} - H_{fd}) \tag{5-5-11}$$

式中的 H_{gs} 是饱和蒸汽焓。

5.5.2 影响自然循环的因素

影响压水堆核电站自然循环的因素主要有：

(1) 冷源与热源之间的温差，温差越大，自然循环能力越强；

(2) 冷源与热源之间的位差(高度差)，位差越大，自然循环能力越强；

(3) 管道的流阻，流阻越大，自然循环能力越小；

(4) 冷却剂中的含汽率会严重影响自然循环的建立和维持。含汽率的作用有正有负，堆芯表面局部沸腾有助于自然循环，但反应堆上腔积汽会增加流阻不利于自然循环。

压水堆稳态自然循环流量主要与堆功率成正比，与蒸汽发生器和堆芯之间的高度差成正比，与回路系统的总阻力成反比。

5.5.3 田湾核电站 WWER-1000/428 型反应堆在自然循环冷却工况下的设计参数

田湾核电站 WWER-1000/428 型反应堆在自然循环冷却工况下的主要设计参数如表 5-5-1 所示。

表 5-5-1 自然循环条件下的参数

参 数	数 值	
反应堆功率/(%Nnom)	5	10
环路内冷却剂流量/(m^3/h)	1 085	1 392
反应堆入口冷却剂温度/℃	276.4	276.4
反应堆出口冷却剂温度/℃	306.8	321.9
冷却剂在反应堆内温升/℃	30.4	45.5
热管冷却剂出口温度/℃	320.3	340.8
蒸汽发生器内蒸汽压力/MPa	6.08	6.08
一次侧压力/MPa	15.7	15.7

5.5.4 自然循环下的排热

停堆和反应堆冷却剂泵停泵后，可以依靠自然循环带出反应堆的衰变功率，自然循环带出堆芯功率的能力为名义功率的 10%，它大于堆芯衰变功率，热组件出口是欠热的，维持不小于 15 ℃的饱和裕量。

在标准 WWER-1000/320 核电厂，模拟研究了一回路冷却剂流体力学的不稳定性，发现：

(1) 在组件入口的冷却剂流量分布是稳定的；

(2) 一回路冷却剂各点的压力扰动不大，压力扰动的最大值不大于 0.01 MPa。

例题 5-5-1 选择题

如果反应堆在以后的初始功率水平长期稳定运行，因突然丧失厂外电而丧失强迫循环冷却。那么，停堆后自然循环流量最大的将是：(　　)

A. 25%FP　B. 50%FP　C. 75%FP　D. 100%FP

解 D

反应堆从 100%FP 停堆后，其热源温度最高，热源与热阱之间的温差最大，因而自然循环的驱动压头最高，自然循环流量最大。

例题 5-5-2 选择题

1. 反应堆以某个功率水平稳定运行了 2 周，突然丧失所有的交流电源，引起紧急停堆，反应堆失去强迫循环冷却。在停堆后 30 min 建立起稳定的自然循环。以下的初始功率和停堆后的蒸汽发生器压力的组合中(假定蒸汽发生器水位不变)，停堆后自然循环冷却能力最差的是：(　　)

	停堆前稳定功率水平	停堆后蒸汽发生器压力/MPa
A	100% FP	6.7
B	25% FP	6.7
C	100% FP	6.0
D	25% FP	6.0

解 B

2. 以下情形中，哪些会降低反应堆冷却剂系统自然循环能力？(　　)

A. 稳压器水位下降　B. 稳压器水位上升

C. 反应堆压力容器上封头形成蒸汽团　D. 蒸汽发生器二次侧压力

解 C,D

例题 5-5-3 一台蒸汽发生器处在稳定运行状态，假设主蒸汽的干度为 100%，不考虑蒸汽发生器的排污流量和散热，且已知蒸汽发生器二次侧水的质量流量和比焓的分布如下图所示。

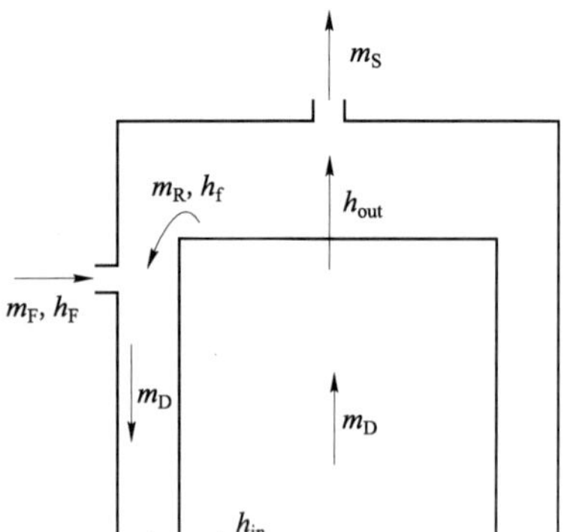

图中各参数(均采用国际单位)的定义如下：

m_F——给水的质量流量；

m_D——下降段内水的质量流量；

m_R——来自汽水分离流入下降段的饱和循环水的质量流量；

m_S——主蒸汽的质量流量；

h_F——给水的比焓；

h_f——二次侧饱和水的比焓；

h_{fg}——二次侧饱和蒸汽的比汽化潜热；

h_{in}——二次侧管束进口处水的平均比焓；

h_{out}——二次侧管束出口处汽-水混合物的平均比焓。

试证明该发生器内：$\frac{m_D}{m_F}=\frac{h_F-h_f}{h_{in}-h_f}=\frac{h_{fg}}{h_{out}-h_f}$

解　在下降段应用质量守恒定理，可得

$$m_D = m_R + m_F \tag{A}$$

又在下降段出口应用能量守恒定理得

$$m_D h_{in} = m_F h_F + m_R h_f \tag{B}$$

将式(A)代入式(B)

$$(m_R + m_F)h_{in} = m_F h_F + m_R h_f$$

可得：

$$m_R = m_F\left(\frac{h_F - h_{in}}{h_{in} - h_f}\right) \tag{C}$$

将式(C)回代式(A)，得

$$m_D = m_F\left(\frac{h_F - h_{in}}{h_{in} - h_f}\right) + m_F$$

化简上式可得

$$\frac{m_D}{m_F} = \frac{h_F - h_f}{h_{in} - h_f}$$

在整个二次侧应用质量守恒定理得

$$m_S = m_F \tag{D}$$

在上升段的出口应用能量守恒定理得

$$m_R h_f + m_S(h_f + h_{fg}) = m_D h_{out} \tag{E}$$

由式(A)可得

$$m_R = m_D - m_F \tag{F}$$

将式(D)和式(F)代入式(E)得

$$(m_D - m_F)h_f + m_D(h_f + h_{fg}) = m_D h_{out}$$

将上式简化，即可得

$$\frac{m_D}{m_F} = \frac{h_{fg}}{h_{out} - h_f}$$

5.6　通道断裂时的临界流

在一个流动的系统中，如果上游为常压 P_0，只有在背压 P_b 低于 P_0 时(图 5-6-1 曲线 1)，流体才能流动，并在 P_0 与通道出口处的压力 P_c 之间建立起压力梯度。当背压 P_b 进一步降低时，流量增加(沿曲线 2)，而通道出口压力等于背压 P_b，这个关系一直维持到某一点为止，该点由曲线 3 来表示。当 P_b 降低得足够多，以至使通道出口处的流速等于该处温度和压力下的声速时，再进一步降低背压，流量就不会再增加，通道出口压力也不会再降低(曲线 4 和 5)，其流量最大值保持不变，这种流动称为临界流，对应的流速称为临界流速。

在单相流和两相流中都可能发生临界流。临界流对反应堆冷却剂丧失事故的安全非常

重要，因为破口处的临界流量决定了冷却剂丧失的速度和一回路泄压的速度，它的大小不仅直接影响到堆芯的冷却能力，而且还决定各种安全和应急系统开始工作的时间。在发生这类事故时，如果不能及时地对堆芯提供有效的冷却，即使反应堆能够及时停堆，也不能排除发生严重事故的可能性。这是由于传热恶化，裂变产物释放的衰变热也会把燃料烧毁；在水冷堆中，很热的包壳还会与蒸汽发生化学反应（锆水反应），从而放出大量的热量。这样，衰变热与化学反应热加在一起有可能使堆芯熔化。因此研究临界流，计算临界流量，对确定事故的危害程度以及设计有效的事故冷却系统，都是十分重要的。

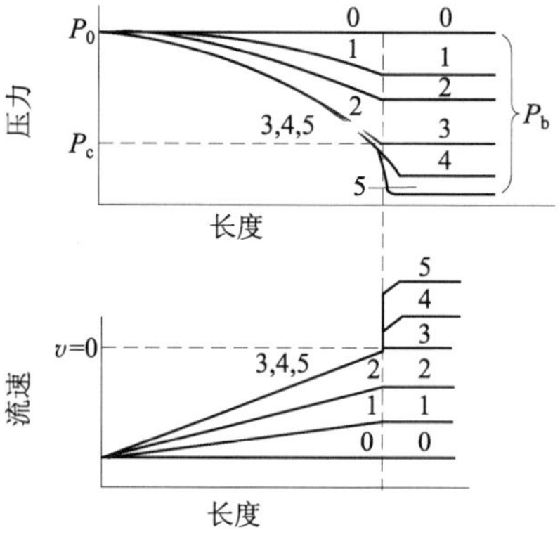

图 5-6-1　临界流模型

5.6.1　单相临界流

对于单相流，确定某一截面发生临界流的两个等价条件是：

（1）临界截面的流速等于声速；

（2）在临界截面的上游，流动不受下游压力下降的影响。

现在假定在系统中流动的是可以压缩的单相流体，如果流体流经通道的时间甚短，可以认为它与周围环境没有热交换，忽略摩擦力的影响，这样流体的流动就是等熵的了。对于一维水平流动，可以写出下列的能量微分方程

$$\mathrm{d}h + \mathrm{d}\frac{V^2}{2} = 0 \tag{5-6-1}$$

积分后得到

$$h_0 - h_{\mathrm{ex}} = \frac{V_{\mathrm{ex}}^2}{2} - \frac{V_0^2}{2} \tag{5-6-2}$$

式中，h_0——上游流体的滞止焓（$V_0=0$）；

h_{ex}——通道出口处流体的焓；

V_{ex}——通道出口处流体流速。于是

$$V_{\mathrm{ex}} = \sqrt{2(h_0 - h_{\mathrm{ex}})} \tag{5-6-3}$$

对绝热过程的理想气体来说，存在着下列诸关系：$h=C_p(t+273.15)$；

$(t+273.15)^k P^{1-k}=$常数；$P_\nu=R(t+273.15)$；$C_p=\dfrac{kR}{k-1}$

式中，T——温度，℃；

P——压力，Pa；

ν——比体积，$\mathrm{m^3/kg}$；

R——气体常数，J/(kg·K)；

k——比定压热容 C_p 与比定容热容 C_v 之比。若把 C_p 视为常数，则式(5-6-3)变为

$$V_{\mathrm{ex}} = \sqrt{2\frac{k}{k-1}P_0\nu_0\left[1-\left(\frac{P_{\mathrm{ex}}}{P_0}\right)^{\frac{k-1}{k}}\right]} \tag{5-6-4}$$

式中，P_0——上游滞止压力，Pa；

P_{ex}——通道出口处的压力，Pa；

ν_0——滞止温度（T_0）滞止压力（P_0）下的比体积，m^3/kg。

再应用连续性方程，于是就得到气体在通道出口处的质量流量

$$W_{ex}=\frac{A_{ex}V_{ex}}{\nu_{ex}} \tag{5-6-5}$$

式中，W_{ex}——气体在通道出口处的质量流量，kg/s；

A_{ex}——通道出口处的横截面积，m^2；

ν_{ex}——通道出口处的比体积，m^3/kg。

因为 $P_0\nu_0^k=P_{ex}\nu_{ex}^k$，$\frac{1}{\nu_{ex}}=\frac{1}{\nu_0}(\frac{P_{ex}}{P_0})^{\frac{1}{k}}$，把 ν_{ex} 和 $\frac{1}{\nu_{ex}}$ 的值代入式(5-6-5)化简后得

$$W_{ex}=A_{ex}\sqrt{2\frac{k}{k-1}\frac{P_0}{\nu_0}\left[(\frac{P_{ex}}{P_0})^{\frac{2}{k}}-(\frac{P_{ex}}{P_0})^{\frac{k+1}{k}}\right]} \tag{5-6-6}$$

令 $\beta=\frac{P_{ex}}{P_0}$，它称为压力比，于是

$$W_{ex}=A_{ex}\sqrt{2\frac{k}{k-1}\frac{P_0}{\nu_0}\left[\beta^{\frac{2}{k}}-\beta^{\frac{k+1}{k}}\right]} \tag{5-6-7}$$

式(5-6-7)反映了气流流过通道时的流动规律。可以看出 W_{ex} 的大小决定于压力比的变化。如果 W_{ex} 是 β 的连续函数，其中必有一 β 值使 W_{ex} 值最大，这时的压力比叫做临界压力比，以 β_c 表示。将式(5-6-7)对 β 求导数，并令 $\frac{dW_{ex}}{d\beta}=0$，得到

$$\beta_c=(\frac{2}{k+1})^{\frac{k}{k-1}} \tag{5-6-8}$$

与 β_c 相对应的 P_{ex} 和 W_{ex} 就是临界压力（P_c）和临界流量（W_c）。以 β 为横坐标，W 为纵坐标，画出的 W 和 β 的关系曲线，见图 5-6-2。当 β 由 1.0 变到 β_c 时，W 由零增加到 W_c（图 5-6-2 中的曲线 ab）。当 β 由 β_c 减小到零时，W 将保持 W_c 不变（图 5-6-2 中的 bd 直线）。因此，实际的流量曲线为 abd，在 bd 两点之间的流动就是临界流。

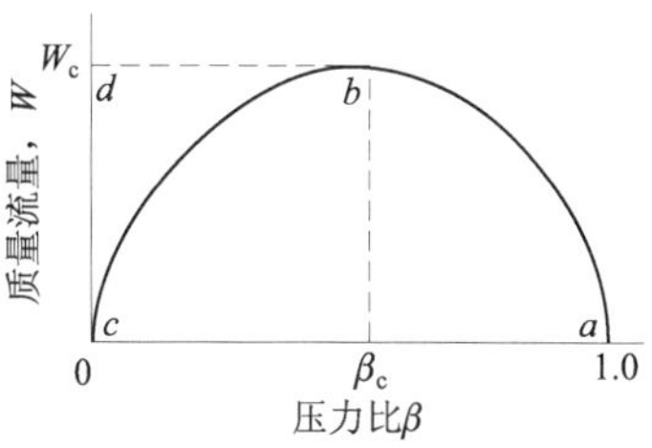

图 5-6-2　质量流量与压力比的关系

当压力比取临界值时，得到的临界流速为声速，即

$$a=\sqrt{2\frac{k}{k+1}P_0\nu_0} \tag{5-6-9}$$

对应的临界流量为

$$W_c=A_{ex}\sqrt{2\frac{k}{k-1}(\frac{2}{k+1})^{\frac{2}{k-1}}\cdot\frac{P_0}{\nu_0}} \tag{5-6-10}$$

在实际计算中，对于双原子气体，如空气可取 $k=1.4$；对于过热蒸汽可取 $k=1.3$；对于干饱和蒸汽可取 $k=1.135$。由此求得的压力比 β_c 分别为 0.528，0.546 和 0.577。

5.6.2　两相临界流

两相临界流是比单相临界流更为复杂的流动。这是因为在汽液两相系统中，流体压力

沿通道下降的同时，还将伴随发生相间的质量、动量和能量的交换。液相部分的扩容汽化，从而导致含汽量的不断变化。一般来说，两相流的含气量越大，临界流速越低。不同流型的出现，特别是当快速膨胀时还会出现相间的不平衡。由于这些因素的存在，大大增加了研究两相临界流的困难。详细情况请查阅参考文献[2]。

5.7 堆芯冷却剂流量分配简介

为了在安全可靠的前提下尽量提高反应堆的输出功率，进行热工设计之前，必须预先知道堆芯热源的空间分布和在各个冷却剂通道内的冷却剂流量，有了这两个数据，才能根据所选定的堆芯结构、燃料组件的几何尺寸、材料的热物性等，通过计算，确定整个堆芯的焓场、温度场等。在前面一章中对堆芯释热率的分布已经作了详细的讨论，本节主要讨论冷却剂在堆芯内各冷却剂通道之间的流量分配问题。

5.7.1 影响冷却剂流量分配的因素

由于各种原因，进入堆芯的冷却剂并不是均匀分配的。就压水堆而言，产生流量分配不均匀的原因主要有：

(1) 进入下腔室的冷却剂流，不可避免地会形成许多大大小小地涡流区，从而有可能造成各冷却剂通道进口处的静压力各不相同。

(2) 各冷却剂通道在堆芯或燃料组件中所处的位置不同，其流通截面的几何形状和大小也就不可能完全一样，例如，处在燃料组件边、角位置上的冷却剂通道，其流通截面和中心处的就可能不一样。

(3) 燃料元件和燃料组件的制造、安装的偏差，会引起冷却剂通道流通截面的几何形状和大小偏离设计值。

(4) 各冷却剂通道中的释热量不同，引起各通道内冷却剂的温度（进而是物理特性以及含汽量）也各不相同，从而导致通道中的流动阻力产生显著的差别，这是使流入各通道的冷却剂流量大小不同的一个重要原因。

由于堆芯冷却剂流动的复杂性，目前还不可能单纯依靠理论分析来解决堆芯流量的分配问题，而只能借助于描述稳态工况的冷却剂热工水力状态基本方程式、已知的参量或边界条件以及一些经验数据或关系式，来求得可以满足工程要求的堆芯流量分配的近似解。

5.7.2 压水堆堆芯流量分配的计算

压水堆堆芯的成千上万个相互平行的冷却剂通道可以看作是一组并联通道。堆芯的上下腔室就是这些平行通道的汇集处。依照计算模型的不同，并联通道通常被划分为闭式通道和开式通道两类。如果相邻通道的冷却剂之间不存在质量、动量和热量的交换，就称这些通道为闭式通道，反之则称之为开式通道。由开式燃料组件组成的堆芯，在实际运行时，相邻通道的冷却剂之间将发生混合或交混。但是，如果在热工水力计算中，不考虑这些通道之间的冷却剂的质量、动量和热量的交换，那就意味着仍将这些通道当作闭式通道处理。

在求解并联闭式通道的流量分配时，首先需要列出稳态工况下各通道的各个守恒方程。对于闭式通道来说，因为只考虑一维向上的流动，不计相邻通道间的冷却剂的质量、动量和热量的交换，所以这些方程的形式都比较简单。

(1) 质量守恒方程

假设堆芯是由 n 个并联的闭式冷却剂通道组成的，冷却剂的总循环流量为 W_t，并联通道的各分流量分别为 W_i，则可写出质量守恒方程如下：

$$(1-\xi_s)W_t = \sum_{i=1}^{n} W_i \tag{5-7-1}$$

式中，ξ_s——旁流系数，$(1-\xi_s)W_t$ 表示流经堆芯冷却剂通道的冷却剂流量。

(2) 动量守恒方程

采用一般的函数形式表示，第 i 个冷却剂通道的动量守恒方程可写为：

$$p_{i,in} - p_{i,ex} = f(L_i, D_{ei}, A_i, W_i, \mu_i, \rho_i, x_i, \alpha_i)$$

式中等号左边两项分别为第 i 个冷却剂通道的进、出口压力。等号右边括号中各项分别表示通道的长度、当量直径、流通截面积、质量流量、黏度、密度、含汽量和空泡份额。对于 n 个冷却剂通道，可以列出 n 个如上式的动量方程。

由于各冷却剂通道互为并联通道，如果假定下腔室和上腔室都为等压面，则各通道中冷却剂的流动压降是相同的。

(3) 热量守恒方程

第 i 个闭式冷却剂通道稳态工况下的热量守恒方程可以表示为：

$$W_i(H_{i,ex} - H_{i,in}) = \int_0^L q_{l,i}(z)\,dz$$

式中，$H_{i,ex}$——第 i 个通道冷却剂的出口焓值，J/kg；

$H_{i,in}$——第 i 个通道冷却剂的进口焓值，J/kg；

$q_{l,i}(z)$——第 i 个通道轴向高度 z 处的燃料元件的线功率，W/m。

式中等号的左边表示第 i 个通道内由冷却剂带出的热量，右边表示第 i 个通道燃料元件释放出的热量。对于 n 个冷却剂通道，同样也可以列出 n 个如上式的热量守恒方程。

注：本书中只列出各冷却剂通道的守恒方程，各守恒方程的求解将不在本书中作出讨论，具体求解方法可参见参考文献[2]。

5.7.3　田湾核电站 WWER-1000/428 型反应堆冷却剂流动情况

冷却剂总流量中大约有 96% 用于堆芯排热，其余的旁通了堆芯。表 5-7-1 列出了反应堆的旁通流量的总份额及分配份额。在冷却燃料棒的热工水力计算中，旁通流量采用 4% 的冷却剂设计流量。

表 5-7-1　旁通流量

旁通流量	总流量的份额/%
反应堆入口和出口管嘴之间的泄漏	0.1
堆芯围板与吊篮之间及吊篮孔隙的流量	0.7
燃料组件中控制棒、可燃毒物棒、中子温度测量管和中心管的流量	1.0
堆芯围板与燃料组件之间的流量	2.2
旁通流量总份额	4.0

根据对试验台架和相似堆型的研究表明，流经堆芯燃料组件冷却剂通道冷却剂流量的不均匀度不超过：

(1) 四环路运行时不超过冷却剂流量平均值的13%；

(2) 三环路运行时不超过冷却剂流量平均值的15%；

(3) 两个环路运行时(相邻两个环路和相对两个环路)不超过冷却剂流量平均值的19%。

5.8 流动不稳定性

在加热的流动系统中，如果流体发生相变即出现两相流，流体不均匀的体积变化可能导致流动的不稳定。这里所说的流动不稳定是指：在一个质量流速、压降和空泡之间存在着热力-流体动力学联系的两相系统中，流体受到一个微小的扰动后所发生的流量漂移或者以某一频率的恒定振幅或变振幅进行的流量振荡。这种现象与机械系统中的振动很相似，质量流速、压降和空泡可以看作是机械系统中的质量、激发力和弹簧，在这中间，质量流速和压降之间的关系起着主要作用。流动不稳定性不仅在热源有变动的情况下会发生，而且在热源保持恒定的情况下也会发生。

在反应堆，蒸汽发生器以及其他存在两相流的设备中一般都不允许出现流动不稳定性，其主要原因如下：

(1) 流动振荡会使部件产生有害的机械振动，而持续的流动振荡会导致部件的疲劳破坏；

(2) 流动振荡会干扰控制系统。在冷却剂同时兼作慢化剂的反应堆中，这个问题尤其严重；

(3) 流动振荡会使部件的局部热应力产生周期性的变化，从而导致部件的热疲劳损坏；

(4) 流动振荡会使系统内的传热性能变坏，使临界热流量大幅度下降，造成沸腾临界的过早出现，实验证明，当出现流动振荡时，临界热流量的数值会降低40%之多。

在两相系统中可能出现的流动不稳定性主要有以下五种类型：

(1) 水动力不稳定性或莱迪内阁(Ledinegg)不稳定性；

(2) 并联通道的管间脉动；

(3) 流型不稳定性；

(4) 动力学不稳定性；

(5) 热振荡。

本节将只讨论其中的(1)、(2)两种，即常见的水动力不稳定性和并联通道的管间脉动。

5.8.1 水动力不稳定性

(1) 水动力不稳定性的分析

在加热的两相系统中，最常见的流动不稳定性是水动力不稳定性，其特点是系统内的流量会发生非周期性的漂移，这种不稳定性是Ledinegg在1938年最早发现的，所以又叫做Ledinegg不稳定性，发生水动力不稳定性的原因，可以由一个具有恒定热量输入的沸腾通道的压降Δp与流量W之间的关系曲线，即水动力特性曲线来说明。

当进入通道内的水流量很大，外加的热量不足以使水达到沸腾时，通道内流动的流体全部都是水，这样，如果流量降低，按照单相水的水动力特性曲线，通道内的压降也随着流量单调下降，如图5-8-1曲线Ⅱ中的cb段。当进入通道内的水流量降至一定程度后，通道内开始出现沸腾，这时压降随流量变化的趋势就要由两个因素决定：(1)由于流量的降低，压降有下降的趋势；(2)由于产生沸腾，汽水混合物的体积膨胀流速增加，从而使压降反而随流量的减少而增大。究竟压降随流量如何变化，要看这两个因素中哪一个因素起主要作用。如果第一个因素起主要作用，则压降就会随流量的减少而降低，图 5-8-1 中的曲线Ⅰ就属于这种情况。如果第二个因素起主要作用，就会出现流量减少压降反而上升的现象，图 5-8-1 曲线Ⅱ中的 ba 段。到了 a 点所对应的流量 W_a 以后，如果继续降低流量，通道出口处的含汽量就会很大，甚至会出现过热段，流量越低，过热段所占的比例越大，这时体积膨胀的因素对增加压降所起的作用就已经很小了，压降差不多是沿过热蒸汽的水动力特性曲线随流量而单调下降，如图 5-8-1 曲线Ⅱ中的 ao 段。图 5-8-1 中曲线Ⅱ所表明的情况说明 Δp 和 W 之间并不是单调关系，在曲线的两个拐点之间所包含的压降范围内(即图中的阴影部分)对应一个压降可能有三个不同的流量，由于水动力特性曲线的这种变化，当提供一个外加驱动压头 Δp_d 时，通道中的流量就可能出现不同的数值，可以是 W_1，也可以是 W_3(后面将会看到 W_2 所对应的状态是停留不住的)。所以，如果并联工作的各个通道处于这种流动工况，那么虽然它们两端的压差是相等的，但是却可以具有不相等的流量。某一个通道中的流量可能时大时小(非周期性的变化)，与此同时，在并联通道的总流量不变的情况下，其他通道的流量也会发生相应的非周期性变化。这就是发生水动力不稳定性的原因。以均匀加热的水平圆形通道内的流动情况(如图 5-8-2)为例，简单说明 Δp 和 W 之间的关系。

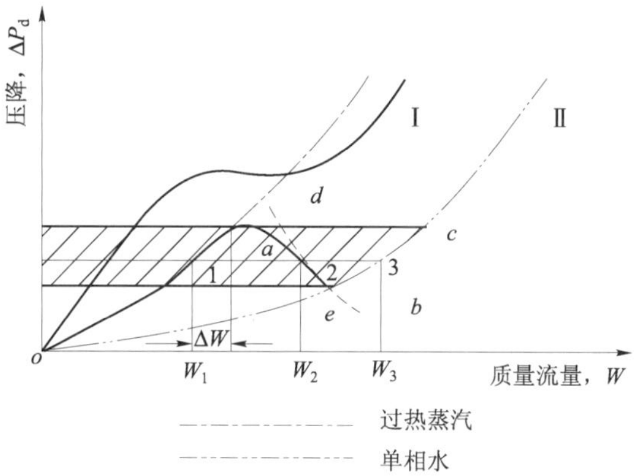

图 5-8-1　加热通道内的水动力特性曲线

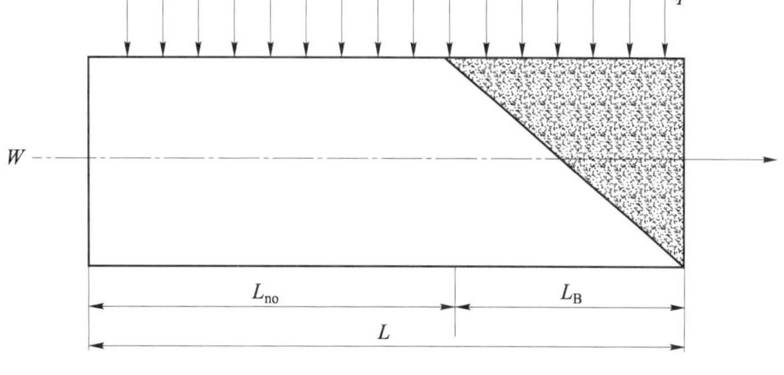

图 5-8-2　水平加热圆形通道内的流动

假设通道由不沸腾段 L_{no}（忽略过冷沸腾对摩擦压降的影响，把过冷沸腾归并在不沸腾段内）和饱和沸腾段 L_B 组成，忽略饱和沸腾段内的加速压降，沿通道全长的压降 Δp_t 可表示为：

$$\Delta p_t = \Delta p_f + \Delta p_{f,tp} \tag{5-8-1}$$

式中，Δp_f——不沸腾段内的摩擦压降；

$\Delta p_{f,tp}$——饱和沸腾段内的摩擦压降。

不沸腾段内的摩擦压降可以写成：

$$\Delta p_f = f\frac{W^2\overline{v_f}}{2A^2}\frac{L_{no}}{D} \tag{5-8-2}$$

式中，f——不沸腾段的摩擦系数；

W——流体的质量流量；

A——通道的流通截面积；

D——通道的直径；

$\overline{v_f}$——不沸腾段内水的平均比容。

因为$\overline{v_f}\approx v_{fs}$，$v_{fs}$是饱和水的比容，则上式也可以写成：

$$\Delta p_f = f\frac{W^2 v_{fs}}{2A^2}\frac{L_{no}}{D} \tag{5-8-3}$$

与此相似，则饱和沸腾段内的摩擦压降可以表示为：

$$\Delta p_{f,tp} = f_{tp}\frac{W^2\overline{v_{tp}}}{2A^2}\frac{L_B}{D} \tag{5-8-4}$$

式中，f_{tp}是饱和沸腾段内的摩擦系数，$\overline{v_{tp}}=(v_{fs}+v_{ex})/2$，$v_{ex}$是饱和沸腾段出口处汽水混合物的比容，假定混合物为均匀流模型，则 $v_{ex}=v_{fs}(1-x_{ex})+v_{gs}x_{ex}$，其中 v_{gs}是饱和蒸汽的比容，x_{ex}是出口含汽量。$x_{ex}=q_L(L-L_{no})/WH_{fg}$，式中 q_L 是线功率（假定功率沿长度 L 是均匀分布的），H_{fg}是汽化潜热，合并式(5-8-1)、式(5-8-3)和式(5-8-4)，因而可以得到：

$$\Delta p_t = \frac{W^2}{2A^2D}(fL_{no}v_{fs} + f_{tp}L_B\overline{v_{tp}}) \tag{5-8-5}$$

式中的 L_{no}和 L_B 可由系统的热平衡求得：

$$L_{no} = W(H_{fs} - H_{in})/q_l$$

式中，H_{fs}——饱和水焓；

H_{in}——通道进口处水的焓。

$$L_B = L - L_{no} = L - W(H_{fs} - H_{in})/q_l$$

把 L_{no}和 L_B 值代入式(5-8-5)中，并考虑 $v_{fg}=v_{gs}-v_{fs}$以及 $\Delta H_{in}=H_{fs}-H_{in}$的关系，整理后得：

$$\Delta p_t = A\frac{W^3}{q_l} + BW^2 + Cq_lW \tag{5-8-6}$$

由于 f 和 f_{tp}与 W 的关系很弱，故式中的 A,B,C 可视为与 W 和 q_l 无关的三个常数。

$$A = \frac{8}{\pi^2D^5}\left[v_{fs}\Delta H_{in}(f - f_{tp}) + \frac{1}{2}f_{tp}\frac{\Delta H_{in}^2}{H_{fg}}v_{fg}\right]$$

$$B = \frac{8}{\pi^2D^5}f_{tp}L\left(v_{fs} - \frac{\Delta H_{in}}{H_{fg}}v_{fg}\right)$$

$$C=\frac{4}{\pi^2 D^5}f_{\mathrm{tp}}L^2\frac{\Delta H_{\mathrm{in}}}{H_{\mathrm{fg}}}$$

式(5-8-6)即为沸腾通道内的水动力特性方程式，为一个三次方程，其解可能是三个实根，即在同一个压降下可能有三个不同的流量。如果情况是这样，流动就是不稳定的。若方程的解是一个实根，两个虚根，则流动就是稳定的。同理，对垂直沸腾通道也可以导出与式(5-8-6)相同形式的水动力特性方程式，只不过其中的系数不同。

(2) 稳定性准则

当给定一个外加驱动压头后，如果系统运行在图 5-8-1 中曲线的 oa，bc 段，即$\partial(\Delta p_t)/\partial W>0$，则流动是稳定的。例如运行在点 1(或点 3)，此时若进入通道内的流量有一个微量变化，如增加一个微量 ΔW，则系统压降将变得比驱动压头大，这就会使流量减小，从而使系统恢复到原来的运行点。相反的，若流量减少一个微量 ΔW，则使驱动压头要比系统压降大，从而迫使流体加速，流量增大，直到恢复到点 1 时为止。

如果系统运行在曲线的 ab 段，即$\partial(\Delta p_t)/\partial W<0$，则流动是不稳定的。例如运行在点 2，流动就是不稳定的，此时流量不管是增加或减少，系统将不能再恢复到在点 2 运行。在这种情况下，质量流量或者增加到能够稳定运行的点 3，或者减少到能够稳定运行的点 1，这样就产生了流量漂移。

在$\partial(\Delta p_t)/\partial W<0$ 的这个区段中，若能提供这样一个驱动压头随流量的变化曲线，即其斜率的负值比水动力特性曲线的负值更小(图中虚线所示)，则就可以使流量稳定下来。此时若通道内的流量有所增加，则由于驱动压头低于系统压降，流体将减速，从而使流量重新稳定在运行点 2，虽然$\partial(\Delta p_t)/\partial W$ 是负的，但系统仍然是稳定的。因此水动力稳定性准则给出为：

$$[\partial(\Delta p_d)/\partial W]-[\partial(\Delta p_t)/\partial W]<0 \tag{5-8-7}$$

式中，Δp_d——驱动压头。

(3) 消除水动力不稳定性的方法

从上面的分析可以看出，要消除水动力不稳定性可以从以下几方面着手：

1) 系统不在水动力特性曲线$\partial(\Delta p_t)/\partial W<0$ 的区段内运行。如果遇到系统必须在$\partial(\Delta p_t)/\partial W<0$的区段内运行，则就必须采用在大流量下压头会大大下降的水泵，以满足条件$[\partial(\Delta p_d)/\partial W]-[\partial(\Delta p_t)/\partial W]<0$。

2) 使水动力特性曲线趋于稳定，即消除曲线中的$\partial(\Delta p_t)/\partial W<0$的区段，使 Δp_t 和 W 成为单值对应关系。其主要方法有：

a. 在通道进口加装节流件，增大进口局部阻力。图 5-8-3 中的曲线 2 为节流件阻力损失与流量的关系，因为通道进口一般为过冷水，比容不变，所以其压降随流量的增加而增加(压降与流量的平方成正比)。曲线 1 为未装节流件时通道的水动力特性。曲线 3 为加装节流件后得到的水动力特性，曲线 3 是由曲线 1 和曲线 2 以流量相等压降相加的方法得出的。此时一个压降只对应一个流量，曲线单调上升。

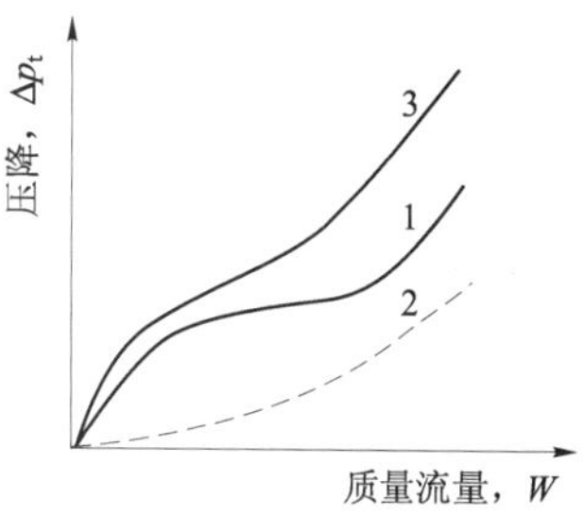

图 5-8-3　用节流件稳定水动力特性
1—未加节流件时的水动力特性；
2—节流体的压降特性；
3—加节流件的压降特性

b. 选取合理的系统参数。系统的运行压力越高，两个相的比体积就相差得越小，流动就越稳定，如图 5-8-4 所示。这是因为两相流出现流动不稳定性的根本原因在于，当水变成蒸汽时，汽-水混合物的比体积变化较大，当压力达到临界压力时，水和水蒸气的比体积相等了，不稳定性也就不会出现了。除了系统的压力以外，通道进口处水的过冷度也会影响水动力特性的稳定性。通常过冷度对水动力特性的影响有一个临界值。小于该临界值，减小水的过冷度，可使流动趋于稳定，如图 5-8-5 所示。当过冷度为零时，式(5-8-6)中的系数 A 等于零，压降 Δp_t 便与质量流量的平方 W^2 成正比，这时对应于每一个压降有两个 W，一个为正值，另一个为负值，实际上对应于一个压降只有一个流量，故不会发生不稳定流动。超过此临界值，减小进口过冷度会增加沸腾段的长度和空泡份额，结果反而使流动的稳定性降低。可见，当过冷度大于临界过冷度时，只有增加通道进口的过冷度，才会提高流动的稳定性。

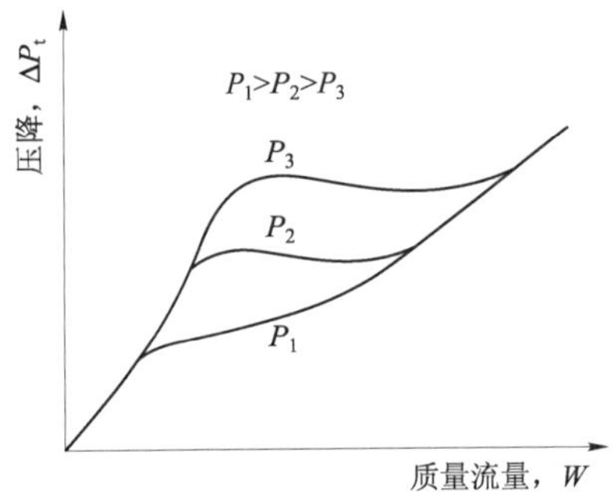

图 5-8-4 系统的运行压力对水动力特性的影响

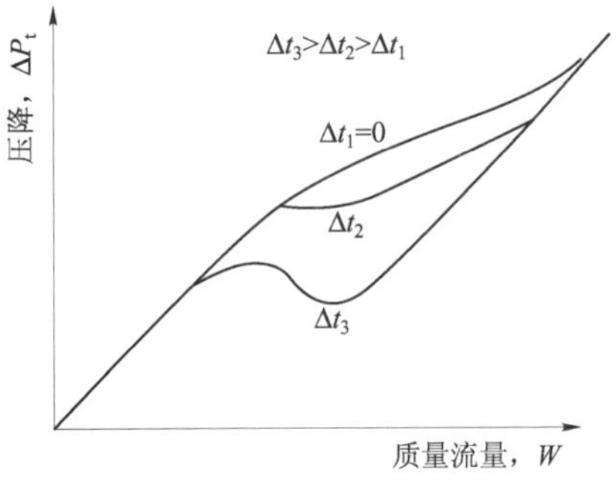

图 5-8-5 过冷度对水动力特性的影响

5.8.2 并联通道的管间脉动

除了上述由水动力特性造成的流动不稳定性之外，并联通道间还会发生另外一种流动不稳定性，即所谓管间脉动。在发生管间脉动时，尽管并联通道的总流量以及上下腔室的压降并无显著变化，可是其中某些通道的进口水流量 W_f 却会发生周期性的变化。当一部分通道的水流量增大时，与之并联工作的另一部分通道的水流量则减小，二者之间的流量脉动恰成 180°相位差。与此同时，这些通道出口的蒸汽量 W_g 也相应发生周期性的变化。这样，一部分通道进口水流量的脉动与其出口蒸汽量的脉动恰成 180°相位差，即当水流量最大时，蒸汽量最小；而当水流量最小时，蒸汽量最大。图 5-8-6 表示出了并联通道脉动时的汽、水流量的周期性变化。

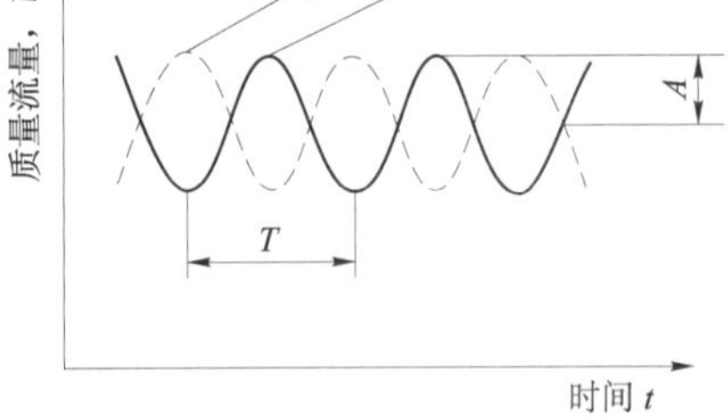

图 5-8-6 脉动时的汽-水流量的周期性变化

管间脉动的频率一般为 1～10 次/min，频率的高低取决于通道的受热情况、结构形式以及流体的热工参数。水的脉动流量与平均流量的最大偏差，称为脉动振幅 A，而相邻的两个最大(或最小)水流量之间的间隔时间称为脉动周

期 T。上述汽-水两相间的脉动现象与前面讨论过的水动力不稳定的区别在于，汽-水间的脉动现象是周期性的波动，而水动力不稳定性是非周期性的波动。

关于管间脉动的原因，迄今还不很清楚，尚待进一步研究，下面只对其中的一种解释作简单介绍。在并联通道运行时，通道中的热流量总会有一些波动的，如果某一个通道中的热流量突然由 q_1 升高到 q_2，则由于热流量的突然增加，该通道沸腾段的沸腾就加剧，蒸汽量增加。这一现象导致沸腾起始点附近产生瞬时局部压力升高，并将其前后流体分别向通道进、出口两端推动，因而使进口水流量减少而出口蒸汽量增加。与此同时，由于热流量的增加，通道的加热段 L_{no} 缩短，有一部分加热段变为沸腾段 L_B 的一部分；局部压力的升高会将一部分汽-水混合物瞬时推向过热段，使过热段 L_{sup} 缩短；这样，瞬时间的蒸汽量的增加和过热段的缩短都导致出口过热蒸汽温度 t_g 的下降，这是脉动的第一瞬时(见图 5-8-7)。由于局部压力升高，相应的饱和温度也升高，每千克水加热到沸点的显热也就增加了，于是蒸汽的产量下降；而此时进水少、排出的蒸汽又多，所以局部压力接着下降。但是，这样一来通道进口压力与局部压力间的压差增加了，因而进水量随之增加，随着进水量的增加，排出的蒸汽量又逐渐减少。这样就又开始了加热段的增长，沸腾段的缩短，以及过热段增长这样一个过程。排气量的减少和过热段的增长都导致出口蒸汽温度的升高。这是脉动的第二瞬时。而从第二瞬时的局部压力开始下降起，相应的饱和温度也开始降低，于是蒸发量又开始增加。蒸发量的增加又促使局部压力升高，如此又恢复到第一瞬时的情况。由此可见，一旦发生一次扰动，就会连续地、周期性地发生流量和温度地脉动。与某一通道流量和温度发生变化地同时，跟这一通道并联的其他通道的流量就会出现相反的变化，因而会产生周期性的管间脉动。流量的忽多忽少，使加热段、沸腾段和过热段的长度发生周期性的变化，因而通道中不同放热工况分界处的管壁就交变地与不同状态的流体相接触，致使管壁温度周期性地波动，从而可能导致金属部件发生热疲劳损坏。

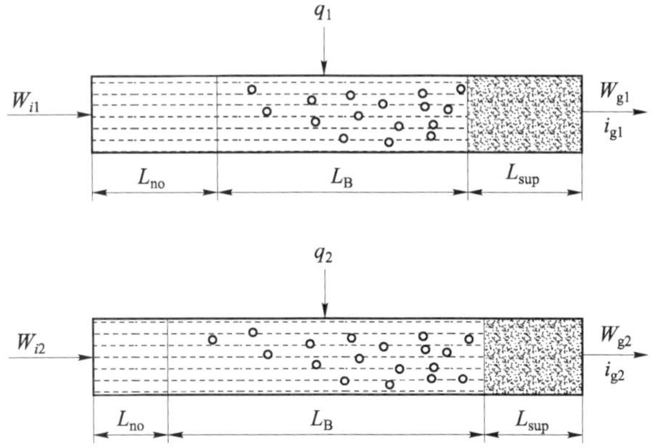

图 5-8-7　热流量的变化对流动工况的影响

影响管间脉动的主要因素是：

(1) 压力：压力越高，蒸汽和水的比体积相差越小，局部压力升高等现象越不易发生，因而脉动的可能性也就越小。

(2) 出口含汽量：出口含汽量越小，汽-水混合物体积的变化就越小，流动就越稳定。

(3) 热流量：热流量越小，汽-水混合物的体积由热流量的波动引起的变化也越小，脉动的可能性也就越小。

(4) 流速：出口流速越大，阻滞流体流动的蒸汽容积增大的现象就越不易发生，因而可以减轻或避免管间脉动。

消除管间脉动，除了可以调节与以上因素有关的参数之外，最有效的方法是在加热段的进口加装节流件，提高进口压力，这样做可以使沸腾起始点附近产生的局部压力升高远远低于进口压力，从而使流量波动减小，直至消除。图 5-8-8 表示出了节流件对防止脉动的作用。曲线 2 表示正常工况下沿通道长度的压力变化，曲线 1 为脉动过程中局部压力下降时沿通道长度的压力变化，曲线 3 则为局部压力升高时，沿通道长度的压力变化，此时进入通道的水流量减小，而出口蒸汽流量增加；若该局部压力超过进口的压力 P_{in}，则水就会倒流回去，沸腾起始点也就向进口方向移动。如果在并联的各个通道的进口都加装节流件，使节流件产生的压降超过可能的压力波动幅度，则脉动现象就可以消除。那么节流件的压降究竟应该保持多大才能消除脉动呢？试验表明，要防止脉动必须满足下列准则：

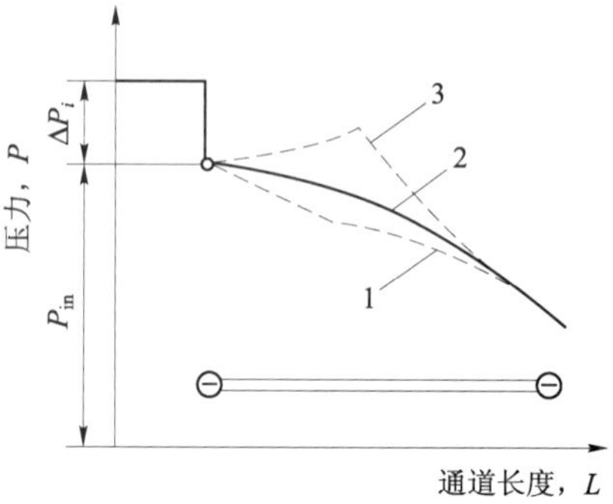

图 5-8-8 节流件对防止脉动的作用

$$\frac{\Delta p_{no} + \Delta p_j}{\Delta p_B} \geqslant a \tag{5-8-8}$$

式中，Δp_{no}——加热段的压降，Pa；

Δp_j——节流件产生的压降，Pa；

Δp_B——沸腾段的压降，Pa(当出口为过热蒸汽时还应加上过热段的压降)。

a 为一常数，取决于系统的工作压力 P 和通道中流体的质量流速 G，由图 5-8-9 可以查得一个 a 值，再根据系统的工作压力，由图 5-8-10 查得另一个 a 值，取两者中较大的一个数值(但不要小于 0.2)。取定 a 值后，就可以根据前述有关公式计算 Δp_{no} 和 Δp_B，而后再用式(5-8-8)算出节流件的压降 Δp_j。根据该压降即可确定所需节流件的开孔尺寸。

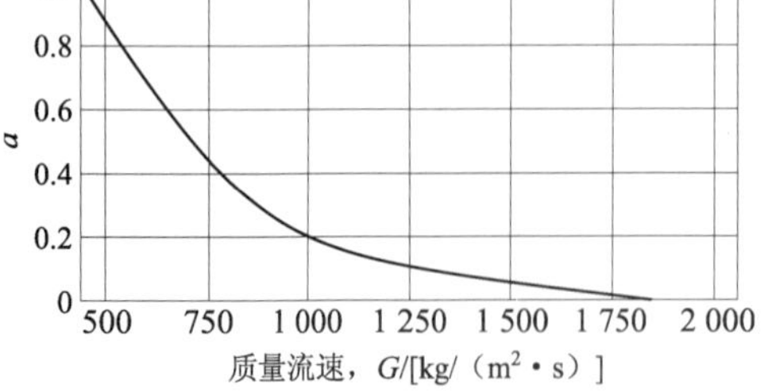

图 5-8-9 确定节流件压降用的常数 a 与流体质量流速的关系

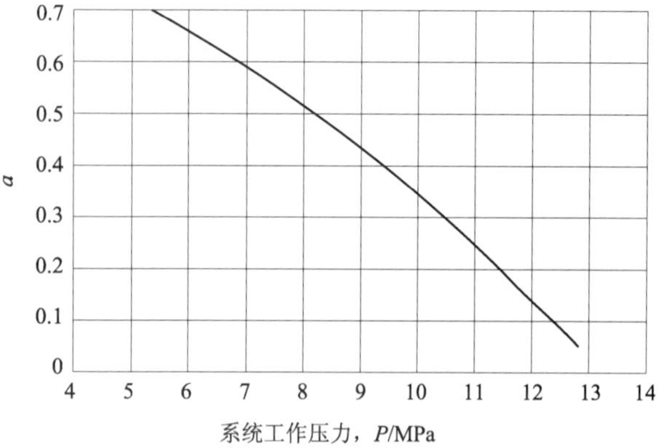

图 5-8-10 确定节流件压降用的常数 a 与系统工作压力的关系

5.9 水锤简介

水锤现象是有压管路中的非恒定流动,这是由于管路工作状态的突然改变,使液流速度突然改变,同时引起管内液体压强大幅度波动。在此流动中,水流的惯性力和弹性力起着主要作用,此时必须考虑水的压缩性。在电站中,如果因负荷的变化而关闭小阀门改变管道流量时,容易发生水锤现象。

下面讨论水锤的基本现象,为了分析方便起见,考虑管道中阀门突然瞬时关闭时的情况。图 5-9-1(a)为一水平的有压管道,其上游为一水池,下游末端为一调节流量的阀门。当打开阀门时,管道中的水流速度为 v_0,当阀门 N 瞬时关闭时,紧靠阀门处的液体就立即停止运动而受到压缩。由于该段液体的流速突然停止,而水的惯性却企图维持原来的流速,所以流速的停止必将引起压强的突然增高。此时,Δs 液段上游的水流仍以原来的流速 v_0 向下运动,使 Δs 液段受到压缩而管壁受到膨胀,并占有了因 Δs 液段压缩和管壁的膨胀所空出的位置。接着,紧靠 Δs 液段的另一液段停止流动,同时压强升高。这样各液段依次以弹性压缩波的形式以某一速度 a 向上游传播,压缩波所到之处,液体才收到阀门关闭的扰动而使该处的压强升高。设管长为 L,则从阀门 N 传播到水池管端 M 处所需的时间为 $t=L/a$,如图 5-9-1(a)所示。

当 $t=L/a$ 时,管中全部水流停止流动,而压强普遍升高,管壁膨胀。但 M 处的压强却受到水池水位的限制而保持不变,这是因为水池体积比管道大得多而不受到管道中流动影响的原因。为此,M 处下游的压强大于上游处的压强,从而导致管道中压强升高了的静止液体产生一个流向水池的流速。与此同时,管道中各段液体的压强依次减压,使压强降到原来的压强值。当减压的膨胀波传播到阀门 N 时,被压缩的液体和膨胀的管壁就都恢复原状。膨胀波从 M 传播到 N 所需的时间为 $t=L/a$。图 5-9-1(b)所示为膨胀波的传播过程,途中表明,膨胀波所到之处管中压强恢复到原来的压强值。

当 $t=2L/a$ 时,膨胀波到达阀门 N,管中全部液体都处于原来的压强下。此时,由于液体的惯性,管中液体仍具有流向水池的反向流速 v_0,这与阀门 N 处要求流速为零的条件是不一致的。在 $0<t<L/a$ 时,流速从 $+v_0$ 减小到零,压强升高;这里,流速从 $-v_0$ 增大到零,由于水流的惯性,靠近阀门处的水流就有离开阀门的倾向,所以 Δs 液段就膨胀,因而该处的压强降低。这样就在阀门 N 处产生了膨胀波,膨胀波从 N 传播到 M 处所需的时间为 $t=L/a$。这是 $2L/a<t<3L/a$ 这段时间内管道中的膨胀波传播的情况,如图 5-9-1(c)所示。当膨胀波传播到 M 处时,整个管道中的液体都处于比原来低的压强下,同时液体的密度减小,关闭收缩。

当 $t=3L/a$,膨胀波传播到 M 处时,M 点处的压强就比水池水位所示的压强低。因此在 M 处又产生了压缩波,压缩波从 M 向 N 处传播,波面所到之处,管道中的压强又恢复原来的值,从而膨胀的液体及收缩的管道都恢复原状。同时管道中的水流又产生正向的流速 v_0。当 $t=4L/a$ 时,整个管道中的压强全部恢复到原来的值,管中流动状态恢复到 $t=0$ 时的情况,从而重复上述现象。

事实上,由于管壁对水流的阻尼作用,水击波的传播将逐渐衰减,直到消失。

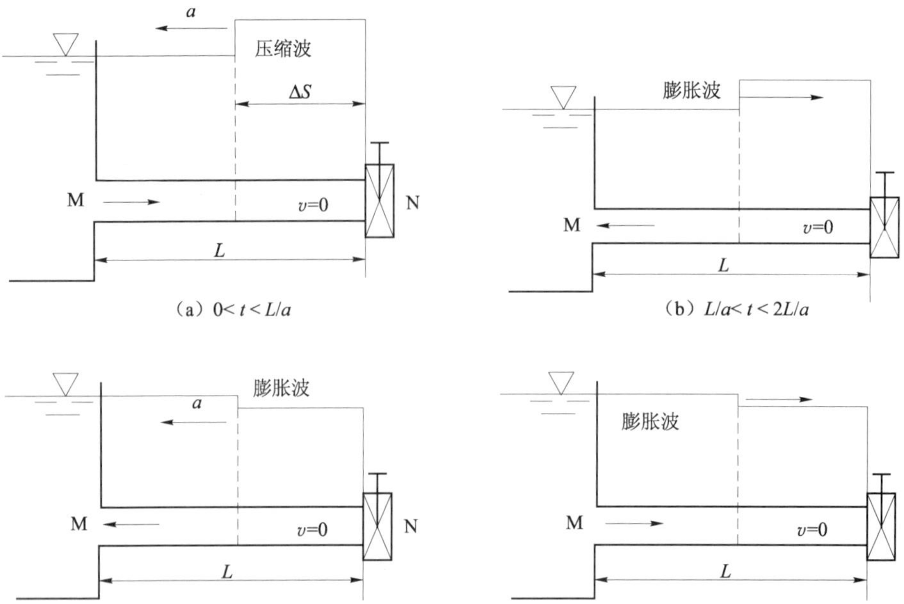

(a) $0<t<L/a$ (b) $L/a<t<2L/a$

(c) $2L/a<t<3L/a$ (d) $3L/a<t<4L/a$

图 5-9-1 水锤现象

另外，通过对阀门关闭时水锤速度和能量的分析，参见参考文献[2]，可知，水锤速度和产生的能量与阀门关闭时间相关，当阀门关闭时间 $t_s<2L/a$ 时，称为直接水击，此时在阀门处会造成很大的水击压强；当阀门关闭时间 $t_s>2L/a$ 时，称为间接水击，此时产生的水击压强和关闭时间成反比。

在电站中，水锤产生的压力波波幅高达1～2倍运行压力，轻则容易造成管道支承部件的松脱，法兰面的破坏等，长期振动及压力波动造成管道及承压设备疲劳损伤。重则造成流通管道破裂、阀门密封面及其他承压设备破坏。

因此，必须尽量避免直接水击，降低水锤产生的危害，防止的方法有：

(1) 截止阀慢开慢关，尽可能降低压力的冲击；

(2) 对不宜慢开、慢关的阀门，可采用小流量旁通阀先开或后关旁通阀，再开或先关主管道上截止阀；

(3) 对管道进行疏水。

5.10 气蚀简介

液体流动时，由于流道断面积的变化，液体的流速和压强都随之而改变。如果在流动过程中，液流局部地区的绝对压强低到等于液体的汽化压强时，液体中就会形成气泡，气泡中主要含的就是蒸汽，但是由于水中溶解有一定量的气体，所以气泡夹带有少量从水中析出的气体。这种气泡随着水流到达压强高的区域时，气泡中的蒸汽就重新凝结为水。此时，气泡就会变形而破裂。气泡破裂时，会产生很大的冲击压强，其值可达几百个大气压。不断破裂的气泡会使流道壁面材料受到不断的冲击，从而使材料受到侵蚀。气泡从形成，增长、破裂以及造成材料侵蚀的整个过程就称为气蚀现象。

为说明气泡的形成，现分析文德利流量计中的流动，如图 5-10-1 所示。当阀门稍稍打开时，通道中的压头变化如图中的测压管水头线 A 所示，最低压强发生在断面积最小处，因为该处的速度最大。随着阀门的逐渐开大，流量就增大，因流速增快而使压强最低点下降，测压管水头线逐渐变为如图中的 B 线所示。此时，文德利流量计喉部处的绝对压强就下降到等于液流的汽化压强，于是就开始形成气泡。继续开大阀门，将使气泡汇集成大的气穴，并使汽化压力区沿着流动方向向下游发展。由此可知，液流中由于气穴的形成就会改变液流的流动情况，从而造成对性能的影响。

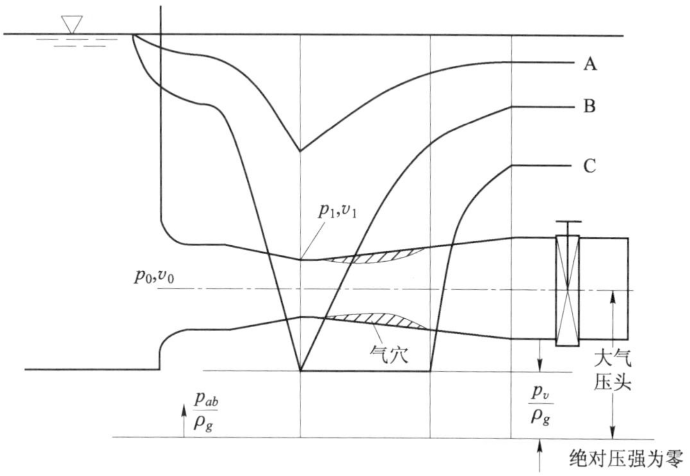

图 5-10-1　气泡的发生

如果对(p_0，v_0)和最低压强位置处(p_1，v_1)列伯努利方程，则可求得压强系数为

$$C_P = \frac{p_1 - p_0}{\frac{1}{2}\rho v_0^2} \tag{5-10-1}$$

气蚀系数定义为

$$k = \frac{p_0 - p_1}{\frac{1}{2}\rho v_0^2} \tag{5-10-2}$$

由此可知，$k = -C_p$；当 p_1 下降到液体的汽化压强 p_v 时，就开始发生气蚀，即

$$k_{cr} = \frac{p_0 - p_v}{\frac{1}{2}\rho v_0^2}$$

气蚀不仅可以发生在水中，也会发生在其他液体中；此外，气蚀除了会发生在管道、水工建筑物上外，也会发生在水力机械中。水力机械中如果发生气蚀，就会使机器的性能下降，效率降低，材料受到损坏。并且还会使机器产生振动和噪声，从而成为水力机械向高转速发展的障碍。水泵出现气蚀后，泵的水力损失增大，工作叶片表面发生侵蚀，使泵的压头、功率、效率下降，流量出现下降，同时伴有噪音和振动。

为了避免泵的气蚀，要求泵的通流流道上所有各点的绝对压力大于流体相应的饱和蒸汽压力，为此可以采取的措施有：

（1）装设前置增压泵，以增加入口处压力；
（2）降低流体温度，以降低流体的饱和蒸汽压力；
（3）减小泵的转速，以减小泵的出口流量。

复习思考题

1. 单相流体流动总压降由哪几部分组成？
2. 单相流体的摩擦压降和摩擦阻力系数与哪些因素有关？
3. 流体加速压降是什么原因引起的？
4. 流体提升压降是什么原因引起的？
5. 流体在流动中被加热或被冷却时为什么要修正摩擦阻力系数？
6. 什么是两相流？请说出三个两相流特性参数及其含义？
7. 对于向上和向下的汽-液两相同方向流动，其滑速比的大小有何不同？
8. 垂直加热通道内汽-水两相流的主要流型有哪几种？它们的特点是什么？
9. 什么是均匀流动？什么是分离流动？
10. 什么叫临界流？临界流量的大小取决于上游工况还是下游工况？为什么？
11. 写出主循环泵功率计算表达式。
12. 冷却剂从压力壳入口到出口，旁通的部位有哪些？旁通量占总流量的多大比例？
13. 什么叫自然循环？核电厂自然循环有何意义？
14. 产生自然循环的条件是什么？自然循环流量受哪些因素影响？
15. 什么是水锤？水锤有什么危害？避免措施有哪些？
16. 什么是气蚀？气蚀有什么危害？避免水泵发生气蚀的措施有哪些？

第六章　反应堆稳态热工设计原理

反应堆热工设计在整个反应堆设计中有极其重要的地位，反应堆热工设计的任务就是要设计一个既安全可靠而又经济的堆芯输热系统。反应堆热工设计涉及的面也很广，它不但与反应堆本体的其他方面诸如堆物理、堆结构、堆材料和堆控制等的设计有关，而且还与一、二回路系统的设计有着密切的联系。

反应堆热工设计所要解决的具体问题，就是在堆型和为进行热工设计所必要的条件已定的前提下，通过一系列的热工水力计算和一、二回路热工参数最优选择，确定在额定功率下为满足反应堆安全要求所必要的堆芯燃料元件的总传热面积、燃料元件的几何尺寸，以及冷却剂的流速（或流量）、温度和压力等，使堆芯在热工方面具有较高的技术经济指标。

本部分的主要课程目标包括：

（1）掌握反应堆稳态热工设计准则；

（2）掌握堆芯热极限；

（3）掌握 DNBR 及其影响因素；

（4）掌握蒸汽发生器的工作条件。

6.1　反应堆热工设计准则

在设计反应堆冷却系统时，为了保证反应堆运行安全可靠，针对不同的堆型，预先规定了热工设计必须遵守的要求，这些要求通常就称为堆的热工设计准则。反应堆在整个运行寿期内，不论是处于稳态工况，还是处于预期的事故工况，它的热工参数都必须满足这个设计准则。堆的热工设计准则，不但是热工设计的依据，而且也是安全保护系统设计的原始条件；除此之外，它还是制定运行规程的出发点。堆热工设计准则的内容，不但随堆型而不同，而且是随着科学技术的发展、堆设计与运行经验的积累以及堆用材料性能和加工工艺的改进而变化的。例如早期设计的压水动力堆，是不允许冷却剂发生过冷沸腾的；而近期设计的压水动力堆，则不但允许冷却剂发生过冷沸腾，而且还允许在堆芯最热通道出口处发生饱和沸腾（但堆芯出口处混合后的水温仍低于饱和温度）。因为这样做可以提高堆芯出口处冷却剂的温度，从而可提高核电站的热效率。由于动力堆类型较多，其热工设计准则在此不能一一列举，仅以压水动力堆为例作一介绍，主要介绍田湾核电站的热工设计准则。

进行反应堆堆芯热工水力设计的目的是为了从热工水力条件角度验证反应堆在稳态正常运行工况下能够进行可靠的堆芯冷却，以满足正常运行时燃料棒包壳破损允许的极限：

- 气密性丧失缺陷不超过 0.2%；
- 燃料与冷却剂直接接触不超过 0.02%。

在预计运行事件下，上述两项的安全运行破损极限分别为 1%和 0.01%。

为了使燃料棒在这两类工况下不超过破损的运行极限，需要满足的热工水力设计准则如下：

(1) 最小 DNBR，即燃料元件外表面不允许发生沸腾临界。通常用 DNBR 来定量地表示这个限制条件，所谓 DNBR 是指利用专门的公式根据堆内某处燃料元件周围的冷却剂状态所预计的临界热流量与该处燃料元件表面的实际热流量之比。在整个堆芯内的这个 DNBR 的最小值称为最小 DNBR；为了使燃料元件不易烧毁，在计算的最大热功率下，最小 DNBR 不应低于某一规定值。

田湾核电站设计准则规定：在正常运行和预计运行事件下，堆芯燃料棒不发生偏离泡核沸腾(DNB)的置信概率不少于 95%，不少于 95%置信概率的最小 DNBR 应当不小于 1.3。反应堆以额定功率稳态运行时，DNBR 不小于 1.9。当反应堆偏离额定参数运行时，DNBR 不小于 1.3。在反应堆功率大于 35%额定功率时，DNBR 的安全限值不小于 1.18。

(2) 燃料元件芯块最高温度应低于熔化温度。目前压水动力堆大多采用二氧化铀作为燃料。二氧化铀的熔点约为 2 800 ℃，但经过辐照后，其熔点有所降低。在通常所达到的燃耗深度下，熔点将降低于 2 650 ℃左右。在稳态热工设计中，现有的公开文献表明，燃料元件中心最高温度的限制值大多介于 2 200～2 450 ℃之间。田湾核电站的设计中规定，考虑到燃耗的影响，燃料的最高温度应小于以下计算式所规定的温度：

$$T_{\text{melt}} = 2\,840 - 3.2 \times B(℃)$$

式中，B——燃耗。

在保守估计到以下情况时，设计中选择燃料芯块中心温度不超过 1 800 ℃：

1) 线功率密度为 448 W/cm；

2) 最小燃料密度；

3) 燃料棒中心孔孔径最小：1.5 mm；

4) 燃料-包壳间隙热导最小：0.6 W/(cm^2 · K)。

(3) 堆芯流量。四环路运行时，流经反应堆的冷却剂流量应当不小于设计最小值，不大于设计最大值，它们的置信概率分别不小于 95%。

最小冷却剂设计流量用于堆芯冷却的可靠性分析，最大冷却剂设计流量用于确定燃料组件和堆内构件的水力负荷。

不参与堆芯燃料棒冷却的部分冷却剂流量称为旁通流量，它包括入口管嘴向出口管嘴的泄漏，燃料组件与围板之间和围板与吊篮之间的冷却剂流量，以及流经导向管的冷却剂流量。

在冷却燃料棒的热工水力计算中，旁通流量采用 4%的冷却剂流量，在燃料组件和堆内构件的水力负荷计算中，旁通流量为 3%的冷却剂设计流量。

(4) 在稳态额定工况时，要求在计算的最大热力功率情况下，不发生流动不稳定性。即不允许发生堆芯体积沸腾，限制堆芯冷却剂的含汽量，通常用过冷度来限制。对于压水堆，实际上只要堆芯最热通道出口附近冷却剂中的含汽量小于某一数值，即不会发生流动不稳定性。田湾核电站规定冷却剂过冷度不小于 15 ℃。

(5) 一般还把燃料元件包壳与水发生加速腐蚀时的包壳表面温度作为其设计准则之一。田湾核电站燃料棒包壳采用 Zr-1%Nb 合金，从试验中证实，锆合金的包壳在接近 400 ℃的高温水中会发生严重的氧化腐蚀，即发生锆的氢脆效应，这容易造成燃料元件的损坏。因此，为了避免高温腐蚀，田湾核电站规定包壳温度限制在 352 ℃以下。

对反应堆冷却系统的要求包括安全和可靠性两个方面。安全与可靠性一般是这样划分的，即把影响到运行人员和周围居民生命和健康的较大事故归入到安全范畴；而将另一些不影响运行人员和周围居民与健康的较小事故归入到可靠性范围。例如，堆内即使有个别或极少量燃料元件包壳存在缺陷(如微小裂隙)，使少量放射性物质泄入冷却剂中，但放射性物质的泄出量仍在冷却剂净化系统的净化能力范围内，则整个装置仍可继续运行，那么这种冷却系统就是可靠的。

例题 6-1-1 为什么压水堆中冷却剂需要有一定的过冷度？解释以下参数如何影响压水反应堆冷却剂的过冷度：

1）反应堆冷却剂温度；

2）稳压器压力；

3）堆冷却剂流量(功率和冷却剂入口温度保持不变)。

解 保持冷却剂有一定的过冷度是为了避免在接近堆芯出口处在燃料包壳表面发生偏离泡核沸腾，导致传热恶化而损坏燃料包壳。

1）反应堆冷却剂温度：冷却剂温度越高，它就越接近饱和温度，因此过冷度就越小。

2）稳压器压力：稳压器压力(也即反应堆冷却剂压力)越高，饱和温度越高，压力越高，过冷度越大。

3）反应堆冷却剂流量：在功率和冷却剂入口温度保持不变的情况下，反应堆流量增加，使得冷却剂平均温度下降，过冷度增大。

6.2 热管因子和热点因子

6.2.1 热管因子和热点因子定义

在知道堆的热功率、传热面积以及流量等条件以后，确定堆芯内热工参数的平均值是比较容易的。但是堆芯功率的输出不受热工参数平均值的限制，而是受堆芯内最恶劣的局部热工参数值的限制。为了衡量各有关的热工参数的最大值偏离平均值(或名义值)的程度，引进了一个修正因子，这个修正因子就称之为热管因子及热点因子，它们是用各有关的热工(或物理)参数的最大值与平均值的比值来表示的。

在反应堆内，即使燃料元件的形状、尺寸、密度和裂变物质浓缩度都相同，堆芯内中子注量率的分布也还是不均匀的；再加上堆芯内存在控制棒、水隙、空泡以及堆芯周围存在反射层，就更加重了堆芯内中子注量率整体分布和局部分布的不均匀性。显然，与上述中子注量率分布相对应，堆芯内的热功率分布也就不会是均匀的了。当不考虑在堆芯进口处冷却剂流量分配的不均匀，以及不考虑燃料元件的尺寸、性能等在加工、安装、运行中的工程因素造成的偏差，单纯从核方面来看，堆芯内就存在着某一积分功率输出最大的燃料元件冷却剂通道，这种积分功率输出最大的冷却剂通道通常就称为热管；同时，堆芯内还存在着某一燃料元件表面热流量最大的点，这种点通常就称为热点。可以说热管和热点对确定堆芯功率的输出量起着决定性的作用。以上就是在反应堆发展的早期，单从核方面考虑的反应堆热管和热点的定义。

而在工程上，必须考虑到燃料元件和堆内构件等在加工、安装和运行中的各类工程因素所造成的实际值与设计值之间的偏差。由于这些工程上不可避免的误差，会使堆芯内燃料元件的热流密度、冷却剂流量、冷却剂焓升和燃料元件的温度等偏离名义值。因此，为了更加准确的进行分析，除了要从核方面考虑反应堆热点核热管外，还要考虑工程因素的影响。

同时考虑了核和工程两方面的因素后，对热管和热点的定义可进一步阐述为：热管是堆芯内具有最大焓升的冷却剂通道。这是一条限制堆功率输出的冷却剂通道，从理论上说，它发生在积分功率输出和冷却剂流量这两个最不利的组合上。由此而定义的工程热管因子则是考虑了核工程上的各种不利影响后，热通道中反应堆冷却剂的比焓升或轴向平均热流密度与相应的堆芯平均比焓升或热流密度的比值。

$$F_{\Delta H} = \frac{\text{热通道的焓升}}{\text{堆芯平均通道的焓升}} = \frac{\Delta H_{\max}}{\Delta H}$$

至于热点，则是燃料元件上限制堆芯功率输出的局部点。而热点因子则为堆芯最大热流密度与堆芯平均热流密度之比值(压水动力堆通常只引用热流密度热点因子)。

$$F_Q = \frac{\text{堆芯最大热流密度}}{\text{堆芯平均热流密度}} = \frac{q''_{\max}}{q''}$$

6.2.2 田湾核电厂热管因子和热点因子的定义和设计值

(1) 燃料组件功率峰因子 K_q：功率峰因子是指燃料组件最大功率和组件平均功率的比值。燃料组件峰因子不能超过1.35。

(2) 燃料棒径向功率峰因子 K_r：径向功率峰因子是给定燃料棒的功率和径向平均燃料棒功率的比值。最大径向功率峰因子是最大燃料棒功率和径向平均燃料棒功率的比值。我们知道径向功率分布受到控制棒位置，功率水平和燃耗等诸多因素的影响。分析计算规定，燃料棒径向功率峰因子不能超过1.6。

(3) 燃料棒轴向功率峰因子 K_z：轴向功率峰因子是给定燃料棒的局部线功率与该燃料棒平均线功率的比值。最大轴向功率峰因子是指一根燃料棒的最大线功率和该燃料棒的平均线功率的比值。轴向功率分布影响DNBR。最小DNBR由最大轴向功率峰因子的数值和其所在的位置决定。热工设计规定燃料棒轴向功率峰因子不能超过1.49。

(4) 局部核功率峰因子 K_o：局部核功率峰因子是指燃料棒局部热流密度与堆芯燃料棒平均热流密度的比值。堆芯最大局部核功率峰因子不能超过2.23。这个值可以用来确定DNBR值以及燃料温度。

(5) 热流密度工程热点因子 K_1：热流密度工程热点因子是考虑了一些偶然因素对最大热流密度的影响，这些因素包括：

· 燃料棒尺寸、富集度，以及燃料棒的重量和密度等在允许范围内与额定参数的偏差；

· 在计算功率分布时的偏差。

和核热点因子不同，热流密度工程热点因子是指堆芯热点最大热流量和堆芯名义最大热流量(不考虑工程因素)的比值。热流密度工程因子的数值为1.16。

通过热流密度工程热点因子，我们就把由于燃料棒的破损导致的燃料棒高度变化从而引起的功率突变产生的影响也考虑到了。但是实际上这个因素并不会影响到临界热流密度值，因而在DNBR的计算中对燃料棒破损的影响的估算是比较保守的。

(6) 焓升工程热管因子 K_2：在计算 DNBR 的时候，利用(冷却剂)焓升工程热管因子计入一些偶然因素(如燃料元件尺寸，富集度，燃料棒重量、密度等的偏差，以及功率分布计算偏差，冷却剂在燃料棒束的流动分布计算的偏差等)对冷却剂焓升的影响。焓升工程热管因子是指堆芯热管最大焓升和堆芯名义最大焓升的比值。焓升工程热管因子的数值为 1.16。

(7) 总的功率峰因子 K_t：总的功率峰因子是燃料棒最大局部热流密度和堆芯燃料棒平均热流密度的比值。总的功率峰因子由局部核功率峰因子和工程热流密度因子的乘积决定。最大热流密度总功率峰因子的数值为 2.59。利用这个因子可以求出最大热流密度和最大线功率。

堆芯功率峰因子设计值如表 6-2-1 所示。

表 6-2-1　堆芯功率峰因子设计值

名　称	数　值
燃料组件功率峰因子，K_q	1.35
燃料组件内功率分布(以 60°扇形对称区为例)	如图 6-2-1 所示
燃料组件额定间隙下最大功率峰因子：	
燃料棒径向功率峰因子，K_r	1.5
堆芯相对轴向功率分布，K_z	如表 6-2-2 所列曲线 1，曲线 2
燃料组件间隙有偏差工况下最大功率峰因子：	
1) 燃料棒径向功率峰因子，K_r	
· 最外两周燃料组件内燃料棒	1.6
· 其余燃料组件	1.5
2) 堆芯相对轴向功率分布，K_z	如表 6-2-2 所列曲线 3，曲线 4
局部核功率峰因子，K_0	
· (首循环燃料)堆芯下半部(50%Hcore)	2.23
· (含钆一体化燃料)从堆芯底部至堆芯 80%高度处	1.79
工程因子：	
· 热流密度工程热点因子	1.16
· 焓升工程热管因子	1.16
考虑到热流密度工程热点因子(1.16)和不确定性因子(1.04)时，最大线功率密度(W/cm)	
· (首循环燃料)堆芯下半部(50%Hcore)	448
· (含钆一体化燃料)从堆芯底部至堆芯 80%高度处	360

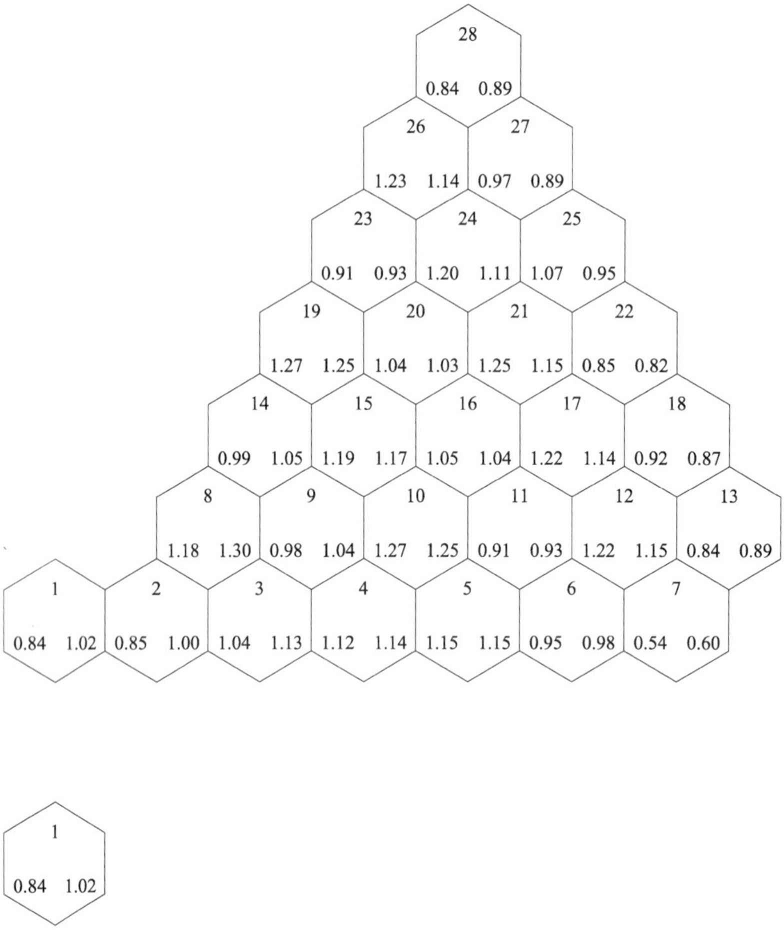

图 6-2-1 堆芯燃料组件功率分布(平衡循环)

1——燃料组件号;0.84——循环初期的燃料组件径向功率峰因子;1.02——循环末期的燃料组件径向功率峰因子

表 6-2-2 K_z 沿堆芯高度分布

曲线号	K_r	q_l^{max} W/cm	高度				
			5	15	25	35	45
1	1.5	448	0.29	0.70	1.15	1.37	1.49
2		360	0.74	1.06	1.04	1.01	1.01
3	1.6	448	0.36	0.82	1.12	1.31	1.39
4		360	0.72	1.06	1.04	1.01	1.01

曲线号	K_r	q_l^{max} W/cm	高度				
			55	65	75	85	95
1	1.5	448	1.49	1.37	1.15	0.70	0.29
2		360	1.03	1.10	1.20	1.06	0.75
3	1.6	448	1.39	1.31	1.12	0.82	0.36
4		360	1.02	1.10	1.13	1.10	0.8

6.2.3 降低热管因子及热点因子的途径

热管因子及热点因子的值是影响堆热工设计安全性和技术经济指标的重要因素，因此必须设法降低总的热管因子及热点因子的数值。热管因子及热点因子是由核和工程两方面不利因素造成的，因而要减小它们的数值也必须从这两方面着手。

(1) 降低核热管因子及热点因子数值的现有办法是：沿堆芯径向装载不同浓缩度的核燃料；在堆芯周围设置反射层；在堆芯经向不同位置插上一定数量的控制棒和可燃毒物棒，这个办法的缺点是中子利用不经济。以上几种办法只能部分改善堆芯径向功率分布的不均匀性。至于展平堆芯轴向功率分布，实际上只能采用设置反射层或长短控制棒结合的办法。

(2) 降低工程热管因子及热点因子的办法，主要是合理地确定有关部件的加工及安装误差；为此，要考虑到既能减少总的工程热管因子及工程热点因子的数值，又不致过分增加加工费用。再就是精细地进行结构设计和堆本体水力模拟实验，以改善堆芯下腔室的冷却剂流量分配的不均匀性。第三个办法就是要加强堆芯内相邻燃料元件冷却剂通道间的流体横向交混，使热管内的冷却剂焓升降低。

例题 6-2-1 填空题。

(1) 整根燃料元件棒的平均热流密度 $\bar{q}=360\ \mathrm{kJ/m^2\cdot s}$，在元件的半高度处临界热流密度的计算值为 $q_c=958\ \mathrm{kJ/m^2\cdot s}$，实际运行时的热流密度为 $q_r=460\ \mathrm{kJ/m^2\cdot s}$，则半高度处的 DNBR=__________。

(2) 反应堆的核焓升因子为 $F_{\Delta H}^{N}=1.94$，核工程因子 $F_{\Delta H}^{E}=1.05$，则考虑了工程因素后的核焓升工程热管因子为：__________。

(3) 堆芯热点线功率密度 418 W/cm，功率不均匀因子 $F_q=2.25$，则全堆平均线功率密度为__________。

解 (1) 2.08 (2) 2.037 (3) 186 W/cm

例题 6-2-2 选择并解释理由。

(1) 为防止发生偏离泡核沸腾和超过线功率密度限值，必须进行控制的参数有：(　　)

A. 热中子利用系数 B. 热管因子 C. 轴向功率偏移 D. 无限增殖系数

(2) 规定最大线功率密度限值的主要目的是：(　　)

A. 防止燃料芯块肿胀 B. 防止燃料芯块熔化

C. 限制冷却剂总体温度 D. 降低燃料密实化效应

(3) 反应堆在寿期中以 80%FP 长期稳定运行，假定所有控制棒全提出堆芯并处在手动控制模式，反应堆径向功率峰位于堆芯中心。以下的变化或动作，会引起稳态径向功率峰(或热管)因子减小的是：(　　)

A. 汽轮机负荷/反应堆功率下降 20% B. 位于堆芯边缘的一束控制棒掉入堆芯

C. 反应堆冷却剂硼浓度减少 0.06 gH_3BO_3/kg D. 反应堆以 80%FP 继续运行 3 个月

解 (1) B C

理由：A 中子利用系数是六因子公式中的一个因子，它对 DNBR 或线功率密度没有影响，因此 A 是错误的。B 热管因子主要用于控制燃料中心温度和通过燃料通道的焓升，以防止超出线功率密度和 DNBR 限值，因此答案 B 是正确的。C 轴向功率偏移直接影响线功率密度，因此 C 是正确的。D 无限增殖系数只是用于描述无泄漏发生的无限大堆芯内每代中子群体的变化，因此D也是错误的。

(2) B

理由：为了防止燃料损伤，最高燃料温度必须低于燃料芯块熔点。燃料芯块中心温度直接与堆芯的线功率密度有关，而燃料中心温度是不可测量的，因此限制线功率密度确保燃料芯块不发生熔化。

(3) D

理由：A、C仅对轴向功率峰有影响，对径向功率峰没有影响。B只能增加径向功率峰。在控制棒全提出堆芯的情形，反应堆连续运行，原先功率密度高的地方，其燃料燃耗速率要快，结果其功率密度慢慢降低，整个功率分布将会逐渐展平，因此D是正确的。

6.3 临界热流密度和DNBR

6.3.1 临界热流密度的计算

在第五章中，我们了解了沸腾临界的发生机理和沸腾临界发生的基本方式。发生沸腾临界(偏离泡核沸腾和烧干)时对应的热流密度为临界热流密度(CHF)q_{CHF}。沸腾时的临界热流密度对水冷堆的设计十分重要，尤其是发生偏离泡核沸腾时对应的临界热流密度q_{DNB}。若干年来，国内外已做了许多试验研究和理论分析工作，并提出来一系列关于临界热流密度计算的实验关系式。目前田湾核电站应用的临界热流密度关系式是Gidropress根据带格架的棒束实验数据归纳得出的。全部实验在高压水回路上进行，棒束有7根，19根和37根三种，均呈三角形的栅格布置，棒与棒之间中心距为12.75 mm，格架间距为255 mm，均匀加热的棒长度从1.75 mm到3.5 mm。由770个实验数据点归纳得到的Gidropress关系式为：

$$q_{DNB,U} = 0.795 \times 10^3 \cdot (1-x)^{0.105p^{-0.5}} (\rho w)^{0.184-0.311x} \cdot (1-0.018\,5p) \qquad (6\text{-}3\text{-}1)$$

式中，$q_{DNB,U}$——在均匀功率分布下，用Gidropress关系式计算的均匀临界热流密度，MW/m^2；

x——含汽量；

ρw——质量流速，kg/(m^2·s)；

p——压力，MPa。

Gidropress关系式的适用范围：

压力：$7.45 \leqslant p \leqslant 16.7$MPa；

质量流速：$700 \leqslant \rho w \leqslant 3\,800$ kg/(m^2·s)；

含汽量：$-0.07 \leqslant x \leqslant 0.4$。

临界热流密度的其他典型计算关系式参见参考文献[4]。

6.3.2 影响临界热流密度的因素

q_{DNB}是水堆设计的重要参数，因此分析影响q_{DNB}的各种因素，从而找出提高q_{DNB}的各种途径，是一个十分重要的问题，对q_{DNB}的影响因素较多，有些因素研究得比较成熟，有些因素研究还不够成熟。就目前所知，对q_{DNB}的主要影响因素，除前面已讨论过的热流分布不均匀、冷壁及定位格架等因素外，还有水的质量流量、进口过冷度、工作压力、沸腾临界发生处的流体焓、通道尺寸以及加热面的状况等。对有些因素的影响，不同研究人员的看法不尽相同。下面只对影响临界热流量的一些主要因素作一个定性的讨论。

(1) 水的质量流量的影响

对过冷沸腾和低含汽量的饱和沸腾，当水的质量流量增加时，流体的扰动增加，气泡容易脱离加热面，从而使 q_{DNB} 数值增加。但流速增加一定数值后，再继续增加流速对提高 q_{DNB} 的贡献就小了(在高含汽量饱和沸腾的情况下，如果冷却剂的流型是环状流，这时增加冷却剂流速反而会使加热面上的液膜变薄，从而加速烧干)。

(2) 进口处水的过冷度的影响

进口处水的过冷度越大，则加热面上形成稳定的汽膜所需的热量越多，即 q_{DNB} 越高。但当过冷度增大到某一数值时，热管中的冷却剂就会发生汽水两相流动的不稳定性，导致热管内冷却剂流量减少，从而使 q_{DNB} 下降。同样，过冷度小到某个数值，也会使汽水两相流动出现不稳定性。因此进口水的过冷度大小不但会直接影响 q_{DNB} 值，而且还会因汽水流动不稳定性而间接影响 q_{DNB} 值。究竟如何确定进口处水的过冷度的具体数值，要根据系统具体的热工和结构参数而定。

(3) 工作压力 p 的影响

压力的影响比较复杂，随着压力的升高，液体的表面张力减小，汽化核心数增多，但与此同时，汽水密度差减小，气泡不易脱离加热面，延长了受热长大过程，从而使气泡脱离加热面时直径扩展较大。

在加热的流动沸腾系统中，压力对 q_{DNB} 的影响，不同研究人员的观点还不太一致。有一些研究人员认为，随着压力的升高，q_{DNB} 稍有下降。但从应用 W-3 公式来看，当系统加热量一定时，压力增加时，冷却剂的含汽量也在变化，因而 q_{DNB} 可能增加。

(4) 冷却剂焓的影响

临界沸腾发生处的冷却剂焓值的大小，主要反映在含汽量的大小上，冷却剂焓值越高，含汽量 x_e 值也越大，从而临界热流量 q_{DNB} 也越小。

(5) 通道进口段长度的影响

冷却剂通道尺寸对 q_{DNB} 的影响，常用通道进口长度 l 与通道直径 d 的比值表示。一般说来，l/d 比值越小，受进口局部扰动的影响越大，因而 q_{DNB} 值增加。当 l/d 值小于 50 时，l/d 值的改变对 q_{DNB} 的影响较大；当 l/d 大于 50 时，l/d 值的改变对 q_{DNB} 的影响就小了。此外，随着进口过冷度和质量流密度的增加，l/d 值对 q_{DNB} 的影响相对减小。还应指出，在相同的实验条件下，不同形状通道的 q_{DNB} 值是不同的。

(6) 加热表面粗糙度的影响

加热表面粗糙度的影响，只是对新堆才比较明显。表面粗糙度一方面可以增加汽化核心的数目，另一方面又可增强流体的湍流扰动，在过冷沸腾和低含汽量饱和沸腾的情况下，这会使 q_{DNB} 增加。但是在高含汽量的饱和沸腾的环状流情况下，加热面上的粗糙度大，会加强流体的湍流扰动，使加热面上的一薄层液膜变得更薄，从而加速沸腾临界(烧干)的到来。运行一段时间后，加热面上的粗糙度因受流体冲刷而变小了，它对烧毁热流密度的影响也就小了。

q_{DNB} 值受到好多因素的综合影响，要想分别确定所有这些量的影响是很困难的。这个问题还有待今后进一步研究。

6.3.3 水堆燃料元件表面的DNB比与最小DNB比

为了保证反应堆的安全，在水堆设计中，总是要求燃料元件表面的最大热流密度小于临界热流密度。为了定量的表达这个安全要求，引用了DNB比这一概念。所谓DNB比，就是指用合适的 q_{DNB} 关系式计算得到的冷却剂通道中燃料元件表面某一点的临界热流密度 q_{DNB} 与该点的实际热流密度的比值，通常用符号DNBR来表示，即

$$\mathrm{DNBR}(z) = \frac{q_{\mathrm{DNB}}(z)}{q(z)} \tag{6-3-2}$$

DNBR(z)值是沿冷却剂通道长度变化的，其最小DNB比，记作 $\mathrm{DNBR}_{\min}$ 或MDNBR。

如果临界热流密度的计算公式没有误差，则当最小DNB比等于1时，表示燃料元件发生烧毁。为了保证堆的安全，在水堆热工设计中，把最小DNBR不小于某一个值作为堆热工设计标准之一。对于堆的稳态工况和预期运行事故工况，都要分别定出最小DNBR的值。其具体数据，依照所选用的计算公式而定。

燃料元件释热率沿轴向分布不均匀，而冷却剂的焓又沿着通道轴向越来越高，由于这两者的共同作用，因而最小DNBR既不是发生在燃料元件最大表面热流密度处，也不发生在燃料元件冷却剂通道出口处，而是发生在最大热流点后面某个位置上，图6-3-1示出了压水动力堆的DNBR沿轴向 z 的变化。

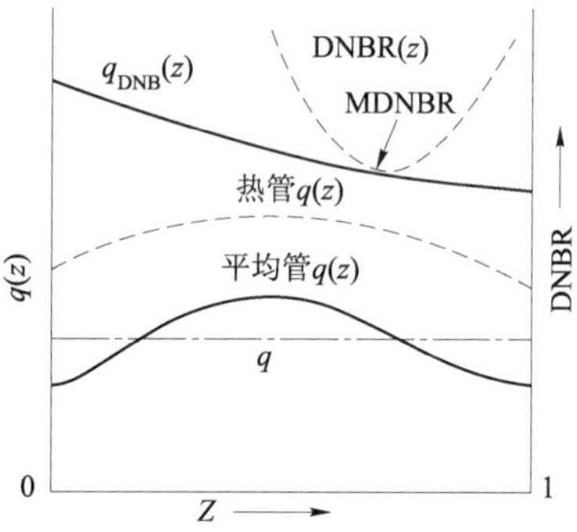

图6-3-1 燃料元件表面热流密度和DNBR沿轴向变化的示意图

对于堆运行的不同寿期和不同的控制棒下插位置，会有不同的最小DNBR值。在堆热工设计中应考虑到这一点，即在堆的整个运行寿期中，在稳态额定工况下的最小DNBR的值仍在热工设计准则规定的范围内。

计算热管轴向DNBR(z)的式(6-3-2)还可改写如下：

$$\mathrm{DNBR}(z) = \frac{q_{\mathrm{DNB,N}}(z)}{\bar{q}F_R^N\phi(z)F_q^E}F_g F_e \tag{6-3-3}$$

上式中已对定位架和冷壁影响作了修正，对于热流分布不均匀影响，已包含在 $q_{\mathrm{DNB,N}}(z)$ 中了。式中的 $\phi(z)$ 是轴向归一化功率分布。

田湾核电站用如下的定义式来计算DNBR：

$$\mathrm{DNBR} = \frac{q_{\mathrm{DNB,N}}}{q(z)} \tag{6-3-4}$$

式中，$q_{\mathrm{DNB,N}}$——考虑非均匀功率分布因子下，用Gidropress关系式计算得到的非均匀临界热流密度：

$$q_{\mathrm{DNB,N}} = q_{\mathrm{DNB,U}} \cdot F$$

其中：

$$F = [f(z)]^n$$

$$f(z) = \frac{\int_{L_{\mathrm{CHF}}-\Delta L}^{L_{\mathrm{CHF}}} q(z)\cdot \mathrm{d}z}{q_m \cdot \Delta L}$$

$$n = 3.79 - 19.61\frac{p}{p_{cr}} + 17.86\left(\frac{p}{p_{cr}}\right)^2$$

式中，$q(z)$——沿高度 z 的热流密度；

q_m——DNB 点 $z=L_{CHF}$ 的热流密度；

p_{cr}——临界压力，$p_{cr}=22.1$ MPa。

考虑临界热流密度关系式的不确定性，DNBR 准则为：

$$K_s = \frac{q_{DNB,N}(1-\delta)}{q(z)} \quad (6\text{-}3\text{-}5)$$

从上述 DNBR 的计算和分析图可以得出以下结论：

（1）在任何工况下，DNBR 值都不小于 1.3。且最小 DNBR 的值由靠近导向管的冷却剂通道决定；

（2）由于燃料组件间冷却剂通道内流量较大，且燃料组件间冷却剂有横向交混，因而在这些通道内的 DNBR 值大于靠近导向管通道内的 DNBR 值。

另外，根据计算，热通道内最大含气量为 0.037。

例题 6-3-1　反应堆的热功率从 90%增加到 100%，反应堆进口冷却剂温度和回路总流量都没有变化，并以此出发定性分析$(\text{DNBR})_{min}$是否发生变化，为什么？

解　$(\text{DNBR})_{min} = \left(\frac{q_{DNB}}{q_R}\right)_{min}$

可分析此时 q_{DNB}及 q_R的变化决定$(\text{DNBR})_{min}$的变化。

（1）当进中冷却剂温度及总流量不变时，反应堆热功率增加，则$(\text{DNBR})_{min}$处的冷却剂温度升高，即是过冷度减少，从而使该处临界热流密度 q_{DNB}减少；

（2）由于热功率增加，会使$(\text{DNBR})_{min}$处的元件表面实际热密度 q_R增加。

综合以上两方面的分析都会使堆芯的$(\text{DNBR})_{min}$减少。

例题 6-3-2　若反应堆热功率保持不变，反应堆进口水温升高 1℃，而且回路总流量降低 10%，定性分析（先作单项分析再作综合分析）堆芯内$(\text{DNBR})_{min}$是否发生变化？为什么？这种变化是偏安全还是增加了潜在风险？

解　最小 DNBR 的表达式如下：

$$(\text{DNBR})_{min} = \left(\frac{q_{DNB}}{q_R}\right)_{min}$$

可分析此时 q_{DNB}及 q_R的变化决定$(\text{DNBR})_{min}$的变化。

（1）反应堆功率不变，进口温度升高，即使流量不变也使$(\text{DNBR})_{min}$处水温升高，使过冷度减小，从而使该处的临界热流密度 q_{DNB}减小；

（2）反应堆功率不变，流量减少 10%，即使进口温度不升高，也使$(\text{DNBR})_{min}$处水温升高，从而使该处的临界热流密度 q_{DNB}再次减小；

（3）由于反应堆功率不变，该处的元件外表面实际热流密度 q_R不变。

综合以上三方面，会使$(\text{DNBR})_{min}$减小。这种变化是增加了潜在风险，当$(\text{DNBR})_{min} <$ 1.18 后就容易烧毁元件包壳。

例题 6-3-3　选择题。若出现以下几种情形，在反应堆维持完成原功率水平运行的条件下，使最小 DNBR 增加的情形是：（　　）

A. 一台反应堆冷却剂泵意外脱扣　B. 控制棒处在手动控制模式时，一束控制棒掉落

C. 一个蒸汽旁排阀误打开 D. 反应堆冷却剂系统的压力升高

解 D

应堆冷却剂系统的压力升高，提高了冷却剂的饱和温度，因而使最小 DNBR 增加。

例题 6-3-4 填空、画图。

(1) 在从泡核沸腾转向膜态沸腾时，燃料元件包壳表面温度__________，换热系数__________，堆芯冷却剂从泡核沸腾到膜态沸腾的转变点称为__________，该点对应的热流密度称为__________。为保证燃料元件的完整性，田湾核电厂的最小 DNBR 必须__________。

(2) 假定堆芯轴向功率分布为余弦分布，请定性画出沿堆芯轴向变化的临界热流密度 $q_{DNB}(z)$、堆芯实际热流密度 $q(z)$ 和 DNBR 的分布曲线。最小 DNBR 发生在何处，为什么？

解 (1) 急剧上升，急剧下降，偏离泡核沸腾点或临界点(DNB)，临界热流密度大于 1.18 (1.20)

(2) 由于冷却剂的焓沿轴向流道不断增加，所以，q_{DNB}沿轴向不断下降。由于收到冷却剂与包壳温差和轴向释热率的影响，最小 DNBR 出现在堆芯 1/2 高度以上，靠近活性区顶部。

见下图：

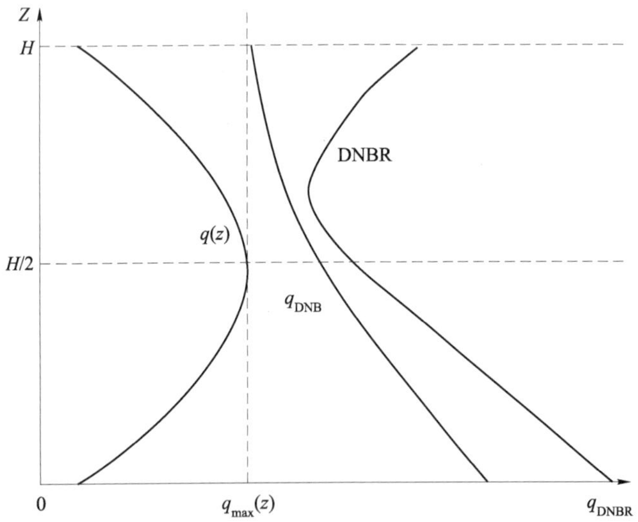

复习思考题

1. 压水动力堆设计中规定的稳态热工设计准则是什么？
2. 什么是热点？什么是热管？
3. 什么是热管因子？什么是热点因子？
4. 什么是焓升工程热管因子？什么是热流密度工程热点因子？
5. 工程热管因子(热点因子)主要受到哪些因素的影响？

6. 什么是燃料棒轴向功率峰因子？其最大值为多少？

7. 什么是燃料棒径向功率峰因子？其最大值为多少？

8. 什么是燃料组件功率峰因子？其最大值为多少？

9. 什么是局部功率峰因子？其最大值为多少？

10. 什么是总的局部功率峰因子？它考虑了哪些因素对功率分布的影响？最大值为多少？

11. 降低热管因子及热点因子的途径有哪些？

12. 什么是临界热流密度？什么是 DNB(即偏离泡核沸腾)？

13. 什么是 DNBR？为什么它沿燃料元件高度是变化的？

14. 哪些参数和条件的改变及如何改变可以使临界热流密度 Q_{DNB} 增大？

15. 田湾核电站正常运行时燃料棒包壳破损允许的极限是什么？

第七章　反应堆瞬态热工分析简介

核反应堆在正常发电运行时是处在稳定工况运行，在这种工况下反应堆热工水力参数只是空间位置和运行状态的函数，而与时间变量无关。在反应堆启动、提升功率和停堆过程以及随外界负荷变化而调整工况，或因某些扰动引起功率、流量、压力和温度变化，所有这些过程称为核反应堆动态运行工况，或称瞬态运行工况。本章将简单介绍一些反应堆的瞬态热工分析问题。

本部分的课程目标主要包括：

(1) 了解反应堆停堆后的释热过程；

(2) 掌握一回路压力瞬变；

(3) 了解堆芯冷却剂流量瞬变过程；

(4) 了解反应堆失流事故；

(5) 掌握反应堆失水事故过程及其危害。

7.1　反应堆运行中的一些瞬态热工分析

7.1.1　瞬态过程中的反应堆功率

反应堆停堆以后，其功率并不是立刻降到零，而是在开始时以很快的速度下降，在达到一定数值后，就以较慢的速度下降。反应堆在停堆以后继续释放的功率虽然只有稳态功率的百分之几，但是其绝对值却仍然是一个不小的数字。例如一个 3 500 MW 热功率的压水堆，其百分之一的热功率仍然有 35 MW。这些热量若不及时地输出堆芯，就完全有可能把堆芯烧毁。所以在反应堆停堆以后，还必须继续对堆芯进行冷却，以便带走这些热量。一般说，反应堆都设有专门的余热释出系统，以便对停堆后的堆芯进行冷却。反应堆停堆以后释出功率的大小对事故工况下反应堆的安全关系极大，因为许多反应堆事故都伴随着堆芯冷却剂流量的下降或燃料元件表面放热工况的恶化，这些都会使堆芯的传热能力降低。如果事故停堆后传热能力下降的速度比反应堆功率下降的速度快，则一部分热能就会在燃料元件中积累起来，堆芯的温度就要升高。如果这种情况延续下去，就会把燃料元件烧毁。停堆后的功率主要由两部分组成，一部分是剩余裂变产生的功率，即缓发中子引起的剩余裂变功率，(包括裂变碎片的动能、裂变时的瞬发 β 和 γ 射线的能量)，另一部分是裂变碎片和中子俘获产物衰变时放出的 β、γ 射线所产生的功率。

图 7-1-1 给出了压水堆停堆后功率衰减的大致过程。由于在停堆以后，这两部分功率的衰减规律不同，要分别进行计算。停堆后的功率 $N(\tau)$ 与停堆前的功率 $N(0)$ 的相对变化可以表示为

$$\frac{N(\tau)}{N(0)}=\left[1-\frac{N_s(0)}{N(0)}\right]\frac{n(\tau)}{n(0)}+\frac{N_s(\tau)}{N(0)} \tag{7-1-1}$$

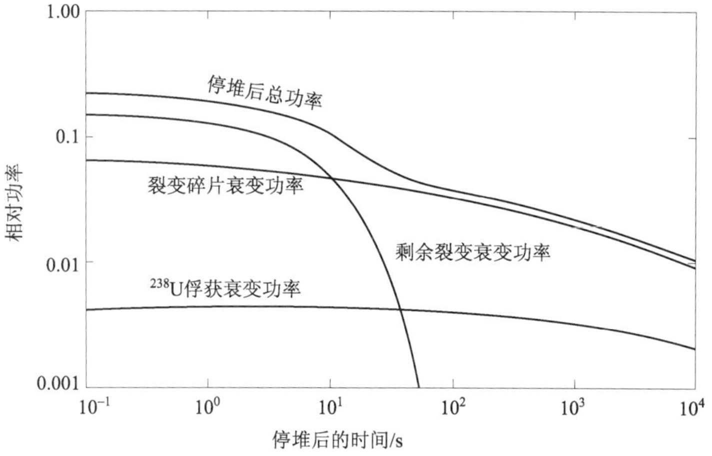

图 7-1-1　压水堆停堆后功率的衰减过程(停堆前经无限长运行时间)

式中，$N_s(0)$，$N_s(\tau)$——分别表示停堆前的衰变功率和停堆后 τ 时刻的衰变功率，τ 是从停堆时刻算起的时间，s；

$n(0)$，$n(\tau)$——分别表示停堆前的中子密度和停堆后 τ 时刻的中子密度，中子/cm^3。

可以看出，式(7-1-1)等号右边的第一项是剩余裂变功率的贡献，第二项是衰变功率的贡献。

(1) 剩余裂变功率的衰减

裂变时瞬间放出的功率大小与堆芯中的中子密度成正比。停堆后中子密度在衰减，所以剩余裂变功率也在衰减。中子密度的变化可以采用单群点堆模型。由中子动力学方程求解得到：

$$\frac{n(\tau)}{n(0)}=A_0\exp\left(-\frac{\tau}{l_p}\right)+A_1\exp(-\lambda_1\tau)+A_2\exp(-\lambda_2\tau)+\cdots+A_6\exp(-\lambda_6\tau) \tag{7-1-2}$$

式中，$n(0)$，$n(\tau)$——公式(7-1-1)中的项目；

A_0，A_1，…，A_6——待定常数；

l_p——瞬发中子平均寿命；

λ_i——第 i 组缓发中子先驱核衰变常数，s^{-1}。

对于以恒定功率运行了很长时间的轻水堆，如果引入的负反应性绝对值大于 4%，则在剩余裂变功率起重要作用期间内，可用下式来估算它的相对中子密度随时间的变化：

$$\frac{n(\tau)}{n(0)}=0.15\exp(-0.1\tau) \tag{7-1-3}$$

式中 τ 的单位用秒。上式仅适用于铀-235 作燃料的反应堆。因为钚-239 的缓发中子份额只有 0.21%，故由钚的缓发中子引起的裂变功率大约只有铀-235 的三分之一。

(2) 裂变产物衰变功率的衰减

衰变功率由两部分组成：裂变产物的衰变功率和中子俘获产物的衰变功率。在反应堆稳定运行了无限长时间的情况下，停堆后裂变产物衰变能的大小可以很方便地从图 7-1-2 查出。这个图中的曲线是综合许多人的实验结果得出来的。图中纵坐标 $M(\infty,\tau)$ 是反应堆在稳定运行无限长时间以后每一次裂变产生的裂变产物平均释放的衰变能量(MeV/裂变)随停堆时间 τ 的变化。由于在反应堆运行时裂变所产生的总能量大约是 200 MeV/裂变,因而裂变产物的衰变功率 $N_{s1}(\infty,\tau)$ 与运行功率 $N(0)$ 的比值可由下式求出:

$$\frac{N_{s1}(\infty,\tau)}{N(0)}=\frac{M(\infty,\tau)}{200} \tag{7-1-4}$$

因此

$$\begin{aligned} N_{s1}(\infty,\tau) &= N(0)\,\frac{M(\infty,\tau)}{200} \\ &= 3\times10^{10}N(0)M(\infty,\tau),\mathrm{MeV/s} \end{aligned} \tag{7-1-5}$$

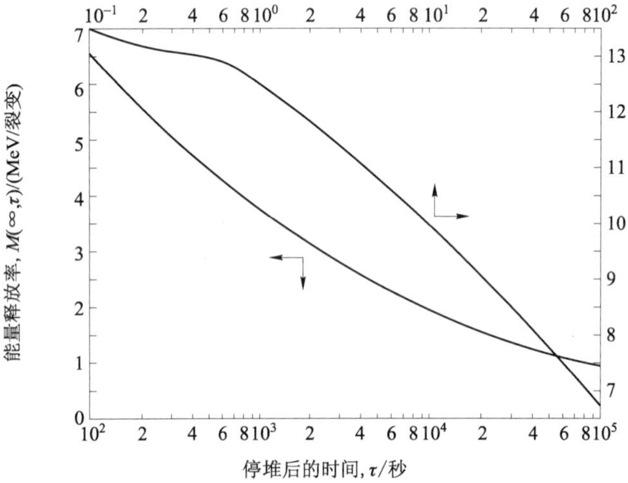

(a) τ=10⁻¹～10⁵秒

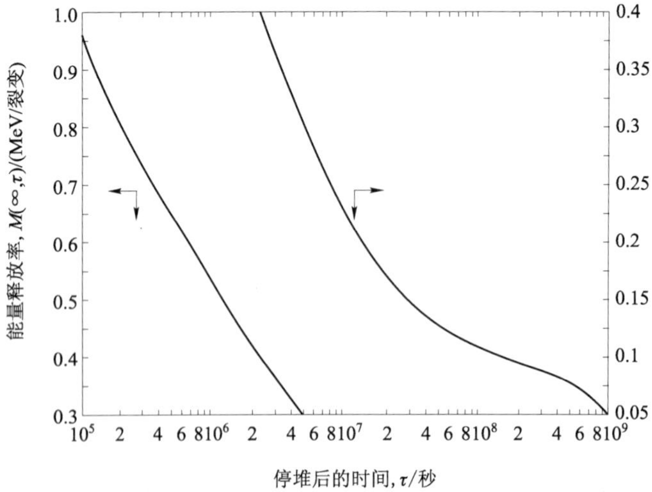

(b) τ=10⁵～10⁹秒

图 7-1-2 反应堆在稳定运行无限长时间后裂变产物释放出来的可吸收能量

如果反应堆在功率 $N(0)$ 下只运行了有限长时间 τ_0,则停堆后 τ 时刻每次裂变所产生的衰变功率可由下式求出：

$$M(\tau_0,\tau)=M(\infty,\tau)-M[\infty,(\tau+\tau_0)] \tag{7-1-6}$$

因此

$$N_{s1}(\tau_0,\tau)=\frac{N(0)}{200}\{M(\infty,\tau)-M[\infty,(\tau+\tau_0)]\} \tag{7-1-7}$$

图 7-1-2 中的曲线也可以表示成下列解析表达式：

$$M(\infty,\tau)=A\tau^{-a} \tag{7-1-8}$$

式中 τ 的单位是秒。表 7-1-1 给出了各种停堆时间间隔的 A 和 a 值，并给出了在对应时间间隔内，由解析表达式(7-1-8)算出的数值与曲线数值的最大偏差。由式(7-1-7)可以得出：

$$N_{s1}(\tau_0,\tau)=\frac{N(0)}{200}[A_1\tau^{-a_1}-A_2(\tau+\tau_0)^{-a_2}] \tag{7-1-9}$$

式中，A_1、a_1 和 A_2、a_2 分别为对应于时间 τ 和$(\tau+\tau_0)$的 A、a 值。

表 7-1-1　式(7-1-8)中的常数 A 和 a 的数值

时间间隔/s	A	a	最大正偏差	最大负偏差
$10^{-1}\leqslant\tau<10^{1}$	12.05	0.063 9	在 10^0 s　4%	在 10^1 s　3%
$10^{1}\leqslant\tau\leqslant1.5\times10^{2}$	15.31	0.180 7	在 1.5×10^2 s　3%	在 3×10^1 s　1%
$1.5\times10^{2}\leqslant\tau\leqslant4\times10^{6}$	26.02	0.283 4	在 1.5×10^2 s　5%	在 3×10^3 s　5%
$4\times10^{6}\leqslant\tau\leqslant2\times10^{8}$	53.18	0.335 0	在 4×10^7 s　8%	在 2×10^8 s　9%

(3) 中子俘获产物的衰变功率的衰减

在用天然铀或低浓缩铀作燃料的反应堆中，对中子俘获产物衰变功率贡献最大的是铀-238 吸收中子后产生的铀-239($T_{1/2}=23.5$ min)和由它衰变成的镎-239($T_{1/2}=2.35$ d)的 β、γ 辐射。除此之外，其他产物的衰变功率都很小。因而俘获产物的衰变功率 N_{s2} 可以表示为

$$N_{s2}=N_{s2}^{u}+N_{s2}^{p} \tag{7-1-10}$$

式中，N_{s2}^{u} 为 ^{239}U 的衰变功率，它遵循下列衰变规律：

$$\frac{N_{s2}^{u}(\tau_0,\tau)}{N(0)}=2.28\times10^{-3}C(1+\alpha)[1-\exp(-4.91\times10^{-4}\tau_0)]\times \exp(-4.91\times10^{-4}\tau) \tag{7-1-11}$$

N_{s2}^{p} 为 ^{239}Np 的衰变功率，它的衰变规律为

$$\frac{N_{s2}^{p}(\tau_0,\tau)}{N(0)}=2.17\times10^{-3}C(1+\alpha)\{7.0\times10^{-3}\times [1-\exp(-4.91\times10^{-4}\tau_0)]\times[\exp(-3.41\times10^{-6}\tau)- \exp(-4.91\times10^{-4}\tau_0)]+[1-\exp(-3.41\times10^{-6}\tau_0)]\times \exp(-3.41\times10^{-6}\tau)\} \tag{7-1-12}$$

式中，C 是转换比，α 是 ^{239}U 的辐射俘获与裂变数之比。对于低浓缩铀作燃料的压水堆，可取 $C=0.6$，$\alpha=0.2$。如果 $\tau_0\to\infty$，即在停堆前反应堆运行了很长时间，则由式(7-1-11)和式(7-1-12)，可得上述两种物质的总衰变功率为

$$\frac{N_{s2}}{N(0)}=2.28\times10^{-3}C(1+\alpha)\exp(-4.91\times10^{-4}\tau)+2.19\times10^{-3}C(1+\alpha)\exp(-3.41\times10^{-6}\tau) \tag{7-1-13}$$

由于忽略了其他俘获产物的衰变功率，所以在利用上式计算衰变功率时，一般还要把它的计算结果再乘以 1.1 的安全系数。

例题 7-1-1 反应堆在满功率运行时突然停堆，下图给出了燃料元件表面热流密度和燃料核反应剩余释热率随时间的变化曲线，请指出它们的对应曲线，并分三段（开始阶段、中间阶段、最后阶段）简要解释它们的释热速率的变化。

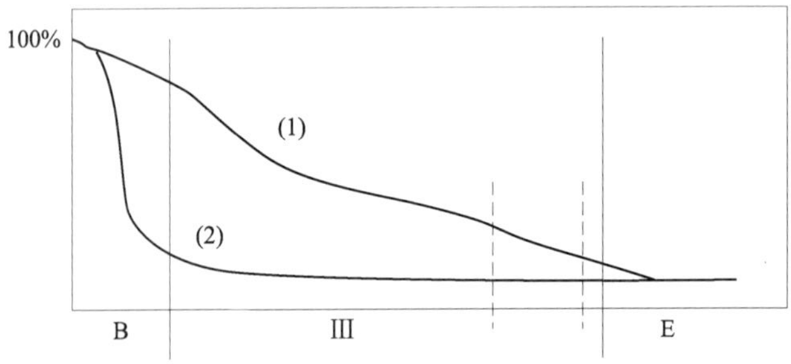

解 曲线(1)是表面热流密度；曲线(2)是核反应堆剩余释热率。

突然停堆后，燃料元件表面热流密度和燃料剩余释热率均呈下降趋势，但速度是不相同的。

开始阶段：其核反应释热率下降快，热流密度下降慢。这是因为在停堆后原来温度很高的燃料芯块降温，要释放出许多热量来，元件表面传出的热量是燃料的剩余释热和芯块降温放出的热量之和。

中间阶段：核反应剩余释热率趋于稳定，燃料堆芯降温仍在继续，所以元件表面热流密度下降快。

最后阶段：燃料芯块降温结束，元件表面热流密度等于剩余释放热率，两曲线重合。

7.1.2 压水堆一回路压力瞬变

压水堆一回路压力是靠稳压器维持的，通过波动管把稳压器和一回路管道连接起来，一回路压力等于稳压器内汽水的饱和压力。根据汽水的饱和压力与饱和温度的对应关系，改变汽水的饱和温度就可以调节稳压器内的压力，也就调节控制了一回路的压力。为了调节稳压器的压力，在稳压器内设置喷淋装置和电加热器。

稳压器稳定反应堆一回路压力的原理是：当一回路压力降低时，稳压器内的水通过波动管流入一回路管道内，稳压器水位降低，蒸汽体积增加从而压力降低，当稳压器压力降到电加热器启动压力时，电加热器立即投入对水进行加热，稳压器内的水过热汽化，蒸汽容积中的蒸汽量增加，压力回升，直至达到原来压力为止。相反，如果一回路压力升高，回路内的水通过波动管流入稳压器内，使其水位升高，蒸汽体积缩小，压力上升，压力上升到喷淋系统启动压力时，喷淋系统开始喷淋，使与水接触的蒸汽冷凝，蒸汽腔内压力下降，恢复到原来压力状态。

如果不考虑稳压器内的喷淋和电加热作用，反应堆一回路压力变化时，稳压器也能起到稳定一回路压力的作用。不过它们不能把系统压力恢复到原来的压力，而是达到一个新的平衡压力。如图 7-1-3 和图 7-1-4 分别表示由于扰动使一回路压力降低和升高时，系统压力的稳定过程。

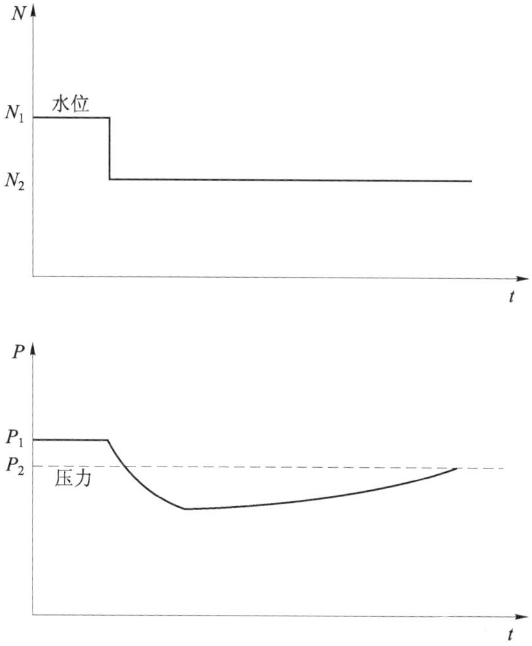

图 7-1-3　反应堆内冷却剂压力降低时稳压器的工况变化

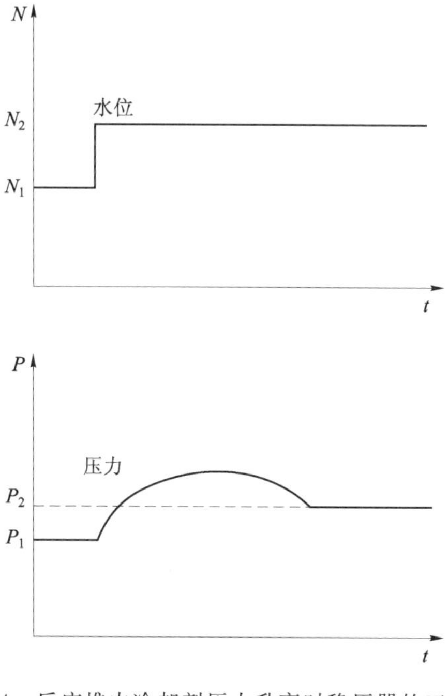

图 7-1-4　反应堆内冷却剂压力升高时稳压器的工况变化

例题 7-1-2 如下图所示，核电站在正常稳定功率运行时，稳压器内水的状态点是饱和线上的 A 点。由于某种原因，稳压器突然卸压 10 bar 而没有触发任何保护和调节动作。在经过一段时间后，稳压器内建立了新的汽-水平衡状态。

试简要回答下列问题：

(1) 在上图中定量地标出在卸压后的瞬间稳压器内水的状态点 B。

(2) 在上图中定性地标出稳压器内水的最终状态点 C。

(3) 描述从 A 点到最终状态点 C 的过渡过程(水的温度、汽空间的压力和稳压器的液面等的变化)。

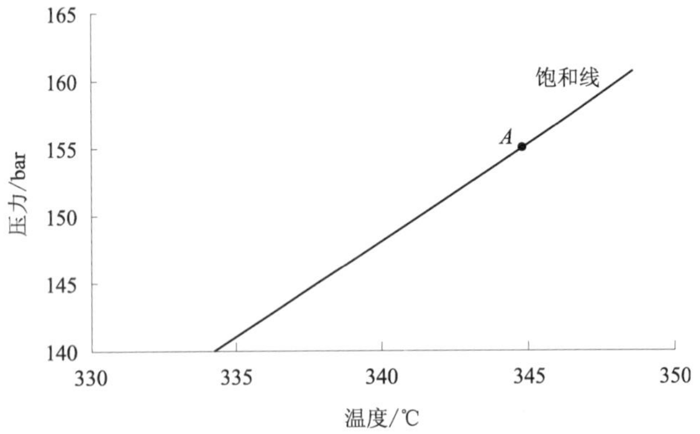

解 (1) 在卸压后的瞬间稳压器内水的状态点是下图中的 B 点。

(2) 稳压器内水的最终状态点是下图中的 C 点。

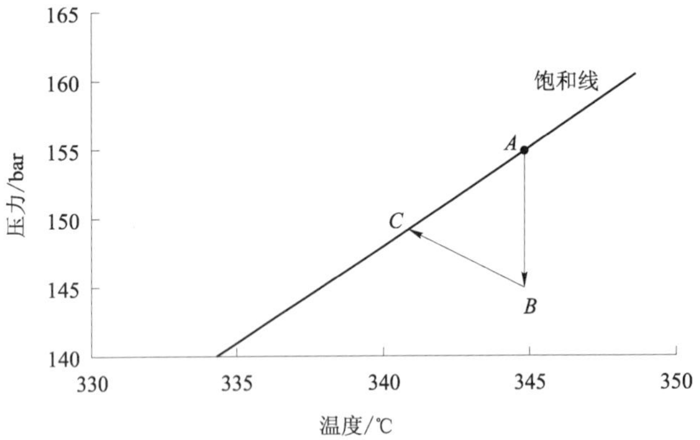

(3) 开始时(A 点)，稳压器内的蒸汽和水处在饱和状态。稳压器突然卸压时，由于闪蒸，水的温度变得高于卸压后的饱和温度，水的内部会产生许多气泡，使液面瞬时上升。待闪蒸的气泡浮出水面后，液面又会下降。闪蒸的蒸汽消耗汽化潜热，使水的温度降低。汽空间由于增加了闪蒸的蒸汽，压力会比刚卸压后的数值有所回升，最终汽-水之间建立起新的饱和状态。

7.1.3　堆芯冷却剂流量瞬变

压水堆核电厂发电运行时，堆芯冷却剂流量有可能出现变化，冷却剂流量变化必然使冷却剂、燃料元件包壳和燃料温度也随之变化。因此，反应堆瞬态热工水力计算和事故分析时，应对其进行计算分析。引起堆芯流量瞬变的原因不同，因而流量变化幅度也不一样，下面介绍两种堆芯流量变化较大的流量瞬变。

(1) 单泵故障引起的流量瞬变

现代压水堆都是多环路设置(如田湾核电厂反应堆有四条并联环路，大亚湾核电厂反应堆有三条并联环路)，如果一条环路的主循泵机械故障或驱动主泵的电机供电故障，会使该环路上的主泵停运。一台主泵停运后，反应堆在缺少一条环路的情况下仍能继续运行。此时，反应堆堆芯和各环路内的冷却剂流量将发生变化。由于其他两台主泵仍在运行，反应堆下腔室的压力高于上腔室压力，停运环路相当于一个旁路，将会出现冷却剂倒流，使一部分本该流经堆芯的流量流失，造成堆芯冷却剂流量减少。另外，由于堆芯流量减少，使堆芯和一回路特性曲线变化，正常运行的主泵流量增加。反应堆在偏环运行时通过堆芯的冷却剂流量与堆芯水力特性和每环路水力特性有关，通过瞬态水力计算给出。偏环运行时的相关数据请参见参考文献[7]。

(2) 全厂断电事故流量瞬变

全厂断电后所有环路上的主泵同时开始惰转，冷却剂流量急剧衰减，引起失流事故。失流事故的后果和需要热工分析的内容在下面一节将简要介绍，本节着重介绍失流事故中冷却剂流量瞬变情况。

在整个流量瞬变过程中，除了系统阻力特性外，冷却剂流量由惯性压头和重力压头所决定。一般把失流事故瞬变分为两个阶段。第一阶段，主泵惯性压头比重力压头大得多，因此可以忽略后者的贡献。在该阶段后期，泵的惯性压头和重力压头将同时起作用，但是，为了简化计算和得到保守的瞬态流量，仍不考虑重力压头的贡献。第二阶段，泵的惯性压头已经消失，冷却剂的流动完全靠重力压头驱动，这时为自然循环流动。自然循环流量计算已在第二章作了讨论，本节仅对惯性进行简单分析。

核电厂压水堆的主泵上都装有惯性很大的飞轮，用以维持断电后堆芯有较大的惯性流量。当泵的惯性很大时，泵的时间常数远远大于回路时间常数，即 $t_p >> t_l$，这种情况由泵的特性决定惯性流量的衰减速度。通过一维动量方程可得流量衰减表达式：

$$W(t) = \frac{W_0}{1 + \dfrac{t}{t_p}} \tag{7-1-14}$$

式中，$W(t)$——惯性流量，kg/s；

W_0——泵惰转前的流量，kg/s；

t——惰转开始后的时间，s；

t_p——泵的时间常数，s。

失流后惯性流量与回路时间常数和泵时间常数的关系表示在图 7-1-5 上。图中 $\alpha = t_l/t_p$，是主回路时间常数与泵时间常数之比。由图看出，当 α 很小($\alpha < 0.05$)时，断电开始后相当一段时间，惯性流量可以保持在初始流量一半以上。相反，$\alpha > 1$ 时，惯性流量很快衰减，事故后果要严重得多。

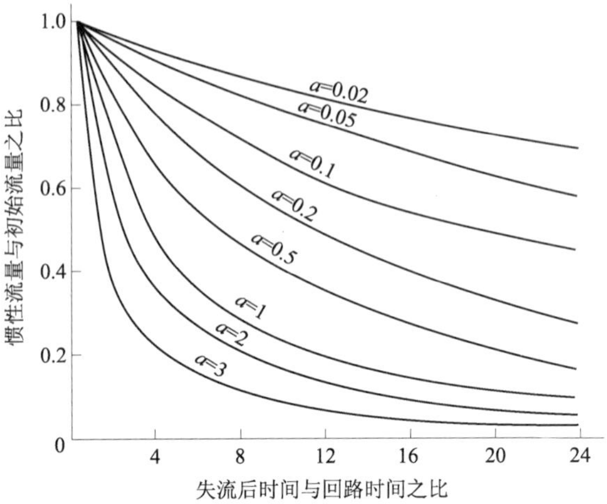

图 7-1-5　全厂断电后堆芯流量变化

瞬态工况下的燃料元件温度场在反应堆的寿期内，燃料元件要经受许多次热工瞬变过程，其中包括反应堆启动、停堆、功率调节和流量瞬变，还有各种事故工况下的瞬态过程。为了保证反应堆的安全，需要分析燃料元件在上述各种瞬变下温度场随时间的变化。

燃料和包壳温度随时间的变化可以通过求解热传导微分方程得到。方程的一般形式为

$$C_{\mathrm{p}}\rho\frac{\partial T}{\partial t}=\nabla\cdot\lambda\nabla T+q_{v} \tag{7-1-15}$$

对于压水堆棒状燃料元件，可以假定传热是周向对称的，即假定燃料棒的材料是均匀的，其周围向冷却剂的传热系数相等，若忽略轴向导热，燃料芯体的热传导微分方程变成：

$$C_{\mathrm{p}}\rho_{\mathrm{U}}\frac{\partial T(r,t)}{\partial r}=\frac{1}{r}\frac{1}{\partial r}\left[\lambda_{\mathrm{U}}(t)r\frac{\partial T(r,t)}{\partial r}\right]+q_{v}(r,t) \tag{7-1-16}$$

式中，C_{p}——燃料 UO_2 的比热容；

ρ_{U}——燃料 UO_2 的密度；

$T(r,t)$——温度 t 时刻，半径 r 处燃料温度；

$\lambda_{\mathrm{U}}(t)$——t 时刻，燃料热导率；

$q_v(r,t)$——t 时刻，半径 r 处燃料的体积发热率。

对于包壳，可以把热导率视为常数，忽略包壳内发热，则包壳的热传导微分方程为：

$$C_{\mathrm{c}}\rho_{\mathrm{c}}=\frac{\partial T(r,t)}{\partial r}=\lambda_{c}\left[\frac{\partial^{2}T(r,t)}{\partial r^{2}}+\frac{1}{r}\frac{\partial T(r,t)}{\partial r}\right] \tag{7-1-17}$$

加上适当边界条件和初始条件，通过解方程(7-1-16)和方程(7-1-17)就可以求得瞬态工况下燃料和包壳的温度场分布。

例题 7-1-3　某反应堆在额定功率下稳定运行，所有主泵突然断电，反应堆保护系统快速停堆。试定性地画出热中子注量率 Φ_{th}、冷却剂进出口温度 T_{i}、T_{o} 及一回路流量 G 参数的相对变化曲线(只画到断电后 30 s)。

解　见下图。

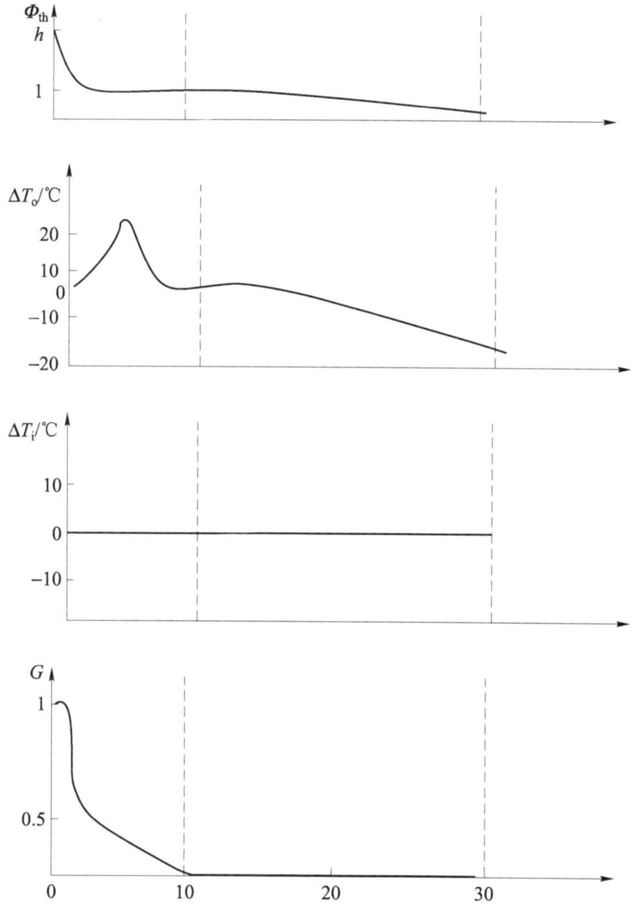

主泵全断电后的动态特性

7.2　反应堆堆芯欠冷事故

反应堆堆芯冷却系统故障和破坏事故可以分为两大类：一类是冷却剂丧失事故，对水堆来说即失水事故。这种事故是指反应堆主回路系统破裂，一部分或全部冷却剂漏失；此时堆芯冷却系统严重破坏，燃料元件冷却条件极度恶化，元件温度大大上升，有可能使反应堆堆芯熔化进而造成放射性释放的严重后果。另一类是堆芯冷却系统发生故障，我们简称其为堆芯欠冷事故，这指的是主回路水冷却剂装量不变即无泄漏，但由于流道阻塞、流量减少或堆芯冷却剂入口温度过高等原因使得堆芯冷却能力不足所造成的事故。

我们在这一节中讲堆芯欠冷事故，下一节讲冷却剂丧失事故。

堆芯欠冷事故可以有三种类型，即：(1)部分流量丧失事故，例如由于堆芯流量堵塞或单泵故障；(2)失流事故，如全厂断电；(3)热阱丧失事故，是由于二回路或三回路故障造成一回路冷却剂堆芯入口温度过高引起堆芯冷却能力不足。这三种类型中，失流事故是最严重的，因此下面我们讨论失流事故，作为这种事故的典型代表。

失流事故

动力反应堆一般都是靠冷却剂的强迫循环来冷却的。每个反应堆所设置的冷却剂循环回路数目不同，有的是两路并联，有的是三、四路并联。当回路中的阀门由于偶然原因突然关闭，主循环泵因机械故障卡死或失去动力电源而被迫停止运行时，反应堆的冷却剂流量就要减少，甚至中断。这就是失流事故。如果核电站失去动力电源，全部主循环泵同时停止运行，冷却剂就会几乎全部停止强迫流动，堆芯的传热能力会大大降低。下面我们着重讨论这种情况。

冷却剂失流后，反应堆燃料元件的温度变化是由冷却剂流量下降过程和堆芯释热率下降过程这两个因素决定的。在主循环泵失去动力电源时，冷却剂的流量会立即开始下降。由于反应堆控制系统的响应存在滞后，控制棒的下插也需要时间，因而反应堆不可能在断电后马上停堆。在控制棒插入堆芯之前，反应堆功率基本上维持原来的数值。在控制棒插入堆芯之后，反应堆还有余热释出。另外，燃料元件本身还贮存大量的热量，在功率降低的过程中，这部分热能也要传出来。所以在停堆以后，燃料元件表面热流量下降是比较缓慢的(见图 7-2-1)。特别是用二氧化铀作燃料的反应堆，由于二氧化铀的导热能力很差，燃料元件的中心温度很高。当燃料元件表面传热恶化时，元件内的热量要重新分配，中心温度虽然降低，但包壳温度却要升高(图 7-2-2)。由于上述原因，在事故发生后，如果冷却剂流量下降过快，燃料元件得不到足够的冷却，就会有烧毁的危险。

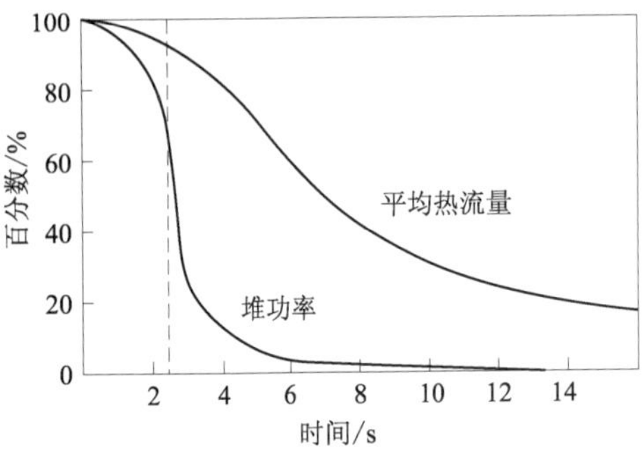

图 7-2-1 主泵断电后堆芯功率、燃料元件平均热流量随时间的相对变化

(虚线表示有效紧急停堆时刻)

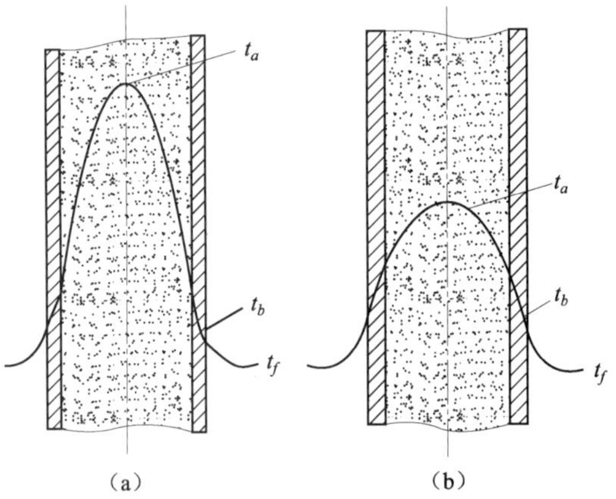

图 7-2-2 事故发生前后燃料元件内温度分布的变化

(a)事故前；(b)事故后

反应堆发生冷却剂失流事故的概率不算小，因此必须采取适当的安全措施，以保证反应堆的安全。一般从两方面采取措施：一是紧急停堆，然而停堆的速度受到控制系统能力的限制，只能快到一定程度；二是设法减缓冷却剂流量在泵断电后的下降速度，并设法在泵停止运行后的相当长时间内维持一定的冷却剂流量，以去除衰变热。

堆型不同，维持冷却剂流量的方法也不同。对于水堆和液态金属堆，可以用加大冷却剂主循环泵转动惯量的方法(例如在泵转子上加惰转飞轮)来延长泵的惰转时间。在惰转停止以后，可以利用一回路的自然循环来保证适当的冷却剂流量。为了增大自然循环的驱动压头，在这些类型堆的设计中，总是设法加大蒸汽发生器与堆芯之间的高度差。对于船用动力压水堆，为了减小设备的重量和体积，一般不用惰转飞轮，同时由于堆舱空间的限制，不可能把蒸汽发生器布置得很高，因而不能给出足够的自然循环流量。在这种情况下，要用由备用电源供电的应急冷却水泵来给堆芯提供冷却剂流量。

基于上述分析，对冷却剂失流事故进行热工水力分析的主要任务是：确定安全保护系统允许的动作滞后时间；确定主循环泵（或风机）惰转风轮的转动惯量；对于使用应急泵来提供余热冷却的反应堆，还要确定应急泵必须投入运行的时间和必要的循环流量等。在确定上述各量时，都是以保证燃料元件不发生破损为依据的。燃料元件温度的计算一般分成两步，第一步是求出泵断电后冷却剂流量随时间的变化，第二步是根据求出的流量变化规律来计算燃料元件温度的变化和烧毁比。

7.3　反应堆冷却剂丧失事故

冷却剂丧失事故是指反应堆一回路压力边界产生破口或回路管道断裂，使一部分或大部冷却剂泄漏的事故。在压水堆中也称失水事故，简称 LOCA。由于冷却剂丧失事故后果严重，因此在反应堆事故分析中非常重要。

7.3.1　冷却剂丧失事故与堆芯欠冷事故的比较

冷却剂丧失事故和堆芯欠冷事故虽然都是因反应堆冷却系统发生故障，致使堆芯冷却能力下降，但是它们之间有着显著的不同。

首先，冷却剂丧失事故所造成的堆芯冷却能力下降远比欠冷事故严重。由于冷却剂的泄漏引起系统状态的迅速变化，堆芯质量流量锐减，堆芯冷却能力大大下降。例如在水堆中，系统失水后迅速减压，高温水急剧沸腾，造成蒸汽堵塞，致使堆芯冷却能力几乎完全丧失，一部分或大部分元件可能烧毁甚至熔化。事故后，冷却工况需要重新建立。

其次，冷却剂丧失事故造成的后果远比欠冷事故严重很多。欠冷事故下，即使叠加上其他事故造成元件损坏，但由于阻止裂变产物外逸的第二道屏障保持完整，因此放射性并未外泄。失水事故则不然，带有放射性的冷却剂喷入安全壳，致使安全壳被污染并迅速升温升压，即使壳内专设安全设施及时动作，这种喷泻仍可能引起放射性外逸，造成对附近环境和居民的危害。

最后，对冷却剂丧失事故的分析需要用更为复杂的模型来处理。在欠冷事故下，由于冷却剂状态变化相当缓慢，因此分析中使用相对来说比较简单的不可压缩流体模型就足够了。而在冷却剂丧失事故中，由于冷却剂状态变化迅速，事故过程将涉及许多复杂的现象，因此必须使用更为复杂的模型和更为复杂的方法进行分析计算。

在不同堆型的冷却剂丧失事故中，冷却剂状态变化有很大的差异，因此其事故的严重程度和事故后需要采取的措施也不同。在液态金属冷却堆中，由于其主回路运行在接近大气压的低压下，因此主回路边界破裂仅仅引起液态金属冷却剂的外溢。此时，如何保证堆芯不致“裸露”和保证事故后冷却系统仍有足够的冷却能力是钠冷快堆的主要课题。对气冷堆和水堆来说，它们的主回路运行在高压下，因此主回路系统的破裂将引起冷却剂快速猛烈的喷泻。气冷堆系统减压后，冷却剂密度大大下降，事故冷却要靠低压下的强迫循环。水堆的情况最为复杂，高温冷却水在系统减压过程中将急剧蒸发，此时需要研究冲击波、临界流、相分离以及事故后如何重新建立堆芯冷却系统等一系列问题。下面我们讨论水堆的失水事故。

7.3.2 失水事故概述

轻水堆失水事故的严重性由破口的尺寸和位置决定。与一回路主管道相连的小直径辅助管道破裂时，由于流体的流失率低，有足够的时间停堆，并来得及采取适当的措施，其后果不很严重。直径10～20 cm的管道断裂就会造成较严重的问题。这时，为了保证堆芯仍能得到适当的冷却，需要采取措施来迅速补充冷却剂。在安全分析中，设想最严重的情况是一根主管道发生脆性断裂，管道在一瞬间内完全断开并错位。这时冷却剂从断开的两个端口，即相当于两倍主管道截面积的开口同时喷出，这种断裂叫做“双端断裂”。可以想象，在焊口处(例如在主管道与压力容器接管连接处)发生这种断裂的可能性最大。在设计堆芯结构、安全保护系统和安全壳时，往往以这种事故作为出发点，所以有时又把这种事故叫作“设计基准事故”。

压力容器上的破口也会使冷却剂极为迅速地流失。但是由于对钢制压力容器的设计和制造工艺控制得极为严格，并在运行中施行在役检查；预应力混凝土容器中有很多钢筋，不会出现突然脆性破损。所以通常认为，反应堆压力容器的损坏可以不予考虑。

双端断裂失水事故所造成的严重后果是多方面的。

其一，在管道断开的一瞬间，冷却剂在断口处突然失压，会在一回路系统内形成一个很强的冲击波。这种冲击波在系统内传播，可能会使堆芯结构遭到严重破坏，其后果可能是控制棒插不进去，或使一部分冷却剂通道发生堵塞。

其二，由于冷却剂迅速流失，冷却剂液面可能降到堆芯顶面以下，这样一来就使堆芯传热工况严重恶化，从而有可能使堆芯烧毁或熔化。如果堆芯大量燃料元件发生了熔化，熔化的燃料同残存在压力容器内的水相接触，进行剧烈的放热反应。在水被蒸干以后，熔化的燃料就会把压力容器熔穿。熔融的燃料进入安全壳后同水接触，会产生冲击波，它有可能把安全壳破坏。

其三，管道破裂后，高温高压的冷却剂大量喷放到安全壳中，会使壳内气体的温度和压力升高，这也有可能造成安全壳的破坏。

其四，失水事故发生后，还有一个潜在危险，就是作为燃料元件包壳的锆在高温时会与水蒸气发生剧烈的化学反应：

$$Zr+2H_2O \longrightarrow ZrO_2+2H_2+6.51\ \text{MJ/kg 锆}$$

(锆水反应开始发生的阈值温度是850～900 ℃左右。)

锆水反应发生后的后果及危害主要是：

(1) 反应过程中产生的氢气会进入安全壳中。当反应量相当大，所产生的氢气和氧气的比例达到爆炸限度时(氢气的浓度达到4%～8%)，就有可能发生爆炸，致使安全壳遭到破坏。

(2) 产生的氢原子渗透到锆金属晶格间，使得包壳的脆性增加。当反应堆压力容器内的压力降低下来以后，脆化的包壳可能不足以承受燃料元件的内压，而使包壳破裂。

(3) 锆水反应产生的热量，增大了燃料元件表面的热流密度，使包壳的壁温更高，锆水反应更剧烈，产生更大的热量。例如在850～900 ℃的阈值温度以上，每升高50 ℃，锆水反应释放的能量增加一倍。到1 200 ℃时局部锆水反应产生的热量约为局部燃料元件剩余功率的好几倍。超过 1 200 ℃(接近 1 300～1 350 ℃时),锆水反应将更加剧,直到锆全部反应完才停止,这时反应产生的热量约为正常工况下相应部分裂变产生的功率。不过在实际情况下,由于锆水反应形成的氧化膜(ZrO_2)可以保护包壳的未氧化部分,延缓了水蒸气与未氧化金属的接触。

压水堆发生失水事故时,安全壳内氢气主要来源于:

(1) 堆芯中燃料元件包壳中的锆与高温水蒸气发生锆水反应而生成的氢;

(2) 堆芯和安全壳地坑中的水因放射性辐照分解生成的氢;

(3) 安全壳内因喷淋而产生的氢。

通过以上的分析可以看出,对失水事故进行热工水力分析的主要内容有以下几个方面:

(1) 研究管道破裂后因冷却剂失压而产生的冲击波的大小,分析堆内构件和一回路部件在冲击波的作用下遭到破坏的可能性;

(2) 研究在失水事故的全过程中冷却剂流失的速度,以及系统内冷却剂的压力、流量、焓、密度、液位等参数随时间的变化,以确定堆芯冷却剂的工况,计算燃料元件的温度场,检验它们是否超过了安全限度;

(3) 分析事故过程中氢的产生和积累所造成的后果;

(4) 分析安全壳在冲击波以及一回路冷却剂喷放的作用下发生破裂的危险性。

7.3.3　失水事故发生后的工况

主管道双端断裂事故发生后,反应堆要经历一系列复杂的热工水力过程。这些过程大致可分成四个阶段。

(1) 过冷喷放阶段

事故之前,反应堆一回路内流动的是运行压力下的过冷水,所以在管道开始破裂时,喷放出来的是过冷水。在管道破裂的瞬间,破口处的压力突然下降,产生一个稀疏压力波。这种波以相应于冷却剂状态下的声速(1 000～1 500 m/s)在系统内传播,会在堆芯吊篮、上下栅格板以及其他堆内构件的两侧形成一个很大的瞬时压差,从而可能造成很大的动态负荷。因此在堆芯及其支承件的设计中必须认真分析压力波的传播,以保证在发生这种事故时不致造成堆芯吊篮变形、控制棒卡住或结构体倒塌等严重后果(参见图 7-3-1)。

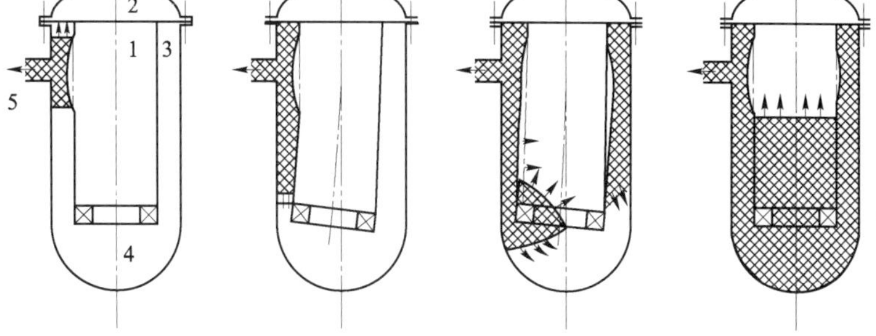

图 7-3-1　冷段大破口失水事故下泄压冲击波和堆芯筒体变形

1——堆芯筒体;2——压力容器顶盖;3——下降环形空间;4——下腔室;
5——紧靠进口管嘴的破口位置,套影面积:降压区

压力波的强度随破口破裂的速度而增大，虽然设想中的脆性断裂很快，但破口面积从零扩大到管道整个断面总是需要一定的时间。当破口处流通面积加大时，破口区的压力下降。在分析时通常假定这一过程可以分成若干段来近似处理。破口面积上的压力在每一段中下降一定数量，这样形成的压力波传到整个系统。在传播过程中，每遇到流道截面发生变化的地方，波的一部分按原来的主向传播，而另一部分以压缩波的形式反射回来。在传播的过程中压力波逐渐衰减。

过冷喷放阶段的时间很短，随断裂位置的不同，约在5～100 ms之间。此后，由于系统内压力下降，液体达到饱和温度，开始出现汽液两相流喷放。

(2) 饱和喷放阶段

声速在两相流体混合物中迅速下降。当两相流从破口喷出的速度等于声速时，其速度不能再增加，这种流速叫作临界流速，这种流动状态叫做“阻塞”。由于这时稀疏波不能向管内传播，从而系统中的压力脉冲不久就会衰减下来。

在饱和喷放阶段，最主要的问题是传热工况的严重恶化。恶化的程度与管道断裂的位置密切相关。下面着重讨论反应堆压力容器进口管道和出口管道双端断裂这两种典型情况。

当进口管道断裂时，堆芯进口很快卸压，冷却剂从下腔室大量反流到破口，使堆芯的冷却剂由向上流动转变为向下流动，其中的流量经历由大到小、再由小到大、然后又减小的过程。由于冷却剂沸腾，堆芯内产生大量气泡，因而反应堆会由于空泡负反应性而自动停堆，使堆芯功率很快下降到衰变热的水平。尽管如此，由于流动工况急剧恶化，仍然会出现沸腾临界现象。这时，堆芯功率还衰减得不多，再加上燃料元件芯块中储存的热量传到包壳表面，从而使包壳温度迅速上升。经过几秒钟之后，燃料芯块的温度即可大幅度降下来，这时包壳表面的温度基本上由衰变热大小与冷却剂传热能力之间的平衡来决定。

当系统内的压力降到低于加压注入水箱的压力时，加压注入水箱会自动向回路的冷段管道注水。在冷段管道破裂的回路里，注水点离断口很近，注入的应急冷却水几乎全部从断口排出。其余完整回路的注入水在流经下行水道时，会遇到从下腔室向上流出的汽水混合物的阻流。同时，注入的冷却水在下行水道中遇到很热的压力容器壁面时会被剧烈汽化，产生的蒸汽向上流动，会加剧对注入水的阻流作用。当阻流作用大到一定程度时，注入的应急冷却水就不可能进入堆芯，而是经过堆芯周围的环形空间从破口流走了。只有等到汽水混合物流出的速度降低下来以后，应急冷却水才能注入堆芯中去。基于上述现象，在进行失水事故分析时，作为保守的估计，有时假设在整个喷放阶段结束之前，应急冷却水达不到下腔室。

随着冷却剂的不断喷放和应急冷却水注入受到阻流，整个堆芯不久就会从汽水混合物液位下裸露出来。这时燃料元件只靠下腔室蒸发出来的蒸汽冷却。由于蒸汽的放热系数很低，燃料包壳温度会很快上升。在卸压和喷放阶段，堆芯的流量、压力、液位和包壳温度的变化过程如图7-3-2所示。喷放阶段大约延续10～20 s。

在出口管道断裂的情况下，包壳温度上升得比较缓慢。这是因为卸压首先出现在堆芯的出口侧，冷却剂不会出现倒流现象。而且由于堆芯出口到断口之间的流动阻力很小，因而在两相流喷放期间，堆芯内还会一直保持比较高的冷却剂流速，从而使沸腾临界出现得比较晚。到沸腾临界出现的时候，燃料元件内储存的热能已基本传出，包壳温度的升高只是由于

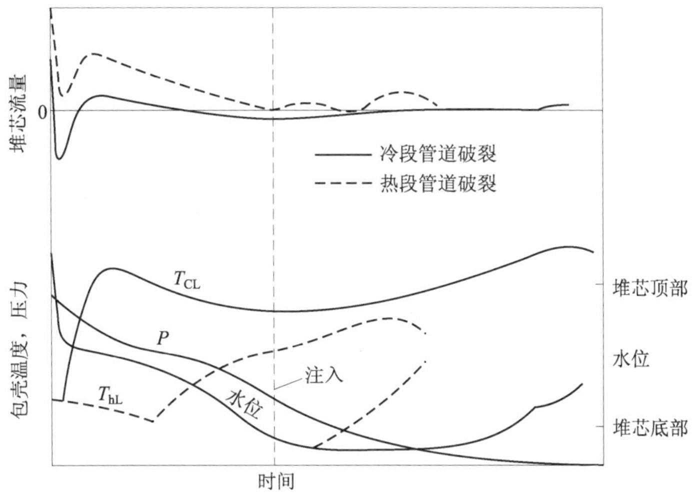

图 7-3-2　压水堆冷却剂主管道破裂时的一般特性

衰变热的存在。所以这时沸腾临界的出现造成的包壳温度上升的幅度要比冷段管道断裂时小。同时，由于堆芯到断口的阻力很小，冷却剂在堆芯内一直保持正向流动，因此应急冷却剂可以顺利地注入堆芯。

由上面的分析可以看出，冷段管道双端断裂比热段危险，应该把它作为失水事故的重点研究对象。

在反应堆内的压力与安全壳的压力达到平衡时，冷却剂的喷放就停止了，接着就开始了再灌水阶段。

归结一下，饱和喷放阶段的主要热工水力现象是：冷却剂大量流失，堆芯失水，传热恶化，燃料元件包壳温度上升，出现沸腾临界，可能导致燃料元件包壳的损坏。

饱和喷放阶段的喷放流量大小起着重要作用，这是因为：

1）它决定了系统冷却剂装载量流失的速度。冷却剂过度流失会造成堆芯裸露，使堆芯烧毁；

2）它决定了系统降压速度。系统的降压与临界热流密度有关，还与安注系统（应急堆芯冷却系统）投入的时间有关；

3）它会影响到堆芯的冷却剂流量的大小。例如，如果压力容器中的冷却剂分别从冷段和热段管道流向破口端，则堆芯中的冷却剂流量就可能很小，流量小会使堆芯传热变坏。

（3）再灌水阶段

应急冷却水注入压力容器之后，首先要把下腔室充满。待水位到达堆芯底部之后才开始进入堆芯。应急冷却水充满下腔室这段时间叫作再灌水阶段。在这段时间内，燃料元件只靠残存在下腔室中的水产生的蒸汽对流和向周围进行热辐射来散热，传热条件极差。在衰变热的作用下，其温度不断提高，因此应该尽量缩短这一段时间。

（4）再淹没阶段

从应急冷却水到达堆芯底面开始，一直到堆顶部重新被淹没这段时间称为再淹没阶段。

应急冷却水注入堆芯的速度决定于注入的压头和冷却水从堆芯出口到破口的流动阻力。从注入管道注入的冷却水一方面流向堆芯和破口，另一方面流向通往蒸汽发生器的管道。水在管道中的蓄水高度决定了注水的压头。在冷段管道破裂的情况下，由于多余的水会绕过堆芯周围的环形空间从破口溢出，所以蓄水的高度不会太大，注水压头不会太高。冷却水进入堆芯以后被蒸发，形成高速的气流。这部分气流在经过蒸汽发生器时被二次水加热，流速进一步提高，最后经过主泵从破口流出。由于流程长、流速高，气流在流出破口之前的这段管道阻力相当大。这个阻力在堆芯上腔室造成一个背压。该背压的存在会大大降低冷却水进入堆芯的速度。

进入堆芯的冷却水润湿燃料包壳壁面、达到冷却的目的要经历一个“骤冷”传热过程。包壳只有经过骤冷后，其表面才算是被淹没了。骤冷点(称为骤冷前沿)前进的速度受包壳的轴向导热特性和骤冷前沿附近的复杂传热过程所制约，所以冷却水真正淹没堆芯的速度并不等于它进入堆芯的速度，而是等于骤冷前沿推进的速度。由于骤冷前沿推进的速度相当缓慢(每秒只前进几个厘米)，所以使堆芯全部再淹没需要相当长的时间(1～2 min)。在这段时间内，燃料包壳没有被淹没的部分温度还要继续上升。所以准确求出堆芯中最热点被淹没的时间，对判断燃料包壳在失水事故中的最高温度是非常重要的。

(5) 长期冷却阶段

在再淹没阶段结束之后，低压安注系统继续运行，当低浓硼硼水储存箱内液位低于0.25 m时，低压安注系统泵的入口管线转接到安全壳地坑；所有供给反应堆的应急冷却水，从一回路作为蒸汽漏出来在安全壳里冷凝之后，大部分最终都汇集到地坑中。在这个阶段里，要保持冷却，保证衰变热的长期释出。

以上对压水堆冷段或热段管道双端断裂后发生大破口失水事故的各个阶段的热工水力过程进行了简要描述，各阶段堆内冷却剂各热工参数随时间变化的一般特性示于图7-3-3(它与图7-3-2是一致的，但在热工参数的数值上有所表示)。

在失水事故过程中，堆芯燃料元件的传热非常复杂，要经历多种传热模式，主要有饱和沸腾两相流传热、过渡沸腾传热、膜态沸腾传热和单相蒸汽传热及辐射传热等。各种传热模式的计算公式请翻阅参考文献[4]。

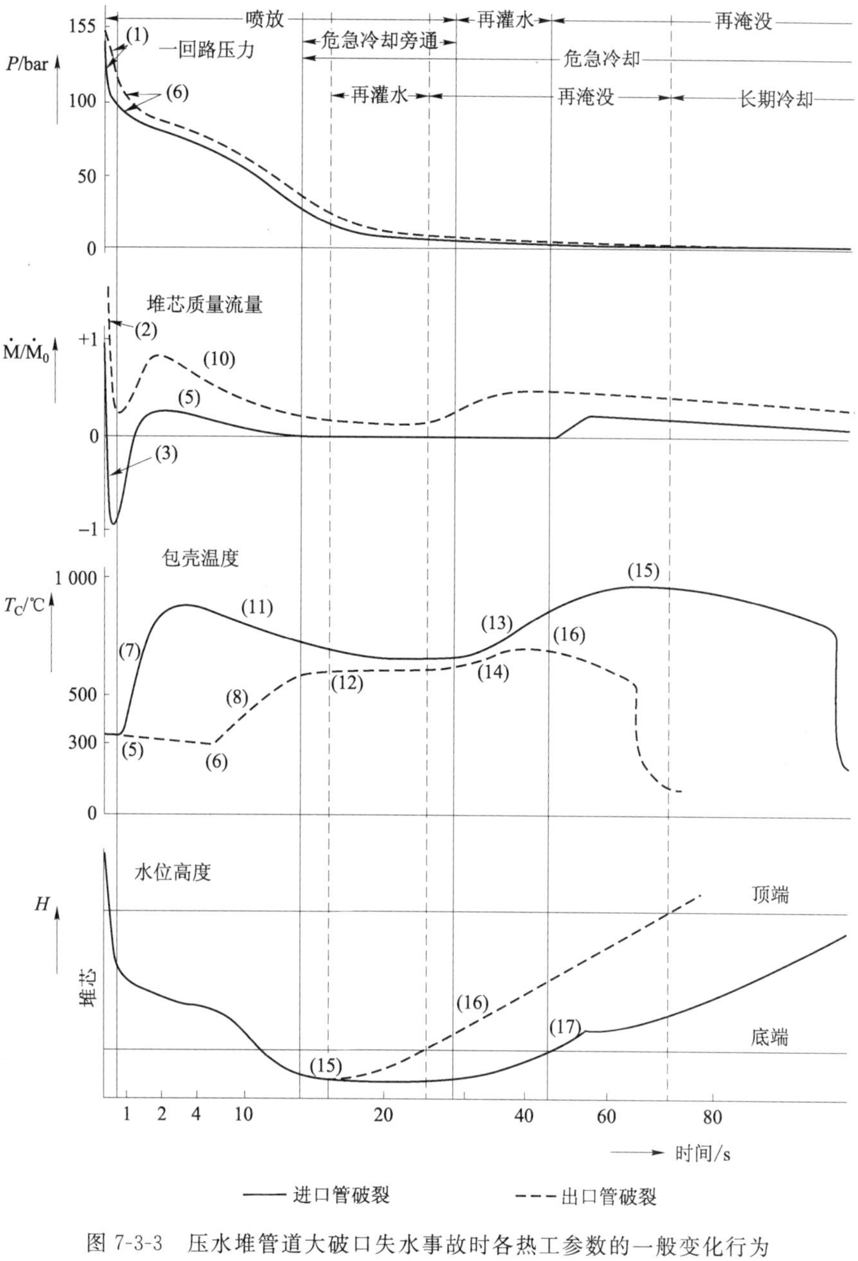

图 7-3-3 压水堆管道大破口失水事故时各热工参数的一般变化行为

复习思考题

1. 堆后燃料元件表面热流密度下降速度与燃料元件内剩余功率下降速度是否相同？为什么？

2. 压水堆一回路压力是如何实现稳定的？

3. 请说明一回路平均温度突然降低后稳定下来，稳压器压力将如何变化？（假定压力控制系统不动作）

4. 稳压器的汽腔发生小破口事故时(例如卸压阀突然故障打开后没有关死),稳压器液位将如何变化?为什么说这时的液位已不能用来判断一回路冷却剂的总装量?

5. 假设压力容器内的汽水处于饱和状态,如果顶部管道突然破裂,或者,如果破口出现在下部水空间,试分析在此两种情况下,压力和液位会如何变化。

6. 如果过冷水通过波动管突然进入稳压器,说明稳压器的水位和压力将如何变化,并在给出的坐标上用曲线表示出来(不考虑喷淋和加热)。

7. 反应堆冷却剂系统故障和事故有哪两大类?它们的后果如何?

8. 某两环路压水反应堆,在50%额定功率下只投入一条环路运行,另一条环路因检修停运。当检修完后投入运行,试问会引起什么事件及后果,并定性标出堆芯的释热量(或功率)的改变(ΔP)、冷却剂平均温度的改变(ΔT_{avg})随时间的变化(冷水反应性事件)。

堆芯功率的变化

冷却剂平均温度

9. 失流事故后燃料和包壳温度场分布有何变化？

10. 压水堆破口失水事故时，堆芯工况的演变可分为几个阶段？各阶段分别可能产生怎样的危害？

参考文献

[1] 沈维道,郑佩芝,蒋淡安. 工程热力学(第二版). 北京:高等教育出版社,1965
[2] 江宏俊,魏能俊,胡庆康等. 工程流体力学(第二版). 北京:冶金工业出版社,2000
[3] 杨世铭. 传热学(第二版). 北京:高等教育出版社,1994
[4] 于平安,朱瑞安,喻真烷,孙启才. 核反应堆热工分析. 北京:原子能出版社,1977
[5] 林宗虎,等. 气液两相流与沸腾传热. 西安:西安交通大学出版社,2003
[6] 贾斗南. WWER 核反应堆热工水力学. 田湾核电站培训中心资料室藏书
[7] 田湾核电站最终安全分析报告——热工水力报告(FSAR4.4),2002.12
[8] 核电站操纵人员取照考核标准(新版)
[9] 部分核电站历年操纵员和高级操纵员取照考试基础理论部分试题
[10] Testing of reactor thermal balance in period of the Unit design capacity initiation
[11] Topical Report:Thermal-hydraulic characteristics of the primary circuit
[12] 朱继洲. 核反应堆安全分析. 西安:西安交通大学出版社,2004